Gletscherstand Bergsetbreen 1991 – 2008

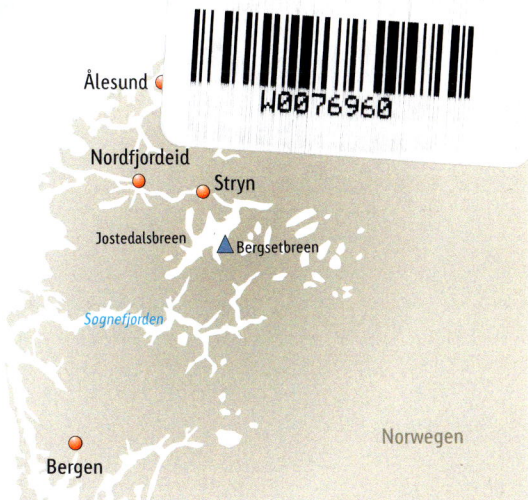

1998: 25. Mai

1998: 24. September

2002: 26. August

2003: 22. August

2004: 24. August

2006: 17. August

2007: 23. August

2008: 23. August

Stefan Winkler

Gletscher und ihre Landschaften

Stefan Winkler

Gletscher und ihre Landschaften

Eine illustrierte Einführung

© 2009 by WBG (Wissenschaftliche Buchgesellschaft), Darmstadt
Die Herausgabe des Werkes wurde durch die Vereinsmitglieder
der WBG ermöglicht.
Alle Fotos und Grafiken vom Autor soweit nicht anders angegeben
Redaktion: Christiane Martin, Köln
Layout, Satz und Prepress: schreiberVIS, Seeheim
in Zusammenarbeit mit Elke Göpfert, Mörlenbach-Weiher
Gedruckt auf säurefreiem und alterungsbeständigem Papier
Printed in Germany

Besuchen Sie uns im Internet: www.wbg-darmstadt.de

ISBN 978-3-534-21741-0

Inhalt

11 Zeugnisse glazialer Erosion 112

12 Moränen und Formen glazialer Akkumulation 131

13 Kurzer Abriss der holozänen Gletscherchronologie 157

Vorwort

Gletscher sind faszinierende, eindrucksvolle Naturelemente. Sie haben weite Teile der Erdoberfläche mitgestaltet und prägen sowohl Arktis und Antarktis, als auch die Hochgebirge. Jeder Bergwanderer ist schon einmal ihren Zeugnissen begegnet.

Gletscher sind dynamisch. Kein Begriff ist daher unzutreffender als der des „Ewigen Eises". Das Klima steuert diese beständige Veränderung. Daher sind Gletscher ideale Indikatoren des Klimawandels in Vergangenheit und Gegenwart. In Zusammenhang mit der aktuellen Klimaveränderung genießen Gletscher als einprägsame Beispiele in allen Medien starke Präsenz. Kaum eine Reportage über den Klimawandel verzichtet auf das Bild des Abbruches von Eisbergen an einer Gletscherfront.

Insbesondere jenes Bild charakterisiert aber auch ein Dilemma. Gletscher stellen sehr komplexe natürliche Systeme dar. Das Verständnis ihrer Dynamik setzt eine fundierte Kenntnis vieler Zusammenhänge voraus. Viele populäre Darstellungen lassen diese jedoch schmerzlich vermissen. So ist der Abbruch (das „Abkalben") von Eisbergen ein nur indirekt an die Klimaentwicklung gekoppelter Vorgang und ein unpassendes Bildbeispiel. Die verbreitete Reduzierung des Klimafaktors bei der Betrachtung von Gletschern auf die Lufttemperatur ist nicht unproblematisch. Wird die Ausdehnung heutiger Alpengletscher mit historischen Fotografien verglichen, so fehlt oft der Hinweis, dass um 1850 vielfach der höchste Gletscherstand der letzten 10 000 Jahre erreicht wurde. Gletscher lassen sich durch oberflächliche Darstellungen leider leicht missbrauchen, selbst wenn fraglos das erwünschte Ziel des Klima- und Umweltschutzes unverzichtbar ist.

Eine eng abgegrenzte Betrachtung des Themas „Gletscher" würde ihrer facettenreichen Natur widersprechen. Dieses Buch versucht jener Komplexität mit seinem thematisch weit gespannten Bogen gerecht zu werden. Es ist aber keine Konkurrenz zu den aktuellen englischsprachigen Standardwerken, die für den interessierten Leser im Literaturverzeichnis aufgeführt werden. Vielmehr schließt diese verständliche und übersichtliche Darstellung mit Verzicht auf wissenschaftsgeschichtliche Exkurse die bestehende Lücke neuerer deutschsprachiger Darstellungen.

Da eine detaillierte Berücksichtigung aller glazialen Umweltmilieus den Rahmen gesprengt hätte, liegt der Schwerpunkt des Buches auf den Hochgebirgen der Mittelbreiten. Es verwendet eine moderne, internationalen Standards angepasste Terminologie. In einigen Fällen wurde bewusst auf die Übersetzung englischer Fachausdrücke verzichtet. Deren Übertragung ins Deutsche hätte leicht Missverständnisse hervorrufen können, da auch in neuesten deutschen Lehrbüchern häufig die Übersetzungen mit veralteten Definitionen besetzt sind.

Zuletzt möchte der Autor dem Verlag für die Möglichkeit der Realisierung des Buches in seiner vorliegenden Form ausdrücklich danken.

Düsseldorf, im Juli 2008
Stefan Winkler

Hinweis zur Benutzung:

▶ = siehe Abbildung
🗎 = siehe Kapitel

Gletscherzunge des Tuftebre,
westliches Südnorwegen
(Aufnahme: Juli 2008).

Was ist ein Gletscher?

Definition „Gletscher"

Gletscher sind große, hauptsächlich aus Schnee, Firn und Eis bestehende Massen, welche einer aktiven Bewegung unterliegen. Auch Schmelzwasser, Gesteinsfragmente und Luft, beispielsweise in den Porenräumen des Schnees, können Bestandteile eines Gletschers sein. Da sich das Gletschereis aktiv bewegt, stellt ein Gletscher keine „tote Masse" dar. Dies ist der entscheidende Unterschied zu anderen Ablagerungen aus Eis wie Wandvereisungen an Bergflanken, Eisbergen und so weiter. Der Begriff „Ewiges Eis" ist für Gletscher sehr unzutreffend. Permanent wird sowohl neues Eis gebildet wie auch gleichzeitig altes Eis durch Abschmelzen verloren geht. An den Gletschern der Hochgebirge ist das Gletschereis deshalb selten älter als einige Hundert Jahre. Nur in den mächtigen Eisschilden von Grønland und der Antarktis gibt es in den tieferen Schichten und an der Basis Eis, welches das Alter von einigen Hunderttausend Jahren erreichen kann. Einen fortwährenden Umsatz

von Eis gibt es jedoch auch dort. Prägendes Kennzeichen für alle Gletscher ist folglich ihre Dynamik. Neben ihrer aktiven Eisbewegung zeigen sie von Natur aus beständige Veränderungen in Masse, Volumen und Position. Anhand der Hochgebirgsgletscher lassen sich die glaziale Dynamik und die durch Gletscher entstandenen Landformen gut erklären. Daher konzentrieren sich die nachfolgenden Ausführungen speziell auf diese Gruppe von Gletschern (▸ 1.1).

Ein Gletscher kann nur entstehen, wenn sich über viele Jahre im Winter mehr Schnee ablagert, als im darauffolgenden Sommer abschmilzt. Neben dem Klima spielt das Relief hierbei eine entscheidende Rolle. Vor allem in Hochgebirgen muss durch entsprechende Geländeformen (Nischen und andere Hohlformen) zunächst die Möglichkeit gegeben sein, dass sich größere Schneemengen ansammeln. Dies allein reicht jedoch nicht aus. Es muss ferner ausgeschlossen sein, dass ein großer Teil des abgelagerten Schnees durch Wind wieder verdriftet. So ist die Art der Geländeform später mitentscheidend für den morphologischen

▲ 1.1
Blick auf die ins Tasman Valley abfließende obere Gletscherzunge des Tasman Glacier (Southern Alps, Neuseeland). Zentral im Hintergrund ragt der Aoraki/Mt. Cook (3754 m ü. d. M.) über den größten Gletscher dieses Hochgebirges. Obwohl die Gletscher der Hochgebirge nur einen verschwindenden Anteil an der globalen Gesamtgletschermasse besitzen, lässt sich an ihnen die glaziale Dynamik gut erklären. Dies gilt in gleicher Weise für die durch Gletscher entstandenen Landformen (Aufnahme: März 2007).

Gletschertyp (🗅 7). In einem mehrjährigen Umwandlungsprozess werden die ursprünglich feinen Neuschneekristalle zunächst zu Firn, später zu Gletschereis umgewandelt und verdichtet (🗅 2). Erreicht die angesammelte Masse von Schnee, Firn und Eis eine bestimmte Mächtigkeit (als Mindestgröße gelten üblicherweise 20–30 m), löst die Schwerkraft in Kombination mit den physikalischen Eigenschaften des entstandenen Eises die spezifische Gletscherbewegung aus (🗅 3).

Aktives Eis – Stagnanteis – Toteis

Die aktive Eisbewegung ist nicht nur Charakteristikum eines Gletschers, aus ihr und den physikalischen Eigenschaften des Eises leiten sich sowohl die unterschiedlichen glazialen Erosionsprozesse (🗅 10) als auch der Materialtransport im Gletschertransportsystem (🗅 9) und die glazialen Ablagerungsprozesse (🗅 11) mit ihrem vielfältigen Formenschatz ab. Unter-

liegt ein Teil eines Gletschers keiner aktiven Eisbewegung mehr, bezeichnet man diesen Bereich als Stagnanteis. Stagnanteis tritt häufig an Gletscherzungen im Rückzug auf, wenn sich Scherungsflächen (🗅 3) zwischen dem untersten Teil der Gletscherzunge und dem restlichen Gletscherkörper mit seinem „aktiven" Gletschereis ausbilden (▶ 1.3). Bei Stagnanteis findet keine aktive Eisbewegung mehr statt.

Wird Stagnanteis vom Gletscher auch räumlich abgetrennt, entsteht Toteis. Toteis ist häufig von Sedimenten überdeckt und schmilzt sukzessive unter Freisetzung großer Mengen von Schmelzwasser ab (▶ 1.5). Es ist für die Entstehung eines speziellen glazialmorphologischen Formenschatzes verantwortlich (🗅 12). Eine Abtrennung teils großflächiger Toteiskomplexe hat während der Deglaziation, dem Rückzug der Eisschilde und Eisstromnetze am Ende der jüngsten großen Vereisungsperiode, stattgefunden.

Bisweilen bezeichnet man auch ganze Gletscher als „stagnant", wenn diese quasi „klimatisch tot" sind. Das bedeutet, sie erhalten keinen ausreichenden Nachschub zur Eisneubildung, keinen notwendigen Input mehr. Sie liegen unterhalb der Höhengrenze, die das Limit der Existenz von Gletschern darstellt. Der Begriff „stagnanter Gletscher" ist jedoch missverständlich und sollte, zumal sich mit dem Konzept des Massenhaushaltes bessere Möglichkeiten zur Beschreibung jener Situation bieten, vermieden werden.

Exkurs: Gletscher als natürliche Systeme

Ergänzend zu der auf die aktive Bewegung konzentrierten Definition lassen sich Gletscher auch als komplexe, klimagesteuerte natürliche Systeme verstehen. Sie sind grundsätzlich temporäre Speicher des Niederschlags in fester Form. Der Zeitraum seiner Speicherung ist dabei sehr variabel. Er reicht von einigen Jahrhunderten in Hochgebirgsgletschern bis zu mehreren Hunderttausend Jahren in polaren Eisschilden. Somit können Gletscher als klimagesteuerte Input-Output-Systeme angesehen werden (▶ 1.2).

Input liefert hierbei im Wesentlichen der winterliche Schneefall, Output ist das Schmelzwasser. Der temporäre Niederschlagsspeicher „Gletscher" unterliegt in seiner Masse als Reaktion auf kurz-, mittel- und langfristig variable Größenordnungen von In- und Output einer permanenten Veränderung. In- und Output hängen unmittelbar von den klimatischen Rahmenbedingungen sowie den saisonalen und täglichen Witterungsverhältnissen ab. So entsteht die überragende Abhängigkeit der Gletscher vom Klima. Zahlreiche individuelle klimatische Faktoren beeinflussen in vielfältiger Weise direkt und indirekt, in Verkettung oder Rückkopplung mit anderen auch nichtklimatischen Einflussfaktoren den Gletscher. Im Zentrum dieses Betrachtungswinkels steht das Konzept des Massenhaushaltes (🗋 4).

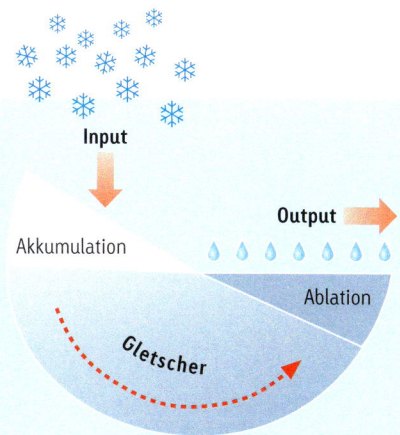

▲ 1.2

Schema des Gletschers als natürliches Input-Output-System. Die Gletscherbewegung ist nach diesem Konzept direkte Folge eines Ungleichgewichtes der Gletschermasse.

Gletscher als Forschungsgegenstände

Die Glaziologie (Gletscherkunde) kann sowohl als eigener Forschungszweig, als auch als Teildisziplin der Hydrologie unter das Dach der Geophysik gestellt werden. Betrachtet man hingegen ein weiter gefasstes Spektrum und berücksichtigt neben der Untersuchung ihrer physikalischen Eigenschaften die aktuell mit Gletschern verknüpften Themen zur Veränderung der Umwelt, sind andere Zuordnungen, beispielsweise zur Physischen Geographie, ebenfalls möglich. Die Bedeutung der Glaziologie erwächst hauptsächlich aus ihrer Kopplung mit zahlreichen Teildisziplinen der Geographie und Geowissenschaften. Hieraus und aus der Aktualität von Gletschern als wissenschaftliche Forschungsobjekte leitet sich die unbestritten große Bedeutung glaziologischer Forschung ab. Ohne deren Erkenntnisse wäre ein Studium der durch Gletscher entstandenen Ablagerungen und Landformen nicht möglich. Die von der Quartärgeologie (Quartärforschung) betriebene interdisziplinäre Erforschung des Quartär (Eiszeitalter) kann ebenso wenig auf die Kompetenz der Glaziologie verzichten wie Studien über Klimaveränderungen in Vergangenheit, Gegenwart oder Zukunft. Die Charakteristik als klimagesteuerte natürliche Systeme macht Gletscher zu idealen Klimaindikatoren und erklärt die große Aufmerksamkeit, welche ihnen in den Medien – zum Teil leider unter Berücksichtigung der falschen oder unvollständiger Faktoren – zuteil wird.

▶ 1.3

Der untere Teil der Gletscherzunge des La Perouse Glacier (Southern Alps, Neuseeland) ist praktisch komplett mit Gesteinsfragmenten (Debris) bedeckt. Obwohl keine exakten Messungen zur Eisbewegung vorliegen, kann mit großer Sicherheit davon ausgegangen werden, dass die untere Gletscherzunge zu weiten Teilen aus Stagnanteis besteht (Aufnahme: März 2007).

Das Schmelzwasser des Austdalsbre (westliches Südnorwegen) fließt in das Styggevatn, einem zur Energiegewinnung künstlich aufgestauten See. Aus ihm wird Wasser direkt durch ein Tunnelsystem zum tiefer im Tal gelegenen Kraftwerk geleitet und dort zur Stromerzeugung genutzt. Im Bild ganz unten links ist ein Ersatzturbinenrad dieses Kraftwerks (Myklemyr/Jostedalen) zu erkennen. Das Beispiel der Hydroenergie verdeutlicht die anwendungsbezogenen Aspekte der Glaziologie und ihre Aktualität. Die überragende Bedeutung der Hydroenergiegewinnung in Norwegen ist der Grund für eines der weltweit umfangreichsten Mess- und Beobachtungsprogramme von Gletschern (Aufnahmen: August 2004 beziehungsweise 2007).

EXKURS Aktuelle Fragestellungen

Da Gletscher überaus komplexe natürliche Systeme sind, lassen sich schwerlich bestimmte separate Fragestellungen als besonders aktuell oder bedeutend kennzeichnen. Dennoch ist, betrachtet man die glaziologische Forschung der letzten Jahre und Jahrzehnte (Knight 2006), die Erforschung der Gletscher-Klima-Beziehung zweifellos in den Mittelpunkt des Interesses gerückt. Zwei Aspekte gilt es hierbei hervorzuheben. Gletscher werden als Klimaindikatoren in zahlreichen Studien herangezogen, um aktuelle Veränderungen der klimatischen Rahmenbedingungen aus dem Verhalten der Gletscher abzuleiten oder es mit diesen vergleichend in Beziehung zu setzen. Diese Studien erstrecken sich auch auf die jüngste erdgeschichtliche Vergangenheit. Neben anderen Methoden zur Erforschung der Klimageschichte des Holozän dienen Gletscher aber auch, genauer die von ihnen geschaffenen Formen und Ablagerungen, zur Vervollständigung des Wissens über diejenigen Zeitabschnitte, aus denen es keine meteorologischen Messdaten gibt. Bedeutung erwächst diesen Studien durch den Umstand, dass nur auf Grundlage ihrer Ergebnisse Prognosen zum zukünftigen Verhalten der Gletscher getestet werden können.

Ein weiterer aktueller Forschungsschwerpunkt der Glaziologie ist die Modellierung der bei vorgegebenen Szenarien des Klimawandels zu erwartenden Veränderungen der Gletschermasse. Diese Fragestellung hat in Verbindung mit der Suche nach Strategien zur nachhaltigen Entwicklung in Hochgebirgen einen hohen Anwendungsbezug (Huber et al. 2005). In vielen Gebirgsregionen sind Gletscher wichtige Wasserlieferanten, so zum Beispiel in den subtropischen Hochgebirgen. Gletscherschmelzwasser dient andernorts zur Erzeugung von elektrischer Energie (Hydroenergie, ► 1.4). Eine größere Veränderung der Gletschermasse wird das Hochwasserverhalten der Gebirgsflüsse entscheidend beeinflussen wie auch Straßen und Siedlungen direkt oder indirekt gefährden. Nicht zuletzt der Tourismus wird von Veränderungen der Gletscher betroffen sein. Ohne gesicherte Abschätzung der Abnahme der Gletscherfläche kann auch nicht exakt berechnet werden, wie sich der Weltmeeresspiegel zukünftig verändern wird (IPCC 2007).

▲ 1.5
Mit Moränenmaterial bedeckter Toteiskomplex im Gletschervorfeld des Fox Glacier (Southern Alps, Neuseeland). Das Toteis ist nur an einer kleinen Stelle – links neben der Person – exponiert. In den 1950er-Jahren wurde es von der sich zurückziehenden Gletscherzunge abgetrennt. Die mächtige Materialdecke hat das Eis relativ lange isoliert. Ist Toteis jedoch einmal exponiert, schmilzt es rasch ab. Im April 2008 war der Komplex auf dem Bild bereits zu mehr als der Hälfte abgeschmolzen (Aufnahme: März 2006).

Die Glazialmorphologie oder Glazialgeomorphologie ist eine wichtige Teildisziplin der Geomorphologie, der Erforschung der Formen und Prozesse an der Erdoberfläche. Da Gletscher und deren Schmelzwasser wichtige Prozessträger sind, ist das glaziologische Wissen um die Eigenschaften der Gletscher Grundvoraussetzung für alle nachgeschalteten geomorphologischen Analysen. Neben den gegenwärtig vergletscherten Hochgebirgen waren während der pleistozänen Vereisungsperiode zusätzliche große Areale der Landoberfläche von Gletschereis bedeckt. Die Oberflächenformen Nordeuropas und weite Teile Norddeutschlands sind durch die mehrfache Eisüberformung entscheidend geprägt worden, sodass auch bezüglich dieser heute unvergletscherten Regionen auf glazialmorphologische Kompetenz nicht verzichtet werden kann.

Ein anderes Einsatzgebiet ist die Untersuchung der Gletscherchronologie (Gletschergeschichte) sowohl während der pleistozänen Vereisungsperioden, aber auch während des seit 11 500 Jahren andauernden Holozän. Hierbei ist man auf die Analyse glazialmorphologischer Formen angewiesen, welche nur dann korrekt datiert und gletschergeschichtlich interpretiert werden können, wenn ihr Entstehungsmechanismus hinreichend bekannt ist. Glaziologische, glazialmorphologische und gletscherchronologische Analysen greifen derart komplex ineinander, dass separate Betrachtungen wenig Sinn ergeben.

In Abhängigkeit von Relief, klimatischen Rahmenbedingungen und dem Faktor Zeit sind glazialmorphologische Prozesse und Formen nicht überall einheitlich. Das Prozess-System des pleistozänen Nordischen Inlandeises in Norddeutschland unterscheidet sich zum Beispiel in mehreren Punkten von demjenigen der pleistozänen alpinen Vorlandvergletscherung in Süddeutschland. Prozesse und Formen ehemaliger pleistozäner Eisschilde können nur eingeschränkt von den Prozess-Systemen der heutigen polaren Eisschilde auf Grønland oder in der Antarktis abgeleitet werden. Das Prozess-System der aktuellen Hochgebirgsgletscher, welches im Mittelpunkt der nachfolgenden Betrachtungen steht, besitzt seinerseits spezifische Besonderheiten. Für die Glazialmorphologie folgt daraus, dass Verallgemeinerungen aufgrund der unterschiedlichen Prozess-Systeme niemals automatisch möglich sind.

2

Vom Neuschnee zum Gletschereis

Akkumulationsgebiet des Fox Glacier (Southern Alps, Neuseeland; Aufnahme: Februar 2008).

Umwandlung von Schnee zu Gletschereis

Eis ist nicht gleich Eis. Das Eis, welches sich im Winter beispielsweise auf Binnenseen bildet, unterscheidet sich wie das arktische/antarktische Meereis in Eigenschaften und Entstehung von Gletschereis. Gletschereis ist ein sedimentäres Eis. Es entsteht nahezu ausschließlich durch die Metamorphose (Umformung) von Schnee. In Sonderfällen kann auch Schmelzwasser im Gletscher wiedergefrieren oder sich an der Unterseite eines schwimmenden Eisschelfes neues Eis bilden. Im Allgemeinen spielen diese und andere Sonderfälle aber keine Rolle.

Neuschneekristalle sind filigrane Gebilde. Ihre individuelle, symmetrische Kristallform hängt im Wesentlichen von den Witterungsverhältnissen während des Schneefalles ab, hauptsächlich von der Lufttemperatur. Frischer Neuschnee hat durch die sperrigen, feinen Schneekristalle eine lockere Gefügepackung. Das Porenvolumen ist dadurch sehr hoch und beträgt bis zu 95 %. Durch den hohen Luftgehalt besitzt frischer Neuschnee eine Dichte (spezifisches Gewicht) von lediglich $0{,}05 - 0{,}15\,\mathrm{g/cm^3}$. Ein Neuschneekristall verliert im Laufe der Zeit durch mechanische Einwirkung wie Winderosion, durch Pressung, Kompaktion, Kondensation und vor allem durch randliches Schmelzen und Wiedergefrieren sukzessive seine filigrane Kristallstruktur (▶2.1). In den hochkontinentalen polaren Klimaten kommen dabei nur Prozesse ohne Beteiligung von Schmelzwasser zum Tragen. Durch die fortschreitende Umformung wird die Kristallform kompakter und körniger, die Kristalloberfläche verringert sich dadurch allmählich. Die Sperrigkeit der Kristalle nimmt ab, sodass sie als Folge enger gepackt liegen. Damit verringert sich das Porenvolumen der Schneeschicht langsam und die Dichte nimmt parallel zu. Sie kann bei einige Tage altem Schnee schon $0{,}2-0{,}3\,\mathrm{g/cm^3}$ betragen. Im Zuge der weiteren Metamorphose der Neuschneekristalle zu körnigem Altschnee werden letztlich maximale Dichten von $0{,}3-0{,}4\,\mathrm{g/cm^3}$ erreicht.

Auf Gletschern in maritimen Klimaten kann dieser Prozess schon in 60 Tagen vollendet sein, in kontinentalen oder polaren Regionen dauert er teilweise erheblich länger. Ursache für diese regionalen Unterschiede ist der Einfluss der Lufttemperatur. Bei der vergleichsweise milden Lufttemperatur und der hohen durchschnittlichen Luftfeuchte in maritimen Regionen besteht leicht die Möglichkeit eines partiellen Schmelzens und anschließenden Wiedergefrierens der Schneekristalle, einem effektiven und wichtigen Prozess innerhalb der Schneemetamorphose. Schnee in maritimen Gebieten ist zusätzlich bereits ursprünglich feuchter und dichter als in kälteren, trockeneren Klimaten, was die Schneemetamorphose ebenfalls beschleunigt.

Alten Winterschnee, welcher den darauffolgenden Sommer überstanden hat, bezeichnet man als Firn. Firn besitzt üblicherweise Dichten von $0{,}5-0{,}55\,\mathrm{g/cm^3}$. Ist bis zu diesem Punkt die Umwandlung von Neuschneekristallen zu körnigem Firn in verhältnismäßig kurzer Zeit möglich, verlangsamt sich ab diesem Übergangsstadium die Schneemetamorphose zum finalen Stadium des Gletschereises hin erheblich. Die Ursache hierfür liegt darin, dass der maximale Grad der Pressung und kompakten Lagerung der Firnkörner ohne weitergehende Rekristallisation bei dieser Dichte erreicht wird. Während der fortschreitenden Umwandlung von körnigem Firn zu Eiskristallen tritt das Phänomen auf, dass große Firnkristalle auf Kosten kleinerer Kristalle anwachsen, quasi analog zum aus der Meteorologie bekannten Wachstum großer Regentropfen auf Kosten kleinerer Tropfen infolge größerer Oberflächenspannung. Durch den Effekt des partiellen Schmelzens und Wiedergefrierens nimmt das Porenvolumen der Firnschicht immer mehr ab. Die Dichte kann auch durch das Gefrieren von extern zugeführtem Schmelzwasser – oder auch Niederschlagswasser – ansteigen. Jenes sickert von der Gletscheroberfläche durch die porösen und durchlässigen Schnee- und Firnschichten und gefriert anschließend. Man bezeichnet auf diese Weise entstandenes Eis als Aufeis (*superimposed ice*). Aufeis aus extern zugeführtem Schmelzwasser entsteht nicht nur innerhalb von Firnschichten im Gletscher, sondern auch in unteren Gletscherbereichen direkt auf der Gletscheroberfläche. Eisbildung durch Aufeis

kann besonders in subpolaren und polaren Gebieten wichtig für den Massenhaushalt der Gletscher werden (🗋 4).

Ist Firn durch die geschilderten Prozesse annähernd luftfrei geworden, sind die wenigen noch vorhandenen Poren irgendwann nicht mehr miteinander verbunden. Beträgt die Dichte mehr als $0{,}8\,\mathrm{g/cm^3}$, spricht man schon von Gletschereis. Der Trend zur Vergrößerung der vorhandenen Eiskristalle dauert jedoch an, und im finalen Stadium besitzt typisches Gletschereis eine Dichte von etwa $0{,}9\,\mathrm{g/cm^3}$ (zum Vergleich: Wasser $1{,}0\,\mathrm{g/cm^3}$, ▶2.2). Das Porenvolumen von Gletschereis liegt praktisch bei 0 %, das heißt, Gletschereis ist wasser- und luftundurchlässig.

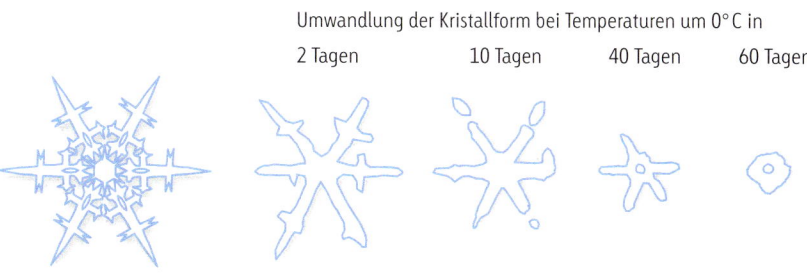

Umwandlung der Kristallform bei Temperaturen um 0 °C in

2 Tagen 10 Tagen 40 Tagen 60 Tagen

▲ 2.1

Schematisierte Darstellung der morphologischen Veränderung eines Neuschneekristalles zu körnigem Firn (verändert nach Liestøl 2000).

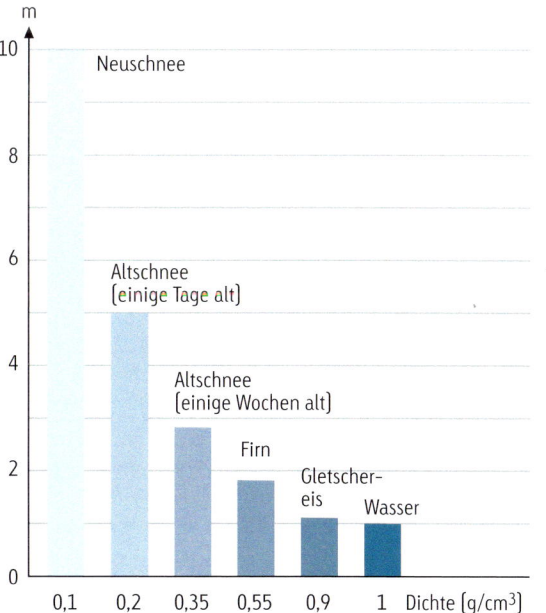

▲ 2.2

Zusammenhang zwischen Dichte und Volumen unterschiedlicher Stufen der Schneemetamorphose. Ausgangspunkt ist eine 10 m mächtige Säule aus Neuschnee, die am Ende der Umwandlung zu einer etwa 1,10 m hohen Säule aus Gletschereis wird. Dies entspricht wiederum einer Wassersäule von 1 m. Die Unterschiede in Dichte und Volumen von verschiedenen Schneetypen, Firn und Eis sind Ursache für die bei allen Fragestellungen in Bezug auf die Gletschermasse bestehende Notwendigkeit der Umrechnung in *water equivalent* [w. e.], den „Wasserwert".

► 2.3
Tiefenlage des Überganges
von Firn zu Eis an verschiede-
nen Stationen in Arktis und
Antarktis (verändert nach
Paterson 1994).

Station	Lokalität	Tiefenlage des Übergangs Firn/Eis	Eistemperatur in 10 m Tiefe	Alter des Eises am Übergang	Akkumulation an Lokalität
Inge Lehmann	Grønland	60 m	−30 °C	400 a	100 kg/m²/a
Crête	Grønland	66 – 70 m	−30 °C	170 a	265 kg/m²/a
Camp Century	Grønland	68 m	−24 °C	125 a	320 kg/m²/a
Devon Ice Cap	Baffin Island	62 m	−23 °C	210 a	220 kg/m²/a
Vostock	Antarktis	95 m	−57 °C	2500 a	22 kg/m²/a
Dome C	Antarktis	100 m	−54 °C	1700 a	36 kg/m²/a
South Pole	Antarktis	115 m	−51 °C	1020 a	70 kg/m²/a

Während an klimatisch maritimen Gletschern der Mittelbreiten die Umwandlung von Firn zu Eis in nur fünf bis sechs Jahren vollzogen sein kann, dauert infolge differenter klimatischer Rahmenbedingungen – insbesondere tieferer Lufttemperaturen und geringerer Luftfeuchte – sowie durch das weitgehende Fehlen von Schmelzwasser die Schneemetamorphose zu Gletschereis in hochkontinentalen polaren Gletscherregionen mehrere Jahrhunderte oder länger. Im Bereich der zentralen Ostantarktis liegt trotz sehr geringer jährlicher Schneefälle die Übergangsschicht von Firn zu Eis erst in Tiefen von mehr als 100 m unterhalb der Gletscheroberfläche (► 2.3). In den kontinentaleren Hochgebirgen der mittleren Breiten und Subtropen ist der Metamorphoseprozess üblicherweise in einigen Jahrzehnten vollendet. Im Gegensatz zum Phänomen der Aufeisbildung können das Gefrieren von Regen und Eisbildung durch Kondensation übersättigter Luft an der Gletscheroberfläche weitgehend unbeachtet bleiben.

Physikalische Eigenschaften von Gletschereis

Theoretisch besitzt reines Eis eine Dichte von 0,917 g/cm³. Bei Gletschereis, das durch die Metamorphose von Schnee entstanden ist, rechnet man aufgrund der im Regelfall vorhandenen kleinen Einschlüsse von Luft und Fremdmaterial mit einer mittleren Dichte von 0,9 g/cm³. Die natürlich vorkommende Spannbreite reicht von 0,83 bis 0,91 g/cm³. Die vorhandenen Einschlüsse von Luft sind dabei isoliert (► 2.4), die Diffusion ist beim praktisch wasserundurchlässigen Eis vernachlässigbar gering.

Eiskristalle besitzen eine plattige Struktur. Die Sauerstoffatome der Wassermoleküle scheinen im Eiskristall sechseckig in einer Ebene, der sogenannten „basalen Ebene", angeordnet zu sein. Aufgrund dieser wird Eis häufig oftmals der hexagonalen (sechseckigen) Kristallklasse zugeordnet, was jedoch nicht korrekt ist. Genau betrachtet sind die sechs Sauerstoffa-

◄ 2.4
Luftblasen in Eis an der Gletscherbasis des Briksdalsbre (westliches Südnorwegen, Aufnahme: September 1997).

tome in der basalen Ebene des Eiskristalles gar nicht hexagonal angeordnet, sondern jeweils zu dritt „trigonal" auf zwei separate Ebenen verteilt (▶ 2.5). Sie sind allerdings alternierend so positioniert, dass sich in der Aufsicht der Effekt einer einheitlichen basalen Ebene mit jener hexagonalen Anordnung ergibt. Dieser falsche Eindruck kommt auch dadurch zustande, dass der Abstand zwischen den zwei zusammengehörenden Ebenen mit trigonaler Anordnung der Sauerstoffatome nur rund ein Drittel desjenigen der basalen Ebenen untereinander beträgt. Die Sauerstoffatome zweier übereinanderliegender basaler Ebenen sind zudem spiegelbildlich angeordnet. Die Kristallstruktur von Gletschereis kann somit zwar als „quasi hexagonal" bezeichnet und mit derjenigen von Schichtsilikaten wie Glimmer oder Tonminerale verglichen werden. Kristallographisch exakt ist das Eiskristall aber „ditrigonal-pyramidal".

Die Größe der einzelnen Eiskristalle ist von ihrem Alter und der Größenordnung einwirkender Deformationskräfte abhängig. Typischerweise beträgt der Durchmesser eines Eiskristalles in den oberen Bereichen eines Gletschers 10–30 mm und steigt zur Gletscherbasis auf 50–100 mm an, da mit der Zeit größere Kristalle auf Kosten kleinerer anwachsen können. In altem Eis oder Stagnanteis der Gletscherzungen wurden auch schon Einzelkristalle von bis zu 25 cm Durchmesser gefunden. Voraussetzung für die Entstehung großer Kristalle ist die Abwesenheit schneller Deformation.

Wichtig für verschiedene physikalische Eigenschaften von Gletschereis, zum Beispiel die Bewegung durch Deformation (◻ 3), ist die von den basalen Ebenen vorgegebene, parallel-lagige Kristallstruktur. Eine isotrope Substanz weist in alle Richtungen die gleichen physikalischen Eigenschaften auf und verhält sich identisch. Ein Eiskristall reagiert nur in Richtung der senkrecht auf den basalen Ebenen stehenden c-Achse, der optischen Achse, als eine solche isotrope Substanz, beispielsweise bei der Lichtbrechung. Mikroskopisch lässt sich deshalb im Dünnschliff die Lage der c-Achsen von Eiskristallen und deren Orientierung leicht feststellen. Da bei einem Verband von Eiskristallen die basalen Ebenen der einzelnen Kristalle ungeordnet in alle Richtungen verteilt vorliegen, müsste sich Gletschereis insgesamt aber als isotropes Material verhalten. Setzt man Eis gerichtetem Druck aus, beispielsweise dem Druck auflagernder Eis-, Firn- und Schneeschichten, reagieren zunächst mit einer Verformung nur diejenigen Kristalle, deren basale Ebenen günstig für die Druckentlastung ausgerichtet sind. Bei fortgesetzter Belastung werden die Eiskristalle, deren basale Ebene ungünstig zur Belastung liegt, sich sukzessive durch Rotation umorientieren oder mit besser orientierten Eiskristallen zusammenwachsen. Durch diese Vorgänge entsteht die weitgehende Parallelität der basalen Ebenen des Eiskristallverbandes. Gletschereis reagiert in der Realität deshalb nicht isotrop, sondern stark anisotrop mit

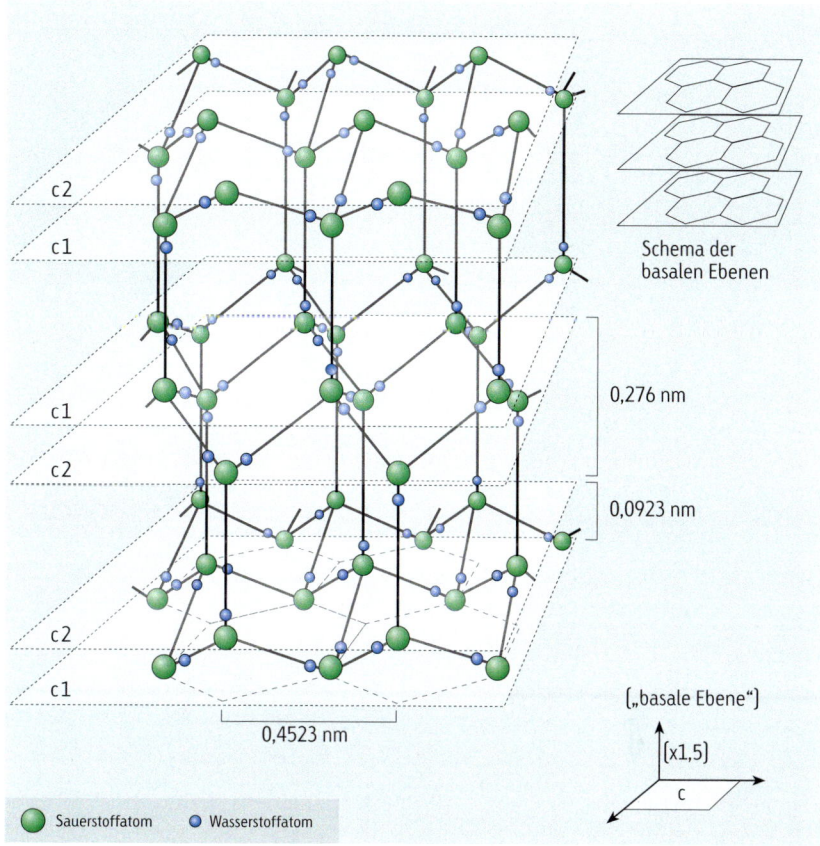

Schema der basalen Ebenen

0,276 nm

0,0923 nm

[„basale Ebene"]

[x1,5]

c

0,4523 nm

● Sauerstoffatom   ● Wasserstoffatom

▲ 2.5

Kristallstruktur von Gletschereis. Zur besseren Darstellung wurde das Kristallgitter parallel zur senkrechten a-Achse um den Faktor 1,5 aufgeweitet. Die spiegelbildliche Anordnung der einzelnen trigonalen Teilstrukturen der ditrigonalen (quasi hexagonalen) basalen oder c-Ebene ist kenntlich gemacht. Zur Vereinfachung wurde auf die Unterscheidung zwischen kovalenten Bindungen und Wasserstoffbrückenbindungen verzichtet.

richtungsabhängig unterschiedlicher Ausprägung seiner physikalischen Eigenschaften.

Bei einer Temperatur von etwa 0 °C besitzt Eis eine mineralogische Härte von nur 1,5. Bei –20 °C liegt sie aber bereits bei 3, bei –40 °C beträgt sie 4,5 und steigt auf maximal 6, dem Wert für Feldspat, bei Temperaturen von –60 bis –70 °C an. In hochpolaren Klimaten ist auf wenig erosionsresistenten Gesteinen Kryokorrasion durch windtransportierte Schneekörner möglich, vergleichbar der Wirkung von Sand in Wüsten. Mit sinkenden Temperaturen nimmt ferner die Sprödigkeit von Eis zu. Gletscherspalten sind deshalb an polaren Gletschern bei niedrigen Eistemperaturen tiefer als an Hochgebirgsgletschern der mittleren Breiten (◻ 3). Der Schmelzpunkt von Gletschereis liegt unter Atmosphärendruck bei 0 °C und sinkt bei steigendem Druck um –0,073 °C/MPa (= –0,0073 °C/bar). Durch Absinken des Schmelzpunktes bei steigendem Druck ist die Temperatur des Gletschereises in einem Profil von der Gletscheroberfläche zur Gletscherbasis eine von der ursprünglichen Schneetemperatur und der Eismächtigkeit abhängige Funktion.

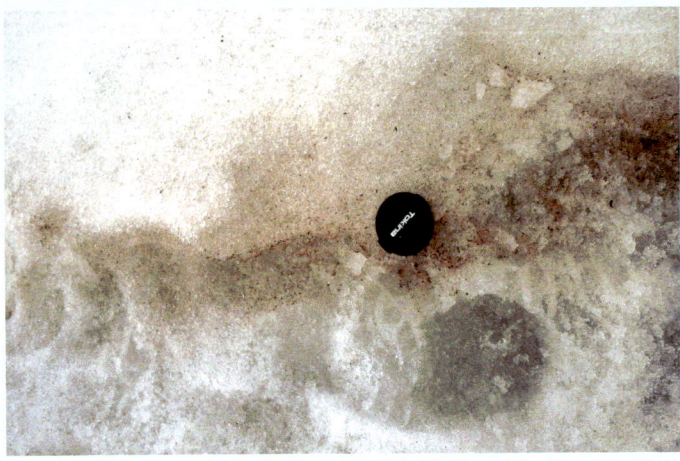

Die Farbe des Eises

Gletschereis erscheint im Gegensatz zu Schnee und Firn blau (▶ 2.7). Das ist Resultat der spezifischen Lichtbrechung. Während die übrigen Farben des sichtbaren Lichtspektrums vom Eis absorbiert werden, wird vor allem das Blau reflektiert. In dünnen Lagen erscheint Gletschereis ohne Fremdeinschlüsse farblos, in mächtigeren Lagen in Abhängigkeit vom Gehalt an Luftblasen weißlich-bläulich bis blau. Häufig ist Eis an der Gletscheroberfläche jedoch grau, was auf einen hohen Gehalt an Debris (Gesteinspartikeln) zurückzuführen ist und nicht auf dessen Eigenfarbe. Eine bisweilen auf Gletscher- oder Schneeoberflächen auftretende Rotfärbung stammt von der Schneeflechte *(Chlamydomonas nivalis)*, einer durch rote Pigmente gekennzeichneten Grünalgenspezies (▶ 2.6). Sie tritt vor allem im Sommer auf. Die durch sie hervorgerufene Färbung darf nicht mit windtransportierten Staublagen verwechselt werden, die ebenfalls die Eisoberfläche verfärben können. „Blaueis" bezeichnet in der Antarktis Stellen, an denen infolge Blockade des Eisabflusses zur Küste und Abwesenheit von Schmelzprozessen besonders dichtes, altes Eis an der Gletscheroberfläche durch Sublimation exponiert ist. Außerhalb der Polargebiete wird besonders klares und kompaktes Gletschereis aufgrund seiner Farbintensität manchmal Blaueis genannt.

▲ **2.6**
„Schneeflechten" auf altem Schnee Ende August im Jotunheimen (Südnorwegen, Aufnahme: August 1996).

▼ **2.7**
Typische blaue Eisfärbung am Briksdalsbreen (links) und am Fåbergstølsbreen (beide westliches Südnorwegen, Aufnahmen: September 1997 und August 1996).

Warmes und kaltes Eis – das Temperaturprofil eines Gletschers

Die Temperaturverhältnisse des Eises in Gletschern sind für die Beurteilung der Vorgänge an der Gletscherbasis von großer Wichtigkeit. Sie bestimmen unter anderem Typ und Geschwindigkeit der Gletscherbewegung (⌂ 3). Liegen die Temperaturen von Gletschereis am Druckschmelzpunkt, spricht man von warmem oder temperiertem Eis. In diesem Fall ist ein dünner Schmelzwasserfilm vorhanden. Liegt die Temperatur des Eises dagegen unterhalb des Druckschmelzpunktes, spricht man von kaltem Eis. In der Analyse glazialmorphologischer Prozesse an der Gletscherbasis (⌂ 9 und 10) muss dem basalen thermalen Regime besondere Aufmerksamkeit geschenkt werden.

Zwei Faktoren bestimmen die Temperaturverhältnisse an der Gletscherbasis: die an der Gletscherbasis erzeugte beziehungsweise vorhandene Wärmeenergie und der Temperaturgradient des überlagernden Eises. Letztgenannter ist durch die Effektivität der Wärmeleitung bestimmt. An der Gletscherbasis existieren drei potenzielle Wärmequellen:

- geothermaler Wärmefluss
- Friktionswärme (Reibungswärme) durch basales Gleiten an der Gletscherbasis (nur bei warmem Eis)
- Friktionswärme durch Deformationsfließen innerhalb des Gletschers

Diese Faktoren liefern in Kombination die an der Gletscherbasis zur Verfügung stehende Wärmeenergie. Sie wird von der Gletscherbasis durch Wärmefluss innerhalb des Gletschers abgeführt. Dessen Effektivität wiederum hängt von folgenden Faktoren ab:

- Eistemperatur an der Gletscherbasis
- Eistemperatur an der Gletscheroberfläche
- Mächtigkeit des überlagernden Eises
- Wärmeleitfähigkeit des Eises

Die Eistemperatur an der Gletscherbasis ist demnach das Resultat von der Höhe der vorhandenen Wärmeenergie und der Effektivität des Wärmeflusses. Deren Zusammenspiel führt zu drei möglichen thermalen Zuständen an der Gletscherbasis:

- Die Wärmeenergie an der Basis übersteigt den Wärmefluss, das Resultat ist ein „Netto-Schmelzen".
- Wärmeenergie und Wärmefluss befinden sich im Gleichgewicht; es wechseln sich lokal Zonen geringen „Netto-Schmelzens" und „Netto-Gefrierens" ab.
- Der Wärmefluss ist größer als die Wärmeenergie an der Basis; daraus resultieren eine Abkühlung und „Netto-Gefrieren".

Der Wärmefluss von der Gletscherbasis vollzieht sich nicht nur durch Wärmeleitung *(heat conductivity)*, sondern auch mittels Eisbewegung und damit Advektion *(heat advection)*. Kalter Schnee und Firn können durch ihren Transfer zu einer Abkühlung beitragen. Die Advektion ist in ihrer Wirkung von der Größe der Schneeakkumulation abhängig. Je höher die Akkumulation, desto stärker die Wirkung der Advektion. Generell steigt die Eistemperatur von der Oberfläche zur Gletscherbasis beziehungsweise bis zum Erreichen des Druckschmelzpunktes an (▸ 2.8).

Die Eismächtigkeit spielt bei der Kalkulation der basalen Eistemperatur eine große Rolle. Je größer die Eismächtigkeit, desto stärker ist der Isolationseffekt und desto höher die Eistemperatur an der Gletscherbasis. Ein zweiter Faktor ist die Höhe der jährlichen Akkumulation. Bewegt sich Schnee mit tiefen Temperaturen im Gletscher, wirkt er abkühlend, wohingegen warmer Schnee durch seinen Transfer zum Temperaturanstieg führen wird. Bei polaren Eisschilden ist die Akkumulation in den hochgelegenen Zentralbereichen gering und es herrschen extrem niedrige Temperaturen. Die Advektion wird hier die Ausbildung einer Gletscherbasis aus kaltem Eis fördern. In den Randbereichen mit gesteigerten Akkumulationsraten und höheren Temperaturen kann Advektion dagegen zu warmem Eis an der Gletscherbasis führen. Ein weiterer Faktor ist die Temperatur an der Gletscheroberfläche.

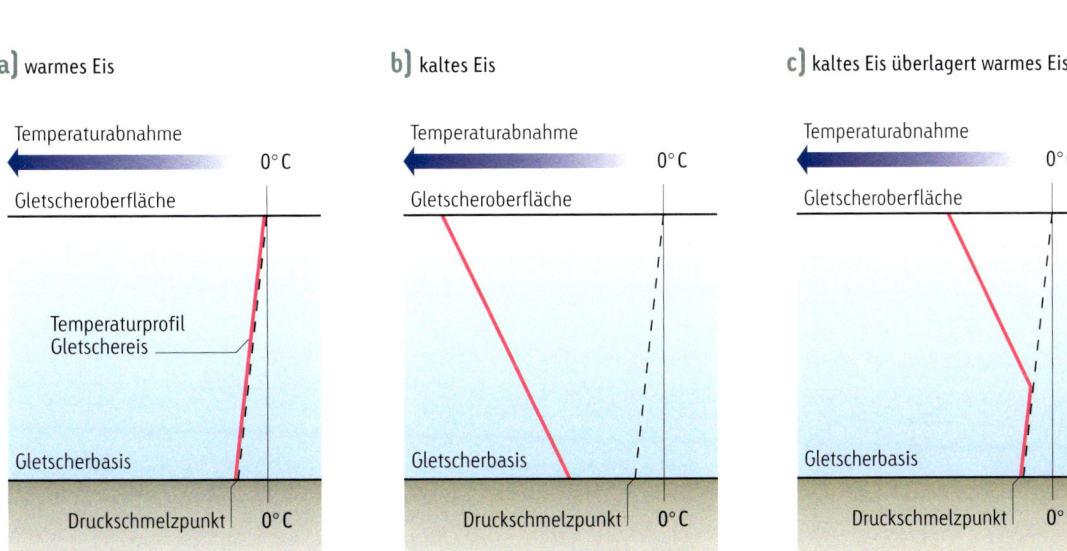

a) warmes Eis

b) kaltes Eis

c) kaltes Eis überlagert warmes Eis

◂ **2.8**

Darstellung möglicher Temperaturgradienten im Gletschereis (verändert nach Bennett & Glasser 1996).

Polythermale Gletscher

Die Besonderheit polythermaler Gletscher, das gleichzeitige Auftreten warm- und kaltbasaler Bereiche, erklärt sich wie folgt: Im hochgelegenen Gletscherbereich (Akkumulationsgebiet, ▶ 4.3) mit mächtiger Winterschneedecke erhöht sich durch Wiedergefrieren sommerlichen Schmelzwassers in den Porenräumen der oberen Schnee- und Firnlagen infolge Abgabe latenter Wärmeenergie die Temperatur. Schnee und Firn besitzen ein schlechteres Wärmeleitungsvermögen als klares Eis. Daher ist dort die Existenz warmen Eises und einer warm-

basalen Gletscherbasis möglich. Im tiefer gelegenen Ablationsgebiet besteht die Gletscheroberfläche aus blankem Eis. Durch bessere Wärmeleitung kann die Winterkälte bei vergleichsweise geringer Schneedecke besser eindringen. Da zusätzlich der Wärmegewinn aus latenter Wärmeenergie fehlt und Eis sich im Gegensatz zu Schmelzwasser beziehungsweise der Luft in den Porenräumen des Schnees nie über den Druckschmelzpunkt erwärmen kann, wird das aus den oberen Gletscherbereichen stammende Eis beim Transfer abgekühlt. Das Eis im Ablationsgebiet ist daher kalt und die Gletscherbasis kaltbasal, obwohl die Gletscheroberfläche niedriger liegt und von höheren Lufttemperaturen ausgegangen werden muss (▶ 2.9). Die Situation einer warmbasalen Gletscherbasis im oberen und einer kaltbasalen Gletscherbasis im unteren Gletscher behindert den Massentransfer – die vermutete Ursache für das Auftreten von *glacier surges* speziell an polythermalen Gletschern (🗋 3).

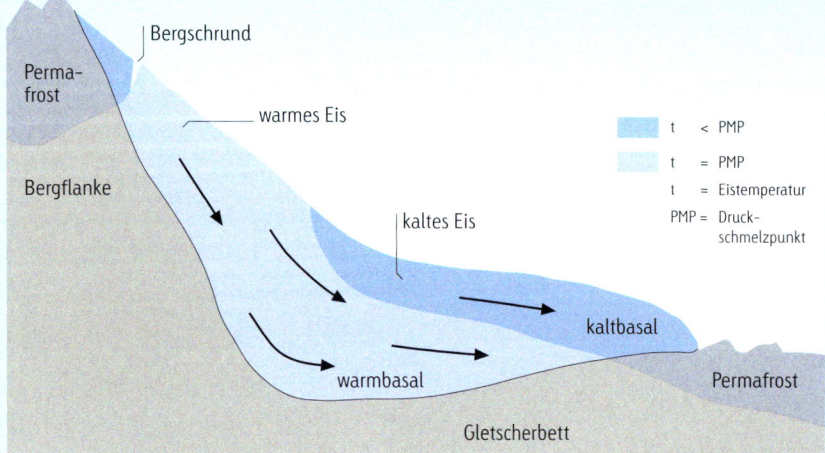

◀ **2.9**
Temperaturverteilung in einem polythermalen Gletscher (verändert nach Liestøl 2000).

Untersuchungen haben gezeigt, dass die Temperatur des Firns fast exakt der Jahresmitteltemperatur der Luft entspricht. Je höher sie liegt, desto höher ist die Temperatur an der Gletscherbasis. Eine langfristige Erhöhung der Temperatur um 1 °C an der Gletscheroberfläche resultiert mit zeitlicher Verzögerung in einem analogen Anstieg der Eistemperatur an der Gletscherbasis um 1 °C. Bei hohen Temperaturen an der Gletscheroberfläche kann durch sommerliches Abschmelzen Schmelzwasser in die oberen Firnschichten sickern. Beim Gefrieren dieses Schmelzwassers wird latente Wärme abgegeben. Der geothermale Wärmefluss muss vor allem in vulkanisch aktiven Regionen zusätzlich detailliert ermittelt werden. Die Friktionswärme als weiterer Faktor ist von der Eisgeschwindigkeit abhängig, und es gilt: je höher die Eisgeschwindigkeit, desto höher die entstehende Friktionswärme.

Thermales Regime der Gletscherbasis und geophysikalische Gletschertypen

Die thermalen Verhältnisse an der Gletscherbasis sind Grundlage der geophysikalischen Klassifikation von Gletschern. Aufgrund des Einflusses der thermalen Bedingungen auf Gletscherbewegung und Glazialmorphologie erscheint jene wichtiger als die Typisierung von Gletschern anhand morphologischer Krite-

rien (🗋 7). Befindet sich das Eis eines Gletschers überwiegend am Druckschmelzpunkt und liegt an der Basis warmes Eis vor, spricht man nach Ahlmann (1935) von warmbasalen oder temperierten Gletschern *(warm-based, wet-based, temperate glaciers)*. Ist das Eis kalt und durch Temperaturen unterhalb des Druckschmelzpunktes gekennzeichnet, handelt es sich um einen kaltbasalen beziehungsweise polaren Gletscher *(cold-based glacier)*. Sind dagegen große Teile eines Gletschers warm- und andere gleichzeitig kaltbasal, ist der Gletscher polythermal oder „subpolar" *(polythermal glacier)*. In diesem Fall ist im Akkumulationsgebiet das Eis meist warm und die Basis warmbasal, während im niedriger gelegenen Ablationsgebiet hauptsächlich kaltes Eis und eine kaltbasale Basis dominieren (▶ 2.9). Da an Gletschern die thermalen Bedingungen an der Basis zeitlichen und räumlichen Veränderungen unterworfen sein können, ist diese geophysikalische Klassifizierung als relativ undifferenziert einzustufen.

Eine kaltbasale Gletscherbasis kann an geringmächtigen Gletschern in polaren Regionen mit geringen Umgebungstemperaturen und langsamer Eisbewegung auftreten. Eine warme Gletscherbasis ist dagegen an mächtigen und schnell fließenden Gletschern zu erwarten. Bei großen Eismächtigkeiten ist zu beachten, dass der Druckschmelzpunkt des Eises absinkt und bei 2 000 m Eismächtigkeit bei etwa –1,6 °C liegt. Ist im Eis einmal der Druckschmelzpunkt erreicht, ändert der Temperaturgradient zur Gletscherbasis hin das Vorzeichen und das Eis wird sukzessive geringfügig kälter (▸ 2.8). Die an der Gletscherbasis vorhandene Wärmeenergie kann so nicht abgeführt werden, denn der Wärmefluss ist immer von Warm nach Kalt gerichtet. Stattdessen wird sie so für das Abschmelzen von Eis verbraucht. Bei kaltem Eis ist der Temperaturgradient dagegen durchgängig positiv, das heißt, die Eistemperatur steigt zur Gletscherbasis hin an. Wird dabei der Druckschmelzpunkt nicht erreicht und der Temperaturgradient entsprechend umorientiert, wird die an der Gletscherbasis vorhandene Wärmeenergie effektiv abgeleitet. Sie steht für Schmelzprozesse an der Basis nicht zur Verfügung. Die Gletscherbasis bleibt kaltbasal und am Gletscherbett festgefroren.

Diese theoretischen Modelle müssen jedoch an die realen Verhältnisse angepasst werden. Die thermalen Verhältnisse an einer Gletscherbasis unterliegen saisonalen Schwankungen. Außerdem können – an polythermalen Gletschern – Zonen unterschiedlicher basaler thermaler Regime auftreten. Der bedeutende Unterschied zwischen den geophysikalischen Glet-

schertypen liegt im vorherrschenden basalen thermalen Regime und dessen Einfluss auf Bewegungsmodi und glazialmorphologische Prozesse. Die Grenzen zwischen den einzelnen Gletschertypen sind jedoch fließend. An temperierten Gletschern kann eine oberflächliche Schicht kalten Eises als Folge saisonaler Temperaturschwankungen auftreten. Vereinzelte Zonen kalten Eises stellen im Blick auf ihre Gesamtmasse lediglich Ausnahmen dar. Die Präsenz größerer Schmelzwassermengen und einer warmbasalen Gletscherbasis bleiben ihr Hauptcharakteristikum. Zu den temperierten Gletschern zählen die Hochgebirgsgletscher der mittleren Breiten. Polare Gletscher bestehen fast ausschließlich aus kaltem Eis, abgesehen von einer eventuell auftretenden leichten Erwärmung der obersten Schnee- und Eisschichten während der Sommermonate. Ihr Charakteristikum ist die kaltbasale, am Gletscherbett festgefrorene Basis. Der Massenverlust vollzieht sich im Gegensatz zu temperierten Gletschern nicht primär durch Abschmelzen an der Gletscheroberfläche, sondern durch Kalbung oder Sublimation (4).

3

Die Bewegung des Gletschers

Deformationsfließen und das Fließgesetz von Glen

Das Charakteristikum eines Gletschers ist seine aktive Eisbewegung. Die Bewegung hat im Wesentlichen zwei Ursachen. Eine ist das Ungleichgewicht zwischen den hochgelegenen Gletscherteilen mit ihrem Massenüberschuss und den tieferen Gletscharealen, in denen Massenverlust dominiert (🗎 4). Die theoretische „Bilanzgeschwindigkeit" eines Gletschers entspräche der zum Transport des Massenüberschusses und der Wiederherstellung eines Gleichgewichtes notwendigen Eisbewegung (▶ 1.2). In der Realität verursacht das Massenungleichgewicht eine starke Neigung der Eisoberfläche. Die zweite Ursache ist die Gravitation (Schwerkraft), durch deren Wirkung es zu einer Bewegung der Eiskristalle kommt.

Die Eisbewegung setzt sich aus mehreren Komponenten zusammen, welche nicht alle an jedem Gletscher auftreten. Unabhängig von den klimatischen Rahmenbedingungen, von der Größe des Gletschers oder der Beschaffenheit des Gletscherbetts gibt es jedoch eine Form der Eisbewegung überall. Sie leitet sich ausschließlich aus den physikalischen Eigenschaften der Eiskristalle des Gletschereises ab und wird als Deformationsfließen oder interne Deformation bezeichnet.

Auf Gletschereis wirkt eine Schubkraft, welche zu einer möglichen Deformation der Eiskristalle führt, da jene nur bis zu einem bestimmten Druck elastisch reagieren können. Die Höhe der Schubkraft an einem beliebigen Punkt im Gletscher ist vom Druck des überlagernden Eises und dem Oberflächengradienten des Gletschers abhängig. Über Letzteren entfaltet die Gravitation ihre Wirkung. Die Schubkraft ist bei hoher

Eismächtigkeit und steiler Eisoberfläche in den basalen Eisschichten am höchsten. Ist die Eismächtigkeit gering und die Eisoberfläche flach, fällt sie niedriger aus. Durch seine spezielle Kristallstruktur lässt sich Eis verhältnismäßig leicht deformieren. Die Schubkraft an der Basis eines Gletschers auf Festgestein beträgt relativ konstant 50–100 kPa (0,5–1 bar). Unterhalb von 50 kPa tritt keine Deformation auf. Schubkräften von mehr als 150 kPa kann das Eis nicht zerstörungsfrei widerstehen. Die Gletscherbewegung setzt also ein, wenn durch das Massenungleichgewicht zwischen den unterschiedlichen Gletscherteilen und die resultierende Neigung der Eisoberfläche zusammen mit der vorhandenen Eismächtigkeit eine Schubkraft oberhalb des Schwellenwerts von 50 kPa entsteht.

Im Zuge des Deformationsfließens treten unterschiedliche Prozesse auf. Eine Deformation kommt durch Gleitprozesse parallel zu den basalen Ebenen innerhalb des Eiskristalls oder durch die Bewegung zwischen den einzelnen Eiskristallen (zum Beispiel Rotation) zustande. Der letztgenannte Prozess vollzieht sich aufgrund der unterschiedlichen Orientierung der Eiskristalle langsamer. Beim gerichteten Wachstum wachsen diejenigen Eiskristalle, die bezüglich des gerichteten Drucks günstiger liegen, auf Kosten anderer Kristalle an. Die Kristallgrenzen der Eiskristalle können zudem wandern oder ganze Eiskristalle können rekristallisieren. Im Ergebnis führen alle Vorgänge zu einer weitgehend parallelen Ausrichtung der basalen Ebenen des polykristallinen Eiskomplexes, welcher nun anisotrop reagiert. Da eine Gleitbewegung parallel zu den basalen Ebenen der Eiskristalle mit weitaus geringerem Druck zu erreichen ist, muss jene parallele Ausrichtung der basalen Ebenen als Grundvoraussetzung für das Deformationsfließen betrachtet werden. Deformationsfließen findet auch bei kaltbasaler Gletscherbasis statt. Hier bilden sich Gleitbahnen innerhalb des Gletscherkörpers oberhalb der basalen Eisschichten aus.

Das annähernd plastische („pseudoplastische") Verhalten von Gletschereis ist Grundlage des Deformationsfließens. Es kann mit dem Fließverhalten heißer Metalle verglichen werden. Es wurde beobachtet, dass künstlich in den Gletscher geschmolzene Hohlräume durch Deformationsfließen in einigen Tagen wieder geschlossen werden können. Eis kann Hindernisse plastisch umfließen. Dass Eis andererseits aber kein „perfekt" plastisches Material ist, erkennt man unter anderem an der Existenz von Gletscherspalten, dem Resultat von Spannungen im Gletscherkörper. Der Grad der Plastizität von Gletschereis hängt wesentlich von dessen Temperatur ab. Mit sinkender Eistemperatur nimmt die Sprödigkeit zu und die Fähigkeit zum plastischen Fließen wird geringer. Gletscherspalten werden daher umso tiefer, je kälter das Eis ist.

Diese Fließeigenschaften werden in der Glaziologie durch das „Fließgesetz von Glen" beschrieben (▸ 3.1). Streng genommen handelt es sich nicht um ein physikalisches Gesetz, sondern eine durch empirische

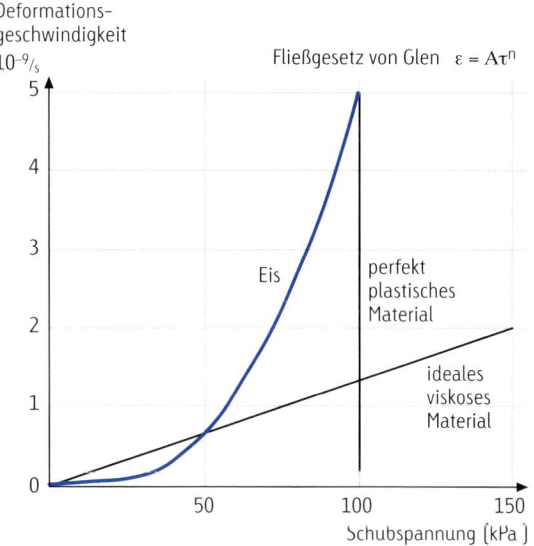

▲ **3.1**

Beziehung zwischen Schubspannung und Deformationsgeschwindigkeit für verschiedene Materialien. Während sich ein perfekt plastisches Material ab einer bestimmten Schwelle der Druckeinwirkung (hier 100 kPa) augenblicklich verformt wird, reagiert ein ideales viskoses Material auf ansteigende Schubspannung mit einer konstanten, linearen Deformationsrate. Bei Eis nimmt dagegen die Geschwindigkeit der Deformation mit steigendem Druck exponentiell zu, was das „Fließgesetz von Glen" beschreibt. In dessen Gleichung steht ε für die Deformationsgeschwindigkeit/Verformungsrate (*strain rate*) und τ für die Schubkraft (*shear stress*). A ist eine von der Eistemperatur abhängige Konstante, die sich bei absinkender Temperatur deutlich verringert. Die Konstante n hängt von Kristallorientierung, Kristallgröße und anderen Eiseigenschaften ab. Sie liegt normalerweise bei etwa 3, kann aber zwischen 1,5 und 4,5 variieren (verändert nach Paterson 1994).

Beobachtungen und Experimente abgeleitete theoretische Gleichung. Die im Fließgesetz beschriebene pseudoplastische Deformation besagt, dass die Deformationsgeschwindigkeit der Eiskristalle schneller ansteigt als der Wert der Krafteinwirkung (Nye 1951, 1952, 1958, Glen 1952, 1958).

Basales Gleiten

Während Deformationsfließen an allen Gletschern wirksam ist, tritt eine andere Bewegungskomponente nur bei warmbasaler Gletscherbasis auf (▸ 3.2). Das Eis an der Gletscherbasis befindet sich in diesem Fall am Druckschmelzpunkt, wodurch dort ein dünner Schmelzwasserfilm auftritt. Dieser hat die Größenordnung von einigen Millimetern. Durch seine geringere Dichte und den entstehenden Auftriebseffekt kann der Gletscher auf diesem Schmelzwasserfilm gleiten. Diese Gletscherbewegung bezeichnet man als basales Gleiten. Es addiert sich zum vorhandenen Deformationsfließen. Bei kaltbasaler Gletscherbasis ist basales Gleiten nicht möglich, weil der Gletscher bei Eistemperaturen unterhalb des Druckschmelzpunktes am Gletscherbett festgefroren ist.

Basales Gleiten ist empirisch und theoretisch eindeutig belegt worden (Weertman 1957, 1964, 1967,

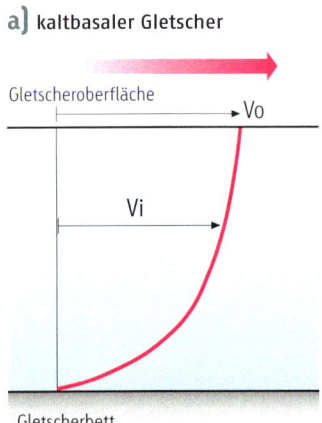
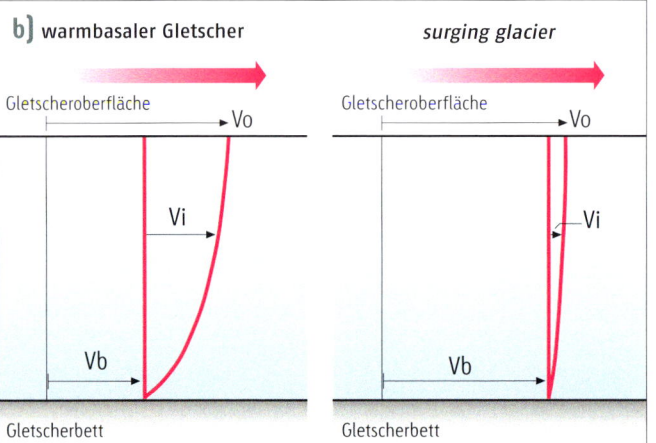
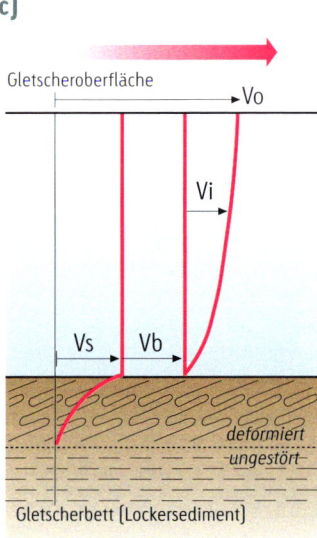

a) kaltbasaler Gletscher

Gletscheroberfläche

V_o

V_i

Gletscherbett

b) warmbasaler Gletscher

Gletscheroberfläche

V_o

V_i

V_b

Gletscherbett

surging glacier

Gletscheroberfläche

V_o

V_i

V_b

Gletscherbett

c)

Gletscheroberfläche

V_o

V_i

V_s V_b

deformiert
ungestört

Gletscherbett (Lockersediment)

V_o Eisbewegung an Gletscheroberfläche (Gesamtbetrag)
V_i Eisbewegung durch Deformationsfließen
V_b Eisbewegung durch basales Gleiten
V_s Eisbewegung durch Deformation subglazialer Lockersedimente

▲ 3.3

Plastisches Umfließen an der marginalen Gletscherbasis des Briksdalsbre (westliches Südnorwegen, Aufnahme: August 2003).

▲ 3.2

Darstellung der unterschiedlichen Komponenten der Gletscherbewegung. An einem kaltbasalen Gletscher (a) tritt lediglich Deformationsfließen auf. An einem warmbasalen Gletscher (b) wird zusätzlich basales Gleiten beziehungsweise die Deformation subglazialer Sedimente (c) verzeichnet. Ein Sonderfall sind *surging glaciers* mit einem extrem gesteigerten Anteil basalen Gleitens an der Gesamtbewegung (in Teilen verändert nach Bennett & Glasser 1996).

Kamb & LaChapelle 1964, Nye 1969, 1970, Kamb 1970). Im Detail existieren jedoch unterschiedliche Erklärungsansätze zum Mechanismus, beispielsweise im Fall von Hindernissen im Gletscherbett. Größere Hindernisse im Gletscherbett sollen laut zahlreicher Autoren durch plastisches Umfließen überwunden werden können. Auf der gletscherzugewandten Stoßseite des Hindernisses steigt der Druck im Eis stark an. Dadurch erhöht sich dessen Deformationsvermögen und es reagiert plastischer (▶ 3.3). Bei kleineren Gletscherbettunebenheiten soll dagegen ein Regelationsfließen auftreten. Regelation ist der Prozess des Schmelzens und anschließenden Wiedergefrierens von Eis. An der Stoßseite der Hindernisse tritt ein verstärktes Druckschmelzen auf. Das entstandene Schmelzwasser fließt um das Hindernis herum und gefriert unmittelbar an der gletscherabgewandten Leeseite wieder, da dort der Druck deutlich niedriger ist oder sogar ein Hohlraum vorliegt (▶ 3.4). Es bilden sich geringmächtige

Lagen von Regelationseis (▶ 3.5). Die dabei frei werdende latente Energie wird durch Wärmefluss wieder zur Stoßseite des Hindernisses geleitet und unterstützt dort erneutes Schmelzen. Wegen dieses Wärmeflusses kann Regelationsfließen nur bis zu einer bestimmten Hindernisgröße wirksam sein. Zwar finden sich in der Literatur Angaben von maximal 0,5 m; vermutlich ist Regelationsfließen aber nur bei einer Größenordnung von 10–100 mm effektiv (Paterson 1994). Es gibt höchstwahrscheinlich Übergänge zwischen diesen beiden oben beschriebenen Mechanismen, und eventuell finden sie sogar parallel statt.

Basales Gleiten ist umso effektiver, je geringer die Friktion, also die Reibung, der Gletscherbasis am Gletscherbett ist. Eine Mächtigkeit des Schmelzwasserfilmes von wenigen Millimetern reicht zum Auftreten basalen Gleitens aus. Je mächtiger und lückenloser der basale Schmelzwasserfilm jedoch ist, desto höher ist die basale Gleitgeschwindigkeit (Iken 1981, Iken & Bindschadler 1986). Daher existieren saisonale Schwankungen und im Sommer werden die höchsten Werte erzielt, vor allem am Mittag und frühen Nachmittag. Starke Regenfälle können in Ausnahmen Einfluss auf die Stärke des basalen Gleitens zeigen. Wirkungsvoll sind wassergefüllte subglaziale Hohlräume. Treten sie verbreitet auf, steigen die Raten basalen Gleitens erheblich (Llibourty 1968). Gesteinspartikel in der Gletscherbasis haben dagegen eine Bremswir-

▶ 3.4
Schematisierte Darstellung des Prozesses des Regelationsfließens
(verändert nach Benn & Evans 1998).

kung, steigern sie doch die Friktion und verringern das plastische Eisverhalten.

Die Anteile der beiden Bewegungskomponenten „basales Gleiten" und „Deformationsfließen" variieren an warmbasalen Gletschern stark, sowohl saisonal als auch zwischen einzelnen Gletschern oder sogar Gletscherteilen. Ein Anteil des basalen Gleitens von bis zu 90 % an der Gesamtbewegung eines Gletschers ist möglich (▶ 3.6).

Gletscherbewegung durch Deformation subglazialer Sedimente

Eine zusätzliche Bewegungskomponente der Gletscherbewegung ist die Deformation subglazialer Sedimente (▶ 3.2). Sie findet nur an Gletschern mit warmbasaler Basis auf einem Gletscherbett aus ungefrorenem Lockermaterial statt. Der Gletscher kann dort zusätzlich durch Deformation der unterlagernden Sedimente in die vorgegebene Eisflussrichtung gleiten. Das Phänomen einer Deformation subglazialer Sedimente ([] 9) erklärt sich daraus, dass die an der Gletscherbasis vorhandene Schubkraft in das Sediment geleitet werden kann, da dessen Widerstand gegen Deformation deutlich geringer ist als bei Festgestein. Entscheidend für Auftreten und Größenordnung der Deformation sind die Eigenschaften des subglazialen Sedimentes. In wassergesättigtem Sediment mit hohem Porenvolumen kann durch die Auflast des Eises der Porenwasserdruck stark ansteigen. Dies begünstigt die Deformation. In Einzelfällen mit leicht deformierbarem subglazialem Sediment kann der Anteil an der gesamten Eisbewegung bis zu 90 % betragen (Boulton & Hindmarsh 1987).

Strömungslinien und Geschwindigkeitsverteilung

Schon in den Anfängen der Glaziologie wurde erkannt, dass das Strömungsmuster eines Gletschers weitgehend demjenigen viskoser Flüssigkeiten entspricht (Finsterwalder 1897). Gletscher unterliegen einem laminaren Strömungsmuster, das heißt, dass das Maximum der Eisgeschwindigkeit in der Hauptabflusslinie und an der Eisoberfläche liegt. Nur in Ausnahmefällen wie *glacier surges* (siehe Exkurs „Glacier surges") weicht das laminare Fließmuster einer

▶ 3.6
Anteil des basalen Gleitens (Vb) an der Gesamtbewegung des Gletschers (Vo) an ausgewählten Gletschern (verändert nach Paterson 1994).

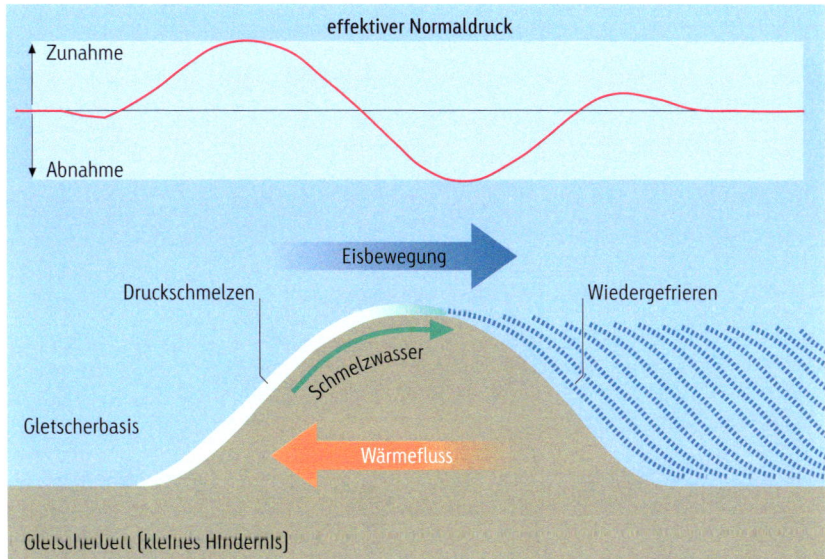

▲ 3.5
An parallelen Linien feiner Luftblasen zu erkennendes Regelationseis am Briksdalsbreen (westliches Südnorwegen, Aufnahme: Juni 1998).

Gletscher	Verhältnis Vb/Vo	Eismächtigkeit
Großer Aletschgletscher (Schweiz)	0,50	137 m
Athabasca Glacier (Kanada)	0,75	322 m
Athabasca Glacier (Kanada)	0,67	265 m
Austerdalsisen (Norwegen)	0,65	40 m
Blue Glacier (Kanada)	0,88	65 m
Blue Glacier (Kanada)	0,07	120 m
Bondhusbreen (Norwegen)	0,26	160 m
Salmon Glacier (Kanada)	0,45	495 m
Saskatchewan Glacier (Kanada)	0,20	555 m
Tuyuksu-Gletscher (Russland)	0,65	52 m
Variegated Glacier (Alaska/USA) [Ruhephase]	0,53	356 m
Variegated Glacier (Alaska/USA) [surge-Phase]	0,95	385 m
Vesle Skautbre (Norwegen)	0,90	50 m

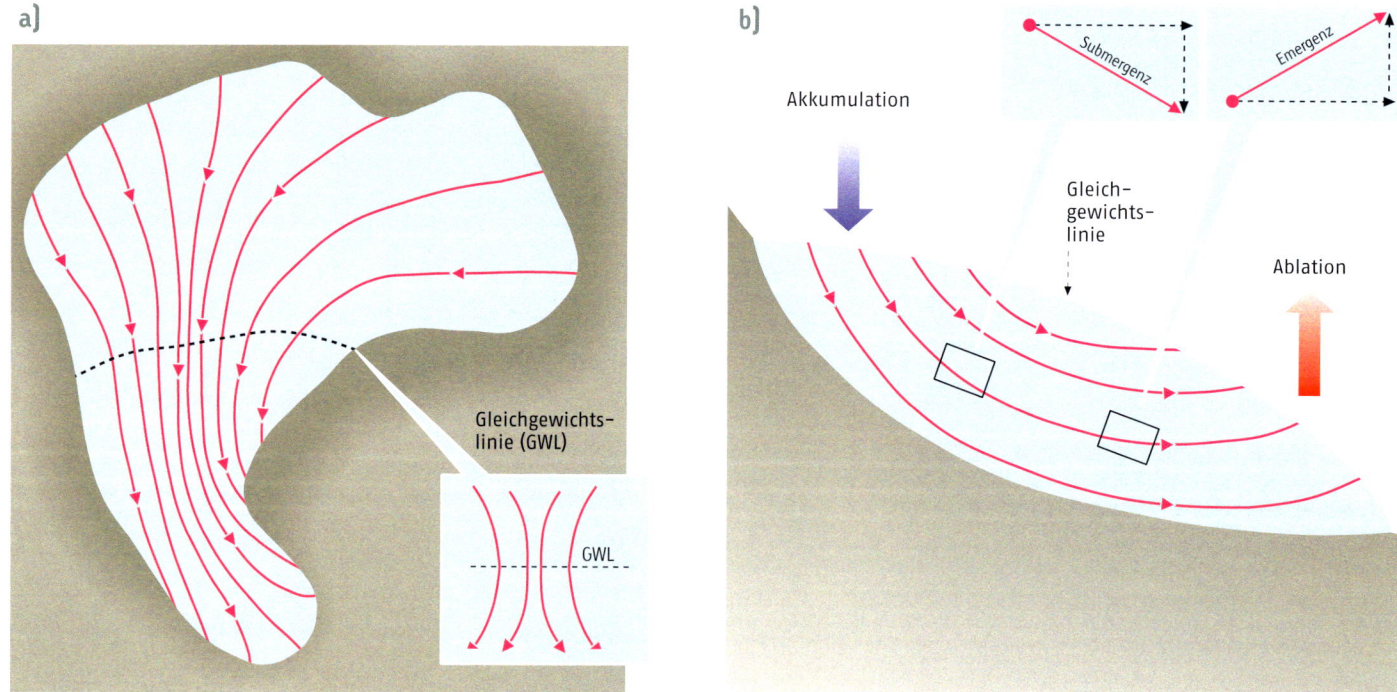

▲ 3.7
Das laminare Strömungsmuster an einem idealisierten Gletscher im Grundriss (a) und im Längsschnitt (b). Das Prinzip von Submergenz und Emergenz im Längsschnitt ist separat dargestellt (in Teilen verändert nach Finsterwalder 1897).

gleichmäßigen Geschwindigkeitsverteilung im gesamten Gletscher. Beim idealtypischen laminaren Fließmuster weisen die Strömungslinien oberhalb der Gleichgewichtslinie (▶4.3) in der Aufsicht eine Tendenz zur Hauptströmungslinie auf. Dies bezeichnet man als konvergenten Eisfluss oder Konvergenz. Unterhalb der Gleichgewichtslinie ändert sich die Orientierung, und die Eisbewegungslinien streben leicht auseinander, was divergenter Eisfluss oder Divergenz genannt wird. Das reale Strömungsmuster eines Gletschers wird durch Einfluss seines individuellen Grundrisses und des Reliefs vom idealen Vorbild (▶3.7) abweichen, selbst wenn das Grundprinzip erhalten bleibt.

Betrachtet man die Bewegungslinien einzelner Eiskristalle des Gletschers im Längsprofil, so ist in den oberen Gletscherbereichen der Bewegungsvektor zur Gletscherbasis hin orientiert (▶3.7). Diese Submergenz ist leicht zu erklären, denn das sich durch interne Deformation gletscherabwärts bewegende Eiskristall gelangt durch fortgesetzte Akkumulation von Schnee auf der Gletscheroberfläche sukzessive in eine tiefere Position im Gletscherkörper. Im Ablationsgebiet unterhalb der Gleichgewichtslinie ändert sich der

▼ 3.8
Gemessene Eisgeschwindigkeit im Querprofil (a) durch einen warmbasalen Gletscher (Athabasca Glacier, kanadische Rocky Mountains; verändert nach Raymond 1971) und schematische Darstellung der Geschwindigkeitsverteilung entlang eines Querprofils auf der Gletscheroberfläche (b).

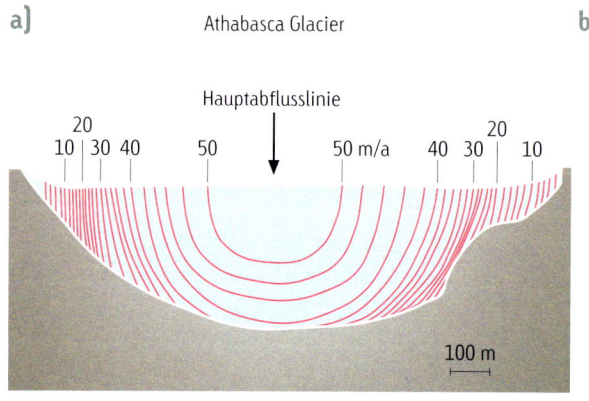

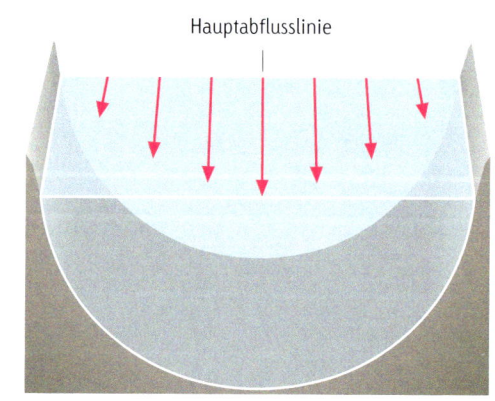

Exkurs: Die Eisgeschwindigkeit

An Talgletschern in Hochgebirgen der mittleren Breiten beträgt die Eisbewegung im Regelfall zwischen 50 und 400 m/a, jeweils bezogen auf den Teilabschnitt mit der höchsten Eisflussgeschwindigkeit (▶ 3.9). In steilen Eisbrüchen können lokal Geschwindigkeiten von bis zu 2 m/d und mehr auftreten. Diese Werte sind saisonalen Schwankungen ausgesetzt und im Sommer grundsätzlich am höchsten. Sie können um bis zu 30–40 % über dem Jahresdurchschnitt liegen. Im Winter beträgt die Geschwindigkeit dagegen nur einen Bruchteil derjenigen im Sommer, teilweise nur etwa ein Drittel. Ursache hierfür sind vor allem Variationen des basalen Gleitens in seiner Abhängigkeit vom vorhandenen Schmelzwasser. Die großen Eisströme der Antarktis und Grønlands, welche vom Eisschild direkt zum Meer fließen und dort abkalben, erreichen Geschwindigkeiten von mehr als 1 km/a. Als „schnellster" Eisstrom beziehungsweise Gletscher weltweit gilt der Jakobshavn Isbræ im nordwestlichen Grønland mit 4,7 km/a als langjährige durchschnittliche Geschwindigkeit. Höhere Geschwindigkeiten wurden nur kurzzeitig im Fall von *glacier surges* beobachtet.

▶ **3.9**
Eisgeschwindigkeiten (im Regelfall Maximalwerte) an einigen ausgewählten Gletschern, unterteilt in Hochgebirgsgletscher der mittleren Breiten (oben) und subpolare beziehungsweise polare Gletscher (unten, verändert nach Paterson 1994 und anderen Quellen).

Gletscher	Eisgeschwindigkeit
Großer Aletschgletscher (Schweiz)	200 m/a
Charles Rabot Bre (Norwegen)	8 m/a
Engabreen (Norwegen)	165 m/a
Findelengletscher (Schweiz)	195 m/a
Glaciar Perito Moreno (Patagonien/Argentinien)	580 m/a
Griesgletscher (Schweiz)	40 m/a
Mer de Glace (Frankreich)	150 m/a
Saskatchewan Glacier (Kanada)	117 m/a
Amery-Eisschelf (Antarktis)	1200 m/a
Belcher Glacier (Devon Ice Cap/Kanada)	290 m/a
Jakobshavn Isbræ (Grønland)	4700 m/a
Lambert Glacier (Antarktis)	347 m/a
Meserve Glacier (Dry Valley/Antarktis)	2 m/a
Ostantarktisches Eisschild (Dronning Maud Land)	1–15 m/a
Pine Island Glacier (Antarktis)	1300–2600 m/a
Ross-Eisschelf (Antarktis)	300–935 m/a
White Glacier (Axel Heiberg Island/Kanada)	40 m/a

Bewegungsvektor durch fortgesetzten Massenverlust und ist zur Gletscheroberfläche hin ausgerichtet. Diesen Vorgang bezeichnet man als Emergenz. Abweichungen von diesem Muster treten an größeren Gefällebrüchen auf.

Im Profil von der Eisoberfläche zur Gletscherbasis ist die Eisgeschwindigkeit an der Gletscheroberfläche am höchsten (▶ 3.8). Basales Gleiten und Deformation subglazialer Sedimente wirken auf jeden Punkt entlang dieses Profils in gleicher Weise (▶ 3.2), sodass die Geschwindigkeit des Deformationsfließens für die erhöhte Eisgeschwindigkeit an der Gletscheroberfläche entscheidend ist. Oberhalb der Zone starker Friktion direkt an der Gletscherbasis steigt sie als Folge großer Schubkraft und wirkungsvoller Deformation zunächst steil an. Im oberen Abschnitt der Kurve bis zur Gletscheroberfläche ist der Geschwindigkeitsanstieg weniger steil. An einem typischen Talgletscher sinkt die Eisgeschwindigkeit von der Hauptströmungslinie zur seitlichen Gletschergrenze infolge von Reibung an den umgebenden Talflanken. Im Längsprofil steigt die Eisgeschwindigkeit zunächst zur Gleichgewichtslinie hin an, um anschließend zur Gletscherzunge wieder abzunehmen. Diese Geschwindigkeitsverteilungen sind aber theoretischer Natur, denn Gefällebrüche und ein variierendes Relief des Gletscherbettes können die Eisgeschwindigkeit lokal stark beeinflussen und erhebliche Abweichungen vom Idealmuster nach sich ziehen.

Fließt ein Gletscher über einen steilen Gefällebruch, steigt die Eisgeschwindigkeit an und es treten durch Streckung beziehungsweise Dehnung des Eiskörpers Zerrungskräfte auf, die zur Entstehung von Gletscherspalten führen (▶ 3.11). Dieser auf steilen Gefällestrecken im Gletscherlängsprofil auftretende Mo-

dus des Eisflusses ist als *extending ice flow* bekannt. Die Bewegungsvektoren der einzelnen Eiskristalle sind dabei leicht zur Gletscherbasis hin orientiert. Verlangsamt sich am Fuß einer steilen Gefällestrecke die Eisgeschwindigkeit, kommt es zum *compressing ice flow* und zur Kompression beziehungsweise Verdichtung des Eises. Gletscherspalten können hier wieder geschlossen werden. Die Bewegungsvektoren der einzelnen Eiskristalle zeigen eine leichte Orientierung zur Gletscheroberfläche.

Gletscherspalten

Gletscherspalten *(crevasses)* sind bewegungsindizierte Formen an der Gletscheroberfläche (▶ 3.10). Sie entstehen infolge der natürlichen Sprödigkeit von Eis und dessen nicht perfekt plastischen Fließeigenschaften bei Zerrung beziehungsweise Spannungen im Gletscher. Beim Eisfluss über Unebenheiten im Gletscherbett oder steile Gefällestrecken (*extending ice flow*, ▶ 3.11) übersteigt die auftretende Scherspannung dort die Scherfestigkeit des Eises und Gletscherspalten bilden sich an der Oberfläche. Ab einer gewissen Tiefe unterhalb der Gletscheroberfläche ist infolge steigenden Druckes und daraus resultierender höherer Plastizität beziehungsweise höherem Deformationsvermögen ein weiteres Aufreißen unmöglich. In Abhängigkeit von den temperaturabhängigen Eiseigenschaften ist die Tiefe der Gletscherspalten so limitiert. An Hochgebirgsgletschern der mittleren Breiten beträgt sie typischerweise maximal 25–30 m, in Polargebieten können sie bis zu 50–60 m oder in Einzelfällen sogar 100 m Tiefe erreichen.

Glacier surges

Die zuvor beschriebenen Regeln des laminaren Fließens gelten während der sogenannten *glacier surges* nur eingeschränkt. *Glacier surges* sind zeitlich begrenzte, extreme Steigerungen der Eisgeschwindigkeit. Sie treten nur an bestimmten Gletschern auf, den *surging glaciers*. Ihr maximaler Anteil an den weltweit näher untersuchten Gletschern wird mit bis zu 4 % angegeben. *Surging glaciers* zeigen eine charakteristische regionale Verteilung und konzentrieren sich in subpolaren Regionen wie beispielsweise Alaska, in den Gebirgen des nordwestlichen Kanadas, in Grønland, auf Svalbard oder auf Island. Sie kommen auch in den subtropischen Hochgebirgen des Karakorum und Himalaya vor. In den Hochgebirgen der Mittelbreiten treten keine *surging glaciers* auf. Die dort vereinzelt als mögliche *surges* angesprochenen seltenen Spezialfälle von ungewöhnlich schnellen Gletschervorstößen lassen sich auf besondere lokale Verhältnisse des Reliefs und Gletscherbettes zurückführen oder auf kinematische Wellen (siehe unten).

Das Charakteristikum von *surges* ist eine extreme Steigerung der normalen Oberflächengeschwindigkeit eines Gletschers bis um den Faktor 100. An einigen *surging glaciers* wurden oberflächliche Geschwindigkeiten von bis zu 65 m/d gemessen. Vorstöße der Gletscherfront um mehr als 10 m/d sind eindeutig belegt. Am Variegated Glacier in Alaska wurde beispielsweise während eines 18 Monate andauernden *surge* eine Bewegung von 2 km registriert, nachdem in der zuvor 17 Jahre andauernden Ruhephase lediglich eine Gesamtbewegung von 1 km stattgefunden hatte (Eisen et al. 2005). Daneben sind *surges* in einer Dimension von 20 km innnerhalb von 2 Jahren bekannt. Inzwischen verdichten sich auch die Hinweise auf ein mögliches Auftreten von *surges* für Teilbereiche der ehemaligen pleistozänen Eisschilde, was einige deren schneller Vorstöße besser erklären könnte.

Glacier surges zeigen ein periodisches Auftreten, das meist nicht in Beziehung zur kurz- und mittelfristigen klimatischen Entwicklung steht. Daher eignen sich *surging glaciers* nur sehr eingeschränkt als Klimaindikatoren. Die Zeitdauer zwischen einzelnen *surges* ist gletscherspezifisch und variiert stark. Sie lässt sich nicht an einzelnen Faktoren wie zum Beispiel der Gletschergröße oder Akkumulationsraten festmachen (Björnsson et al. 2003). Die Periodizität liegt normalerweise im Rahmen von 10 bis 100 Jahren. Die Dauer der Ruhephasen zwischen den einzelnen *surges* ist immer erheblich länger als die *surge*-Phasen selbst.

Ein beginnender *surge* kündigt sich mit einer Eismächtigkeitszunahme und deutlichen Verdickung

in den oberen Gletscherbereichen an. Unmittelbar vor dem *surge* verändert sich die Oberflächenstruktur und eine charakteristische Zunahme von Gletscherspalten kann beobachtet werden. Diese kann zu einer völligen „Zerlegung" der Gletscheroberfläche führen. Jene Verdickung setzt sich anschließend wulstartig wie eine Welle gletscherabwärts in Bewegung und führt, falls sie bis zur Gletscherfront gelangt, zu deren schnellem Vorstoß. Dies ist jedoch nicht immer der Fall, da auch nur bestimmte Teilsegmente eines Gletschers vom *surge* betroffen sein können.

So gut die Abläufe eines *surge* bekannt sind, so unklar sind teilweise noch seine exakten Ursachen und Auslöser. Verschiedene Theorien wurden hierzu entwickelt und es ist nicht auszuschließen, dass differente Auslösemechanismen für *surges* an unterschiedlichen Gletschern verantwortlich sein können. Gemeinsamer Ausgangpunkt aller neueren Theorien ist der Aufbau eines starken Ungleichgewichtes zwischen Akkumulations- und Ablationsgebiet (▶ 1.2 und 4.3). Der kontinuierliche Massentransfer durch laminaren Eisfluss wird bei *surging glaciers* während der Ruhephasen höchstwahrscheinlich behindert. Die tatsächliche Eisgeschwindigkeit liegt unterhalb der theoretisch notwendigen Bilanzgeschwindigkeit, sodass sich das Ungleichgewicht sukzessive immer weiter verstärkt. Parallel erhöht sich der Oberflächengradient der Eisoberfläche. Als Folge steigen Schubkraft und Druck an der Gletscherbasis. Dies kann dazu führen, dass die subglazialen Schmelzwasserkanäle (🗋 6) zusammengepresst werden oder gänzlich verschwinden. Die Schmelzwasserdränage an der Gletscherbasis wird dann aufgestaut. Oberhalb einer unbekannten Schwelle fließt nun das Wasser nicht mehr in den verbliebenen Kanälen ab, sondern flächenhaft. So wird schlagartig die Friktion verringert, ein schnelles basales Gleiten ist die unmittelbare Konsequenz.

Tatsächlich ist während eines *surge* beinahe die komplette Eisbewegung (95 % und mehr) auf gesteigertes basales Gleiten zurückzuführen. Als Folge ist im gesamten Gletscher die Eisgeschwindigkeit annähernd identisch (▶ 3.2). Diese für *surges* speziellen Geschwindigkeitsprofile führten im Übrigen zur unglücklichen deutschen Bezeichnung „Blockschollenbewegung". Das am hochgelegenen Gletscherteil einsetzende verstärkte basale Gleiten übt einen starken Druck auf das gletscherabwärts langsamer fließende Eis aus, das daraufhin seinerseits mit einem schnellen basalen Gleiten zu reagieren beginnt. So pflanzt sich der *surge* als Welle entlang des Gletscherlängsprofils fort. Nach dem *surge* ist die Oberflächenneigung des Gletschers deutlich verringert. Beginnend im oberen

Gletscherbereich kann sich bei nun verringerter Eismächtigkeit wieder ein System subglazialer Schmelzwasserkanäle ausbilden. Darauf deutet ein unmittelbar nach Ende der schnellen Eisbewegung beobachteter finaler Anstieg des Schmelzwasserabflusses hin, der ein Indiz für ein abschließendes Entleeren des subglazialen Schmelzwasserreservoirs ist.

Alternativ zu dieser durch empirische Untersuchungen gestützten Theorie existiert die Vorstellung, eine gesteigerte Deformation subglazialer Sedimente sei für einen *surge* verantwortlich. Dabei ist zunächst ebenfalls ein Massenungleichgewicht und ein erhöhter Oberflächengradient Grundvoraussetzung zum notwendigen Anstieg des Druckes auf das Gletscherbett. Durch sukzessives Schließen der subglazialen Schmelzwasserkanäle versickert das Schmelzwasser verstärkt in den subglazialen Lockersedimenten. Im stark wassergesättigten Zustand sind sie leicht deformierbar. In beiden Theorien kommen einem Massenungleichgewicht und dem Schmelzwasser die entscheidenden Rollen zu. Dies erklärt, wieso *surging glaciers* konzentriert in subpolaren Regionen auftreten. Viele der Gletscher dort sind polythermal (▶ 2.9), eine Situation, die generell den Massentransfer und Abfluss von Schmelzwasser erschwert. Nicht zuletzt die Periodizität und die primäre Klimaunabhängigkeit ließen sich durch die Existenz derartiger Massenungleichgewichte gut erklären.

Nicht mit *surges* zu verwechseln sind die an Hochgebirgsgletschern der mittleren Breiten auftretenden „kinematischen Wellen" (Nye 1958, Weertman 1958, Van de Wal & Oerlemans 1995). Ihre Dimension ist erheblich geringer und es handelt sich um mit Wellen vergleichbare oberflächliche Verdickungen des Gletschers. Sie pflanzen sich entlang des Längsprofils mit einer gegenüber der normalen Eisbewegung gesteigerten Geschwindigkeit fort. Am Mer de Glace (Mont-Blanc-Region) lag die Geschwindigkeit einer kinematischen Welle mit 800 m/a fünfmal höher als die normale Eisgeschwindigkeit von 150 m/a. Generell wird von einer um den Faktor 3 bis 5 gesteigerten Geschwindigkeit ausgegangen. Ihre Höhen betragen einige Meter bis wenige Dekameter. Alle Einzelheiten der Ursachen von kinematischen Wellen sind noch nicht bekannt, doch vermutet man als Hauptursache auch hier Störungen des normalen Massentransfers.

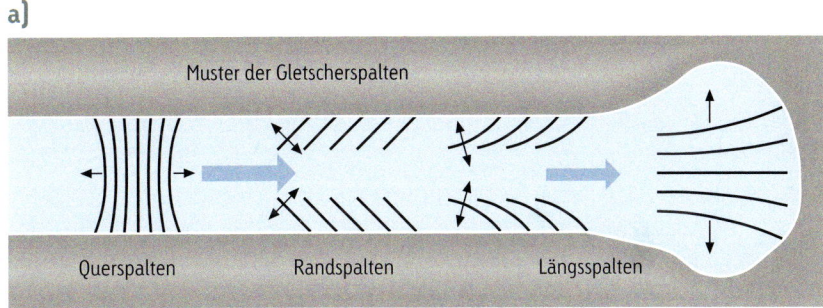

▲ 3.10

Blick auf den Eisfall des Melkevollbre (westliches Südnorwegen). Zum Zeitpunkt der Aufnahme im August 1994 befand sich der Gletscher im Vorstoß. An der einen steilen Talschluss hinabfließenden Gletscherzunge sind vor allem Quer- und Randspalten gut zu erkennen.

a)

Auf Grundlage ihrer Geometrie und Position werden verschiedene Typen von Gletscherspalten unterschieden (▶ 3.11). In Gletscherabschnitten mit *extending ice flow* und Gletscherbettunebenheiten bilden sich die quer zur Eisflussrichtung orientierten Querspalten (transversale Gletscherspalten). Durch die Kopplung an Gletscherbetthindernisse lassen sich im Umkehrschluss mit deren Hilfe unbekannte Gefällestufen im Gletscherbett gut lokalisieren (▶ 3.12). Zwar schließen sich die einzelnen Gletscherspalten infolge der Gletscherbewegung beim sukzessiven Transfer in Zonen des *compressing ice flow* wieder; die Zonen mit Gletscherspalten per se sind jedoch ortsfest. Durch die Gletscherbewegung entstehen dort stets neue Spalten. Einfluss auf die Entstehung von Spalten übt auch die Eisgeschwindigkeit aus. Je höher die Geschwindigkeit, desto tiefer und enger positioniert sind die entstehenden Spalten. In den als Eisfälle oder Glet-

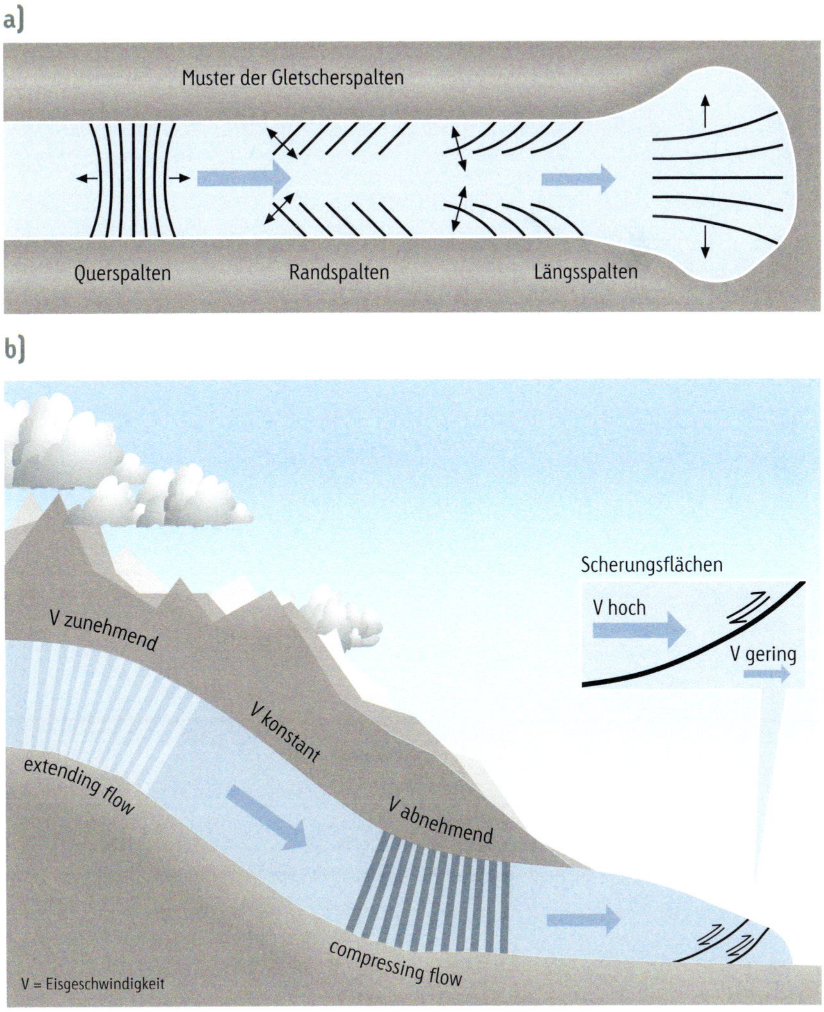

▶ 3.11

Schematische Darstellung unterschiedlicher Typen von Gletscherspalten im Grundriss (a) einer Gletscherzunge und deren Beziehung zu *extending/compressing flow* im Längsschnitt (b). Im Bereich der Gletscherfront treten oft Scherungsflächen auf.

b)

▶ 3.12

Beispiele für die unterschiedliche Ausprägung von Gletscherspalten im Bereich der Akkumulationsgebiete von Murchison Glacier, Tasman Glacier und Franz Josef Glacier (Southern Alps, Neuseeland; Aufnahmen: März 2007, Februar und April 2008).

▼ 3.13

Blick vom oberen Akkumulationsgebiet auf den Gletscherbruch des Fox Glacier (Southern Alps, Neuseeland). Im Hintergrund ist schon die schmale Küstenebene zwischen der westlichen Basis der Southern Alps und der Tasman Sea zu erkennen. Der Fox Glacier ist, wie das ganze westliche und zentrale Gebirge, dementsprechend stark maritim geprägt (Aufnahme: April 2008).

▲ 3.14
Séracs am Übergang des Akkumulationsgebietes zum Gletscherbruch am Fox Glacier (Southern Alps, Neuseeland; Aufnahme: April 2008).

► 3.15
Komplexes Spaltenmuster mit Quer- und Längsspalten am Fox Glacier (Southern Alps, Neuseeland). Während sich auf der oberen Gefällestrecke Querspalten ausbilden, gibt es durch die Aufweitung des Tals am unteren Bildrand auch radialförmig ausgebildete Längsspalten. Rechts erkennt man einen kleinen, auf die Gletscheroberfläche abgegangenen Felssturz (Aufnahme: Februar 1999).

scherbrüche bezeichneten, steilen Gefällestrecken von Gletschern (► 3.13) können eng positionierte und teils versetzte Querspalten die Eisoberfläche derart zerklüften, dass einzelne „Eistürme" entstehen, die Séracs (► 3.14).

Bei divergentem Eisfluss, beispielsweise als Folge einer Ausweitung des Tales oder an der Gletscherfront, streben die Eisbewegungslinien auseinander (► 3.11 und 3.15). Es bilden sich als Folge auftretender Zerrungen Längsspalten (Radialspalten). Randspalten sind das Resultat von Reibung an den lateralen Gletschergrenzen. Die Scherspannung wird hier von den Geschwindigkeitsunterschieden verursacht. Die an der Gletscherbasis zum Beispiel im Lee von Felshindernissen auftretenden subglazialen Hohlräume stehen zu den oberflächlichen Gletscherspalten in keiner Bezie-

hung. Gleichwohl sind auch sie Zeugen des nicht perfekt plastischen Fließvermögens von Gletschereis. Der Bergschrund ist eine ortsfeste Gletscherspalte am oberen Ansatz eines Gletschers unmittelbar am Talkopf beziehungsweise an der Karrückwand (□ 11). Er bildet die Grenze zwischen sich aktiv bewegendem Gletscher und dem am Fels angefrorenen Eis (▶ 2.9). Keine Gletscherspalten sind dagegen die Randkluft oder die weniger gut ausgeprägte Randsenke. Beide entstehen an der Gletschergrenze im Kontakt zum Fels durch dessen Wärmeemission und sind somit nicht bewegungsinduziert.

Scherungsflächen und nicht bewegungsinduzierte Formen

Scherungsflächen resultieren wie Gletscherspalten aus der Gletscherbewegung. Sie stellen jedoch keine offenen Klüfte dar, sondern sind mit tektonischen Verwerfungen zu vergleichende Flächen innerhalb des Gletscherkörpers. Sie entstehen, wenn infolge von Geschwindigkeitsunterschieden an bestimmten Stellen Scherspannungen auftreten, welche die Scherfestigkeit des Gletschereises übersteigen. Diese sind im Bereich der Gletscherfront häufig (▶ 3.11 und 3.16). Durch Reibung und abnehmende Geschwindigkeit können die äußersten Gletscherzungenbereiche durch Scherungsflächen sogar vom aktiven Gletscher abgetrennt und zu Stagnanteis werden. Auch an der Gletscherbasis oder am Fuß von Eisfällen finden sich häu-

▲ 3.16
Scherungsflächen an der Gletscherfront des Fox Glacier (Southern Alps, Neuseeland), nachgezeichnet durch an ihnen transportierte, kleine Gesteinsfragmente (englazialen Debris). Der dunkle Bereich rechts stellt Stagnanteis dar, welches von der aktiven Gletscherbewegung bereits abgetrennt wurde. Zum Zeitpunkt der Aufnahme (Februar 2000) hatte der Gletscher gerade einen etwa 15 Jahre andauernden Vorstoß beendet, der unter anderem zur Bildung einer Endmoräne (rechts vom Bildausschnitt) geführt hatte. Das Gletschertor ist (links) gut zu erkennen.

▼ 3.17
An Séracs auf dem oberen Franz Josef Glacier (Southern Alps, Neuseeland) gut erkennbare Schichtung des Schnees. Aufgrund der extrem hohen Schneeakkumulation an diesem Gletscher – umgerechnet pro Jahr bis zu geschätzten 15 m w. e. (w. e. = *water equivalent*) – ist nicht davon auszugehen, dass es sich um Jahresschichtungen beziehungsweise Stratifikation handelt (Aufnahme: Februar 2008).

fig Scherungsflächen. Sie sind nicht zuletzt für den Transport von Material im Gletscher von Bedeutung (🗅 8).

Einige sichtbare Strukturen im Gletschereis stehen kausal nicht mit der Gletscherbewegung in Beziehung, sondern repräsentieren beispielweise die ursprüngliche Schichtung des abgelagerten Schnees (▶ 3.17). Sie werden später als Folge von Deformation und Bewegung lediglich modifiziert. Abschmelzung an der Eisoberfläche ist ebenfalls für die Entstehung besonderer Strukturen verantwortlich. Durch „selektive Ablation", das heißt durch unterschiedlich schnelles Abschmelzen von Eis als Folge differenter Farbe und Beschaffenheit, können Strukturen an der Eisoberfläche akzentuiert werden, zum Beispiel Ogiven (siehe Exkurs „Ogiven"). Auf die lagige Akkumulation von Schnee ist die sogenannte Stratifikation (*sedimentary stratification*) zurückzuführen. Die „Jahresschicht" besteht jeweils aus zwei individuellen Lagen: einer mächtigen Lage hellblauen, grobkörnigen blasenführenden Eises und einer dünnen Lage dunkelblauen, klaren (luftblasenfreien) Eises. Die hellblaue Lage repräsentiert zu Eiskristallen umgeformten Schnee, die dünne Lage durch Schmelzwasser oder Kondensation im Sommer wassergesättigte Schneehorizonte. Durch das Gefrieren des Wassers innerhalb der Schneeschicht ist das später entstandene Eis frei von Luftblasen. Diesen Horizont bezeichnet man auch als „Sommeroberfläche". Ihm kommt bei der Massenbilanzmessung Bedeutung zu (▶ 4.9).

Eine originäre Stratifikation wird mit zunehmender Tiefe durch höheren Druck und Deformation gefaltet beziehungsweise Scherungsprozessen unterschiedlichen Maßstabs ausgesetzt. Die dabei neu entstehende, ebenfalls zumeist lagige Struktur bezeichnet man als Foliation. Prinzipiell besteht die Foliation aus den identischen Eislagen der Stratifikation, doch sind sie stärker zusammengepresst und nicht immer kontinuierlich ausgebildet. Am stärksten ist die Foliation in Zonen starker Scherungsprozesse, beispielsweise an den Gletschergrenzen oder bei der Konfluenz zweier Gletscher. Die grobkörnigen Eiskristalle werden dort instabil und zerbrechen zu feinkörnigem, weißlich erscheinendem Eis. Die Orientierung der Foliation ist im Regelfall parallel zu den Gletschergrenzen. Durch Modifizierung infolge Veränderung der Eisflusslinien oder des Fließmodus entstehen letztlich überaus komplexe Strukturen. Erkennbar ist die Foliation bei starker Abschmelzung, wenn sich durch selektive Abschmelzraten ein die einzelnen Lagen nachzeichnendes Mikrorelief ausbildet. Zerrungen im Gletscherkörper können zu Adern klaren Eises führen. Der Ausdruck *crevasse tracks* ist hierfür in Gebrauch, obwohl es sich nicht unbedingt um in ehemaligen Gletscherspalten gefrorenes Schmelzwasser handeln muss. So findet in Zonen von *extending ice flow* eine Rekristallisation statt. Die durchaus in Verlängerung von Gletscherspalten liegenden Eisadern sind dann quer (transversal) zur Eisflussrichtung orientiert.

▲ **3.18**
Muschelförmige Ablationsstrukturen am Bøyabreen (westliches Südnorwegen). Die sich meist während des Sommers bildenden „Dellen" entstehen nicht nur auf den Gletschereisflächen, welche der direkten Sonneneinstrahlung ausgesetzt sind (Aufnahme: August 2003).

Allein auf die Abschmelzung zurückzuführen sind die im Sommer an Gletscheroberflächen zu beobachtenden, regelhaften muschelförmigen Dellen (▶ 3.18). Sie treten auf homogenen, klaren Eisoberflächen auf und können daher nicht auf selektive Abschmelzung unter dem Einfluss von Farbunterschieden oder Fremdmaterialeinschlüssen zurückgeführt werden. Es handelt sich vielmehr um ein thermodynamisches Phänomen, für das es noch keine befriedigende Er-

klärung gibt. Andere Formen an der Gletscheroberfläche verdanken ihre Entstehung dagegen eindeutig selektiver Abschmelzung infolge unterschiedlicher Oberflächenbeschaffenheit (Farbe) und Albedo (Reflexionsvermögen). Kleine Gesteinspartikel auf der Gletscheroberfläche können durch ihre dunkle Farbe und höhere Wärmekapazität mehr Strahlungsenergie als das umgebende Eis aufnehmen und anschließend in Wärmeenergie umwandeln. Dadurch schmilzt das Eis in der unmittelbaren Umgebung des Partikels und es entstehen Kryokonitlöcher (▶ 3.19). Während einzelne Gesteinspartikel und geringmächtige Partikellagen durch die gesteigerte Energieaufnahme schmelzfördernd sind, entsteht ab einer bestimmten Mächtigkeit ein Isolationseffekt, der dies überkompensiert. Er ist von der Korngröße und Mächtigkeit des Materials abhängig (als Schwelle gelten 2 – 3 m). Für diesen Effekt ist die schlechte Wärmeleitung des Gesteins verantwortlich. Zwar kann die Gesteinsoberfläche mehr

▲ **3.19**
Kryokonitlöcher im Schnee auf dem Vernagtferner (Ötztaler Alpen, Aufnahme: Juli 1992).

▶ **3.20**
Gletschertisch (oben) und Ablationskegel auf der Gletscheroberfläche des Austerdalsbre (westliches Südnorwegen, Aufnahmen: August 1997/2007).

Ogiven

Ein optisch beeindruckendes Phänomen auf Gletscheroberflächen sind Ogiven (*ogives*, ▸ 3.21). Sie tragen auch den Namen *„Forbes' bands"*, da sie von James David Forbes (Forbes 1853) als Erstem beschrieben wurden. Es handelt sich um abwechselnd helle und dunkle Eisbänder, welche bogenförmig über das Gletscherquerprofil verlaufen. Ihre Apex (Bogenspitze) zeigt in Richtung des Eisflusses (▸ 3.22). Ogiven entstehen ausschließlich unterhalb von bedeutenden Eisbrüchen, wobei aber nicht an jedem Eisbruch Ogiven entstehen. Ogiven sind annuelle Formen, das heißt, ein Bogen aus abwechselnd einem hellen und dunklen Band repräsentiert die Bewegung eines Jahres. Das dunkle Eis ist die Sommerlage, die helle Lage das zugehörige Winterband. Bei starker Abschmelzung ergibt sich ein typisches wellenartiges Mikrorelief.

Das gebräuchliche Modell ihrer Entstehung sieht als ersten Schritt, dass während des Sommers das durch *extending ice flow* im Eisfall gezerrte Eis starker Abschmelzung ausgesetzt

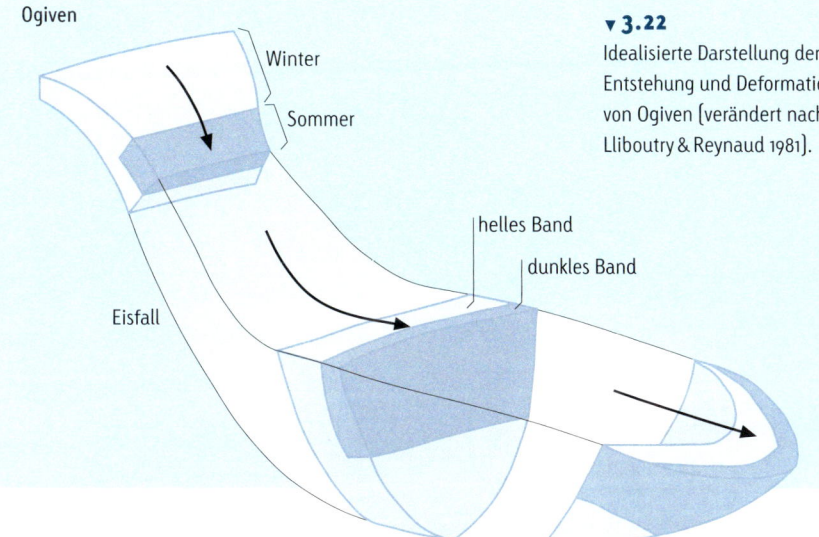

Ogiven

Winter

Sommer

helles Band

dunkles Band

Eisfall

▾ **3.22**
Idealisierte Darstellung der Entstehung und Deformation von Ogiven (verändert nach Lliboutry & Reynaud 1981).

▴ **3.21**
Durch selektive sommerliche Ablation in ihrer optischen Wirkung verstärkte Ogiven am Austerdalsbreen (westliches Südnorwegen, Aufnahme: August 1992).

ist. Vorhandener Winterschnee schmilzt komplett. Das an der Basis des Eisfalles durch *compressing ice flow* zusammengepresste Eis ist dadurch vergleichsweise klar (das heißt frei von Luftblasen) und dunkel. Während des Winters sind durch geringe Abschmelzung auch im Eisbruch große Mengen von Winterschnee vorhanden. Das an der Basis zusammengepresste Eis ist heller und weniger kompakt mit einem höheren Gehalt an Luftblasen. Die dunkleren Sommerlagen sind schmaler als die hellen Winterlagen. Die bogenförmige Ausrichtung ist Folge der laminaren Eisbewegung.

Energie aufnehmen als das Eis, diese Energie wird aber nicht in den Untergrund geleitet. Das Eis unter dem Gestein nimmt praktisch keine Energie auf und ist vor Abschmelzung geschützt. Ein auf der Gletscheroberfläche liegender größerer Felsblock, der durch seine Isolationswirkung das unterlagernde Eis im Gegensatz zur umgebenden Eisoberfläche vor Ablation schützt, kann als Gletschertisch über die umgebende Eisfläche emporragen (▸ 3.20). Ablationskegel sind kegelförmige Strukturen auf der Gletscheroberfläche, die mit Material (Silt, Sand oder Kies) bedeckt sind und bis zu einigen Metern hoch werden können. Hier wird die Isolationswirkung analog zu Gletschertischen von der mehrere Dezimeter mächtigen Sedimentschicht ausgeübt.

4

Der Massenhaushalt

Der Gletscher mit der zweit-
längsten Massenbilanzmess-
reihe der Welt: Storbreen,
Jotunheimen, Südnorwegen
(Aufnahme: Juli 2008).

Akkumulation

Gletscher sind klimagesteuerte natürliche Systeme (▶ 1.2). Die Gletschermasse unterliegt einer
beständigen Veränderung, welche direkt durch
das Klima gesteuert wird. Um diese Dynamik beschreiben und erfassen zu können, wurde das Konzept des
Massenhaushaltes (Massenbilanz, *mass budget*) entwickelt. Es dient sowohl der numerischen Erfassung von
In- beziehungsweise Output und daraus resultierender Veränderungen der Gletschermasse durch konkre-
te Messungen, als auch der Analyse der kausalen Verkettung zwischen einzelnen Klimaparametern und den
Veränderungen der Masse eines Gletschers. Aus dem
Massenhaushalt können auch die als Folge von Massenveränderungen auftretenden Änderungen der Position der Gletscherfront abgeleitet werden. Falls es die

Datenlage erlaubt, sollten sich Untersuchungen der Beziehung zwischen Klima und Gletschern auf den Massenhaushalt fokussieren. Durch eine weitgehende Abwesenheit nichtklimatischer Einflussfaktoren lässt sich
ein Klimasignal so einfacher und zuverlässiger ablesen
als beispielsweise auf Grundlage von Frontpositionsän-
derungen. Die Einführung des Konzeptes der Massenbilanz hat die Identifikation klimatischer und nichtklimatischer Einflussfaktoren mit ihrer Bedeutung für das
Verhalten der Gletscher deutlich erleichtert.

Innerhalb des Konzeptes des Massenhaushaltes
beziehungsweise der räumlichen Untergliederung eines Gletschers (▶ 4.3) stellen Akkumulation und Ablation die beiden zentralen Größen dar. Akkumulation bezeichnet zusammenfassend den Massengewinn
beziehungsweise Input eines Gletschers. An Hochgebirgsgletschern der mittleren Breiten wird die Akku-

36

mulation ganz überwiegend von der Höhe des winterlichen Schneefalles (Schneeakkumulation) bestritten. Sommerliche Neuschneefälle tragen im Regelfall nur in begrenztem Umfang zur Akkumulation bei, wenngleich sie in einigen Regionen quantitativ nicht unberücksichtigt bleiben dürfen.

Zur Akkumulation können auch Schnee- beziehungsweise Eislawinen von den Talflanken oder von überhängenden Eisplateaus und Wandvereisungen beitragen. In Ausnahmen wird durch sie sogar die Existenz von Gletschern weit unterhalb des Glaziationsniveaus, das heißt der von den klimatischen Rahmenbedingungen bestimmten minimalen Höhenlage von Gletschern, ermöglicht (regenerierte Gletscher, 🗎 7). Weiterer Bestandteil der Akkumulation ist Massengewinn durch windverdrifteten Schnee. In Hochgebirgen herrschen höhere durchschnittliche Windgeschwindigkeiten als im Flachland, sodass wie in den vegetationslosen Polargebieten Schnee leicht verdriftet werden kann. Hierdurch kommt es zu einem Einfluss der Exposition der Gletscheroberfläche in Bezug zur vorherrschenden niederschlagsbringenden Luftströmung auf die Größenordnung der Akkumulation. Bekannt ist das Phänomen, dass in Leelagen das Glaziationsniveau niedriger als auf der Luvseite der Gebirgskette liegt. Während im Luv abgelagerter Schnee leichter wieder verdriftet werden kann, entstehen im Lee mächtige Schneeablagerungen. In diesem Zusammenhang kann auch das Großrelief Auswirkung zeigen, zum Beispiel an windexponierten Gletschern mit plateauähnlicher, flacher Oberfläche. Die Winddrift erzielt in solchen Fällen einen höheren Stellenwert für den Massenhaushalt als an durch das Relief stärker abgeschirmten Hochgebirgsgletschern. Die Winddrift von Schnee kann innerhalb der Akkumulation ein Ausmaß erreichen, dass allein Änderungen der vorherrschenden Hauptwindrichtung und des Musters der Schneeverdriftung erhebliche Veränderungen der Gletschermasse nach sich ziehen können (Østrem & Tvede 1986). Winddrift ist auch an polaren Eisschilden nicht zu unterschätzen. In Bereichen des Ostantarktischen Eisschildes ist eine Unterscheidung zwischen Schneeakkumulation als Folge von Winddrift und tatsächlichem Schneefall angesichts sehr geringer Niederschläge und hoher durchschnittlicher Windgeschwindigkeiten nicht unproblematisch.

An subpolaren Gletschern ist die Bildung von Aufeis ein bedeutender Faktor innerhalb der Akkumulation. Durch Abschmelzen von Schnee und Firn in den oberen Gletscherbereichen entstandenes Schmelzwasser fließt oberflächlich ab und kann in den unteren Gletscherbereichen, in denen kaltes Eis an der Eisoberfläche vorhanden ist, erneut gefrieren (▶ 6.1). Es stellt einen Massengewinn dar und kann Mächtigkeiten von 50 cm und mehr in weitflächigen Zonen erreichen. An temperierten Hochgebirgsgletschern ist dagegen allenfalls eine schmale Zone von Aufeis mit Mächtigkeiten von bis zu 10 cm vorhanden, sodass es dort innerhalb der Akkumulation vernachlässigt werden kann. Als Sonderfall der Akkumulation muss die Entstehung von Eis an der Unterseite von schwimmenden Eisschelfen gelten. Es existiert im Detail noch Unsicherheit über die Größenordnung dieses basalen Anfrierens und seiner räumlichen Verteilung im Wechselspiel zum ebenfalls vorhandenen basalen Abschmelzen von Eis im Kontakt zum Meerwasser.

Ablation

Der Begriff Ablation bezeichnet den Massenverlust beziehungsweise Output eines Gletschers. Oft wird unter Ablation auch lediglich das Abschmelzen von Schnee, Firn und Eis verstanden. Diese Eingrenzung ist im Kontext des Massenhaushaltes aber nicht korrekt, worauf hingewiesen werden muss, da Ablation und Abschmelzung in bestimmten Zusammenhängen quasi synonym verwendet werden. Grund für diese Unschärfe der Verwendung der Begriffe ist der Umstand, dass an Hochgebirgsgletschern der mittleren Breiten die Abschmelzung von Schnee, Firn und Eis beinahe ausschließlich die gesamte Ablation bestimmt (▶ 4.1). Massenverlust kann daneben auch aus einem negativen Saldo der Winddrift von Schnee, beispielsweise auf der Luvseite von Bergflanken, resultieren oder durch Abgänge von Schnee- und Eislawinen von Gletschern an steilen Tal- und Gipfelflanken. Direkte Sublimation und Evaporation können zusätzlich zum Massenverlust beitragen, vor allem in kontinentalen und polaren Klimaten.

Ein regional beziehungsweise lokal bedeutender Faktor innerhalb der Ablation ist die Kalbung (*calving*), das heißt das Abbrechen (Abkalben) von Eisbergen an im Meer oder in Binnenseen endenden Gletscherzungen oder Eisschelfen (▶ 4.2). Infolge niedriger Lufttemperaturen und als Folge geringer Schmelz- beziehungsweise Sublimationsraten kann Kalbung an polaren Eisschilden einen Anteil von 90 % und mehr an der gesamten Ablation erreichen. Die Kalbung besitzt unter den zur Ablation beitragenden Faktoren zweifellos eine Sonderstellung, da dem Gletscher durch Abkalben von Eisbergen weitgehend oder komplett unabhängig von der aktuellen Klimaentwicklung Masse verloren geht. Der Rückzug einer Gletscherfront durch Kalbung ist daher als primär glazialdynamischer Prozess zu betrachten (🗎 5). So erklären sich Beispiele, in denen kalbende Gletscher einen schnellen Rückzug der Gletscherfront zeigen, die klimainduzierte Entwicklung der Gletschermasse in der Region aber einen gegensätzlichen Trend erwarten lassen würde (🗎 13).

Beschränkt man die Betrachtung der Ablation auf die Abschmelzung von Schnee, Firn und Eis, ist zur detaillierten Charakterisierung eine Betrachtung separater „Ablationsfaktoren" unumgänglich. Hierzu muss zusätzlich zum Massenhaushalt die Energiebilanz der Gletscheroberfläche betrachtet werden. Jene ist von den klimatischen Rahmenbedingungen abhängig und regional differenziert ausgeprägt. Obwohl für die Glet-

► 4.1
Sommerliche Gletscherober-
fläche im Ablationsgebiet des
Vernagtferner (Ötztaler Alpen).
Man erkennt, dass überall
Schmelzwasser vorhanden ist
(Aufnahme: September 2006).

▼ 4.2
Beispiele für kalbende Glet-
scherfronten: Austdalsbreen
(links, westliches Südnor-
wegen) und Hooker Glacier
(Southern Alps, Neuseeland;
Aufnahmen: August 2004,
Februar 2008).

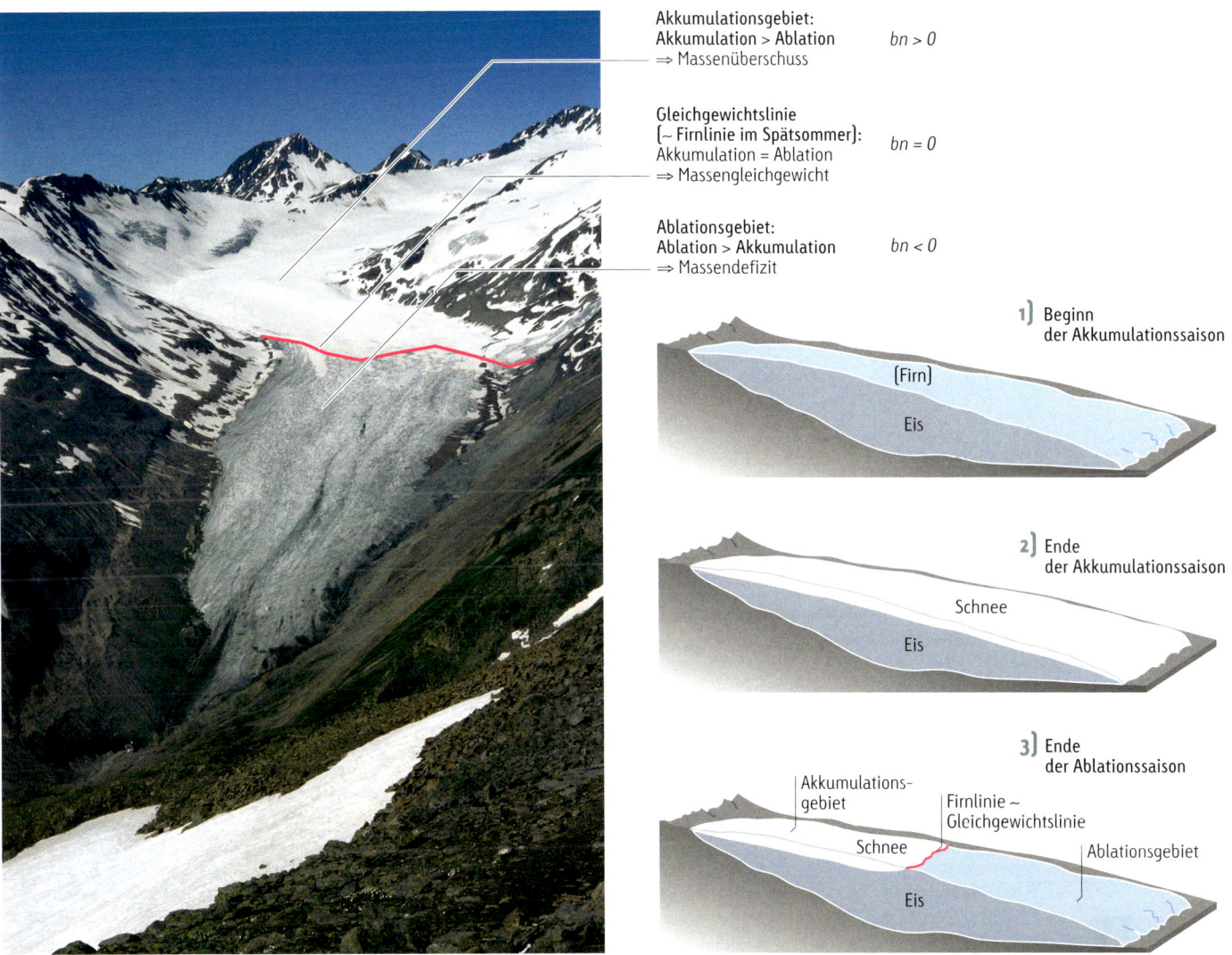

Akkumulationsgebiet:
Akkumulation > Ablation $bn > 0$
⇒ Massenüberschuss

Gleichgewichtslinie
(~ Firnlinie im Spätsommer): $bn = 0$
Akkumulation = Ablation
⇒ Massengleichgewicht

Ablationsgebiet:
Ablation > Akkumulation $bn < 0$
⇒ Massendefizit

1) Beginn
der Akkumulationssaison

(Firn)
Eis

2) Ende
der Akkumulationssaison

Schnee
Eis

3) Ende
der Ablationssaison

Akkumulations-
gebiet

Firnlinie ~
Gleichgewichtslinie

Schnee   Ablationsgebiet

Eis

▲ 4.3
Räumliche Untergliederung eines Gletschers nach dem System des Massenhaushaltes. Die Gleichgewichtslinie ist eine theoretische Linie, die an temperierten Hochgebirgsgletschern annähernd der Firnlinie im Spätsommer entspricht. Die Aufnahme des Hintereisferner (Ötztaler Alpen) entstand jedoch
im Juli 1994, als die Unterschiede zwischen Ablations- und Akkumulationsgebiet besonders gut sichtbar waren. Die schematische Abfolge (1–3) zeigt die saisonalen Veränderungen der räumlichen Ausdehnung beider Teilgebiete, wobei im ersten Schritt (1) Firn aus Darstellungsgründen nicht separat
gekennzeichnet ist (bn = Nettobilanz, in Teilen verändert nach Haeberli & Wallén 1992).

scherbewegung, den vertikalen Eistemperaturgradien-
ten und das thermale basale Regime von entscheidender Bedeutung, spielt die Abschmelzung durch
geothermalen Wärmefluss beziehungsweise durch die
beim basalen Gleiten und Deformationsfließen freige-
setzte Friktionswärme quantitativ innerhalb der Ablation keine Rolle.

Räumliche Untergliederung eines Gletschers

Ein Gletscher erstreckt sich typischerweise über eine
Vertikaldistanz von vielen Hundert Höhenmetern. Mit
zunehmender Höhe sinkt die mittlere Lufttemperatur.
Parallel dazu steigen in Gebirgen der mittleren Breiten
die Niederschlagssummen an. Erst oberhalb der tatsächlichen Gipfelhöhen beziehungsweise in den Subtropen und Tropen nehmen die Niederschläge oberhalb eines bestimmten Höhenniveaus wieder ab. Diese
beiden Höhengradienten führen dazu, dass einerseits
in den höheren Bereichen des Gletschers mehr Schnee

als in den unteren fällt, andererseits die Abschmelzung in den tiefer gelegenen Gletscherteilen infolge
höherer sommerlicher Lufttemperaturen größer ist. Die
ohnehin primär geringmächtigere Winterschneeaufla-
ge wird dort erheblich schneller abtauen. Akkumulation und Ablation unterliegen somit einer charakteristischen räumlichen Differenzierung. Auf Grundlage
jener räumlichen Differenzierung können an Gletschern zwei Teilbereiche unterschieden werden (▶ 4.3).
Diese Untergliederung findet an allen Typen von Gletschern Anwendung, auch an polaren Eisschilden.

In den hochgelegenen Gletscherbereichen dominiert die Akkumulation. Sie bildet hier ein Überschuss-

▲ 4.4

Firnbecken (*névé*) des Fox Glacier (Southern Alps, Neuseeland) als Beispiel für ein morphologisch vorgegebenes Akkumulationsgebiet. Es erstreckt sich von 2 000 bis auf über 3 000 m ü. d. M. Die Gletscherfront befindet sich in einer Höhe von weniger als 300 m ü. d. M. und liegt unterhalb des links auf dem Bild im Ansatz zu erkennenden Eisfalls. Zum Aufnahmezeitpunkt am Ende des (Süd-)sommers war infolge warmer und trockener Witterung während des Haushaltsjahres vergleichsweise viel Winterschnee abgeschmolzen. Daher sind verhältnismäßig viele Gletscherspalten, trotz eines Neuschneefalls wenige Tage vor der Aufnahme, gut zu erkennen (Aufnahme: April 2008).

gebiet. Per Definition wird der Teil eines Gletschers, in welchem innerhalb eines Haushaltsjahres die Akkumulation die Ablation übersteigt, als Akkumulationsgebiet bezeichnet (veraltet: Nährgebiet). Ein Haushaltsjahr dauert dabei von Anfang der Wintersaison bis Ende des darauffolgenden Sommers (▶ 4.5). Im Akkumulationsgebiet ist am Ende des Sommers noch Winterschnee auf der Gletscheroberfläche vorhanden. Gegensätzlich stellt sich die Situation in den niedrig gelegenen Gletscherteilen dar. Hier dominiert die Ablation, es entsteht ein Defizitgebiet. Der Gletscherteil, in dem innerhalb eines Haushaltsjahres die Ablation die Akkumulation übertrifft, wird Ablationsgebiet genannt (veraltet: Zehrgebiet). Durch hohe Ablationsraten schmilzt im Ablationsgebiet im Verlauf des Sommers nicht nur der komplette Winterschnee ab, sondern zusätzlich auch an der Gletscheroberfläche

exponiertes Eis (und gegebenenfalls Firn). Die Grenze zwischen Akkumulations- und Ablationsgebiet bildet die sogenannte Gleichgewichtslinie (*equilibrium line*). An dieser Trennlinie entspricht die Akkumulation während des Haushaltsjahres genau der Ablation, sodass sich Massengewinn und -verlust im Gleichgewicht befinden, das heißt im Sommer exakt die im Winter gefallene Schneemenge abgeschmolzen ist.

Infolge ihrer direkten Kopplung an die jährlich in ihrer Größenordnung veränderliche Akkumulation und Ablation stellen Akkumulationsgebiet, Ablationsgebiet und Gleichgewichtslinie ebenfalls klimadeterminierte, variable Größen dar. In Abhängigkeit von den Witterungsverhältnissen eines Haushaltsjahres unterliegen sie in ihrer Größenausdehnung beziehungsweise Höhenlage permanenten Veränderungen. Dessen ungeachtet werden die drei Begriffe teilweise auch vom Konzept des Massenhaushaltes losgelöst zur morphologischen Beschreibung von Gletschern oder allgemeinen glaziologischen Rahmenbedingungen verwendet. Dabei muss allerdings beachtet werden, dass in jenem Fall die Begriffe als langjährige Mittelwerte zur Beschreibung durchschnittlicher Bedingungen zu verstehen sind. Als Ablationsgebiet wird dann die am Ende des Sommers stets apere, also schneefreie, untere Gletscherzunge angesprochen.

Das Akkumulationsgebiet umfasst analog die normalerweise am Ende des Sommers noch schneebedeckten oberen Gletscherteile. Abweichende Verhältnisse in Jahren mit extremer Witterung bleiben unberücksichtigt. An Hochgebirgsgletschern, in denen das Akkumulationsgebiet oftmals durch das Relief morphologisch vorbestimmt ist (🗋 7), spricht man alternativ auch vom Firnbecken (*névé*, ▶ 4.4).

Die Gleichgewichtslinie ist laut Definition eine theoretisch kalkulierte Grenze. An temperierten Hochgebirgsgletschern fällt sie ungefähr mit der realen Schneegrenze beziehungsweise Firnlinie im Spätsommer am Ende der Ablationssaison zusammen (Meier 1962, Kuhn 1989). Für polare und subpolare Gletscher besitzt diese Aussage aufgrund des auftretenden Aufeises jedoch keine Gültigkeit (▶ 6.1). Obwohl Aufeis morphologisch blankes Eis darstellt, zählt die schneefreie Aufeiszone zum Akkumulationsgebiet, da Aufeisbildung eine Form der Akkumulation darstellt. Die Gleichgewichtslinie wird gerne als Index für die Massenbilanz beziehungsweise für die kurz-, mittel- oder langfristigen Schwankungen der Klimaverhältnisse herangezogen. Grundlage hierfür ist die von den jährlichen Akkumulations- und Ablationsraten abhängige variable Größe von Akkumulations- und Ablationsgebiet, das heißt ihr jeweiliger Anteil an der Gesamtfläche eines Gletschers. Die Höhenlage der Gleichgewichtslinie ist analog den jährlichen Fluktuationen ausgesetzt. In Jahren mit hoher Akkumulation besitzt das Akkumulationsgebiet eine größere Flächenausdehnung. Die Gleichgewichtslinie als Grenze zum Ablationsgebiet liegt folglich niedriger, als es bei einem ausgeglichenen Massenhaushalt der Fall wäre. Ist in einem Haushaltsjahr die Ablation überdurchschnitt-

lich und vergrößert sich als Folge das Ablationsgebiet auf Kosten des Akkumulationsgebietes, liegt die Gleichgewichtslinie höher.

Das System der Massenbilanz in der Theorie

Das Konzept des Massenhaushaltes zur numerischen Erfassung und Charakterisierung des In- und Outputs einer Gletschermasse brachte ab Mitte des 20. Jahrhunderts einen großen Fortschritt in der Analyse des Gletscherverhaltens als Reaktion auf klimatische Veränderungen. Zuvor war man hauptsächlich auf die Beobachtung der Veränderungen der Gletscherfront mit allen sich dadurch ergebenden methodischen und glaziologischen Ungenauigkeiten angewiesen (🗋 5). Die Werte der Massenbilanz geben Information darüber, welchen Änderungen die Gletschermasse in Abhängigkeit von den relevanten klimatischen Einflussfaktoren von Jahr zu Jahr ausgesetzt ist. Die jährliche Massenbilanz bezieht sich jeweils auf ein Haushaltsjahr (Bilanzjahr, Meier 1962), das zweigeteilt ist in die winterliche Akkumulationssaison und die sommerliche Ablationssaison.

Ein Haushaltsjahr beginnt mit der Akkumulationssaison. In ihr übersteigt die Akkumulation hochgerechnet auf die gesamte Gletscherfläche die Ablation. Sie dauert in den nordhemisphärischen Mittelbreiten im Regelfall von Anfang Oktober bis Ende April/Anfang Mai. Während der Ablationssaison ist dagegen die Ablation größer als die Akkumulation. Ihr Ende im Frühherbst markiert gleichzeitig das Ende des Haushaltsjahres (▶ 4.5). Der exakte Beginn der Akkumulationssaison

▼ 4.5
Darstellung des zeitlichen Aspektes des Massenhaushaltes (Beschreibung und Erklärung der Fachtermini im Text, verändert nach Liestøl 2000).

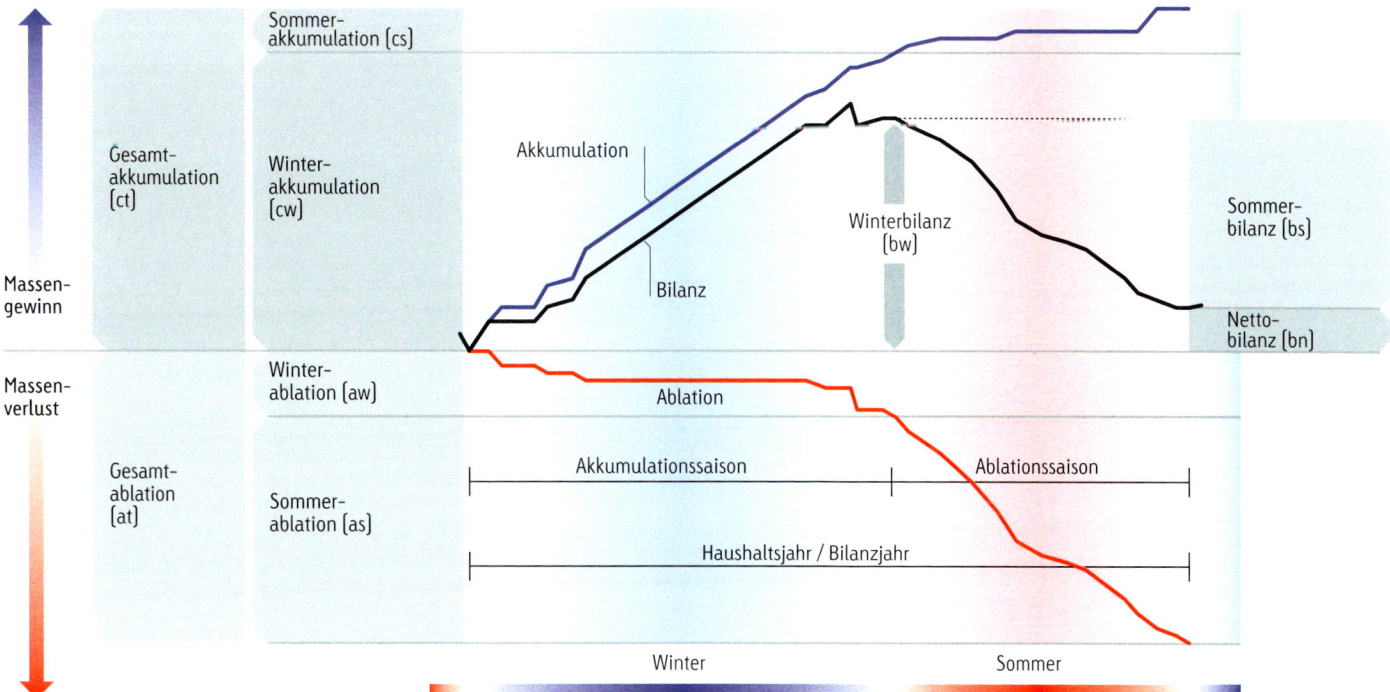

Rekonstruktion der Gleichgewichtslinie und das Glaziationsniveau

▾4.6
Visualisierung des Einsatzes unterschiedlicher Methoden zur ELA-Rekonstruktion (a–d). Die dargestellte Berechnung bezieht sich jeweils exakt auf den dargestellten, idealisierten Gletscher (Erklärung der Abkürzungen im Text).

Für den Vergleich der allgemeinen Klimabedingungen unterschiedlicher Gletscherregionen ist die jährliche Gleichgewichtslinie aufgrund ihrer starken Schwankung wenig geeignet. Man verwendet daher den Durchschnittswert ihrer Höhenlage über einen Zeitraum von einigen Jahren oder Jahrzehnten, den man als ELA (*equilibrium line altitude*) bezeichnet. Zur Charakterisierung des Klimas für den Zeitraum vor dem Beginn jährlicher, exakter Massenhaushaltsmessungen greift man oft auf eine Rekonstruktion der ELA und ihrer mittel- beziehungsweise langfristigen Schwankungen zurück (🗋 13). Hierfür wurden unterschiedliche Verfahren entwickelt. Obwohl sich diese Methoden als Referenz auf aktuelle Massenhaushaltsmessungen beziehen oder auf deren Grundlage entwickelt wurden, weisen sie bei der konkreten Anwendung an individuellen Gletschern teils erhebliche Abweichungen in den erzielten Resultaten auf (Torsnes et al. 1993, ▸ 4.6). Da diese Unterschiede der rekonstruierten ELA methodisch bedingt sind, muss die zur Anwendung gekommene Methode stets genau angegeben werden.

Am häufigsten angewendet wird die AAR-Methode (*accumulation area-ratio*). Sie bezieht sich auf den Flächenanteil des Akkumulationsgebiets an der Gesamtfläche des Gletschers (Mercer 1961, Meier & Post 1962). Von empirischen Untersuchungen abgeleitet gilt eine Verhältniszahl von 0,65 ± 0,05 für einen Gletscher im Gleichgewichtszustand als charakteristisch, regionale Abweichungen sind jedoch möglich. Kann durch morphologische Zeugnisse wie Moränen oder

die Vegetation die ehemalige Flächenausdehnung eines Gletschers genau festgelegt werden, lassen sich auf Grundlage der AAR-Methode die Größe des zugehörigen Akkumulationsgebietes und die Höhenlage der Gleichgewichtslinie bestimmen. Eine Alternative stellt die THAR-Methode (*toe-to-headwall altitude ratio*) dar. Hier werden der niedrigste Punkt des Gletschers und die größte Höhe der Gletscherumrahmung eingemessen. An temperierten Gletschern erhält man die ELA, indem diese Höhendifferenz mit dem Faktor 0,35 – 0,4 multipliziert wird. Diese Methode funktioniert nur an kleinen Gletschern mit begrenzter Höhendifferenz. Sie gilt, verglichen mit der AAR-Methode, als weniger exakt. Die MELM-Methode (*maximum elevation of lateral moraines*) leitet sich aus den Eisbewegungslinien beziehungsweise dem Debristransport auf dem Gletscher ab (🗋 8). Da die Eisflusslinien erst unterhalb der Gleichgewichtslinie eine Divergenz zeigen, setzen die durch *dumping* des supraglazialen Debris entstandenen Lateralmoränen etwa in Höhe der Gleichgewichtslinie an. Die ehemalige Höhe der Gleichgewichtslinie vermutet man so am Ansatzpunkt dieser Moränen. Die Methode ist jedoch aus glazialmorphologischer Sicht zu ungenau, zumal die typischen Lateralmoränen alpinen Typs polygenetische Formen sind und das lokale Relief einen starken Einfluss ausübt (🗋 12). Die MEG-Methode (*median elevation of glaciers*) ist nur an kleinen Gletschern ohne große Vertikaldistanz hinreichend exakt und bezieht sich auf den Median der Flächenverteilung (und nicht auf die mittlere Höhe des Gletschers!). Hinzu kommt, dass die exakte Position des obersten Gletscherteils durch

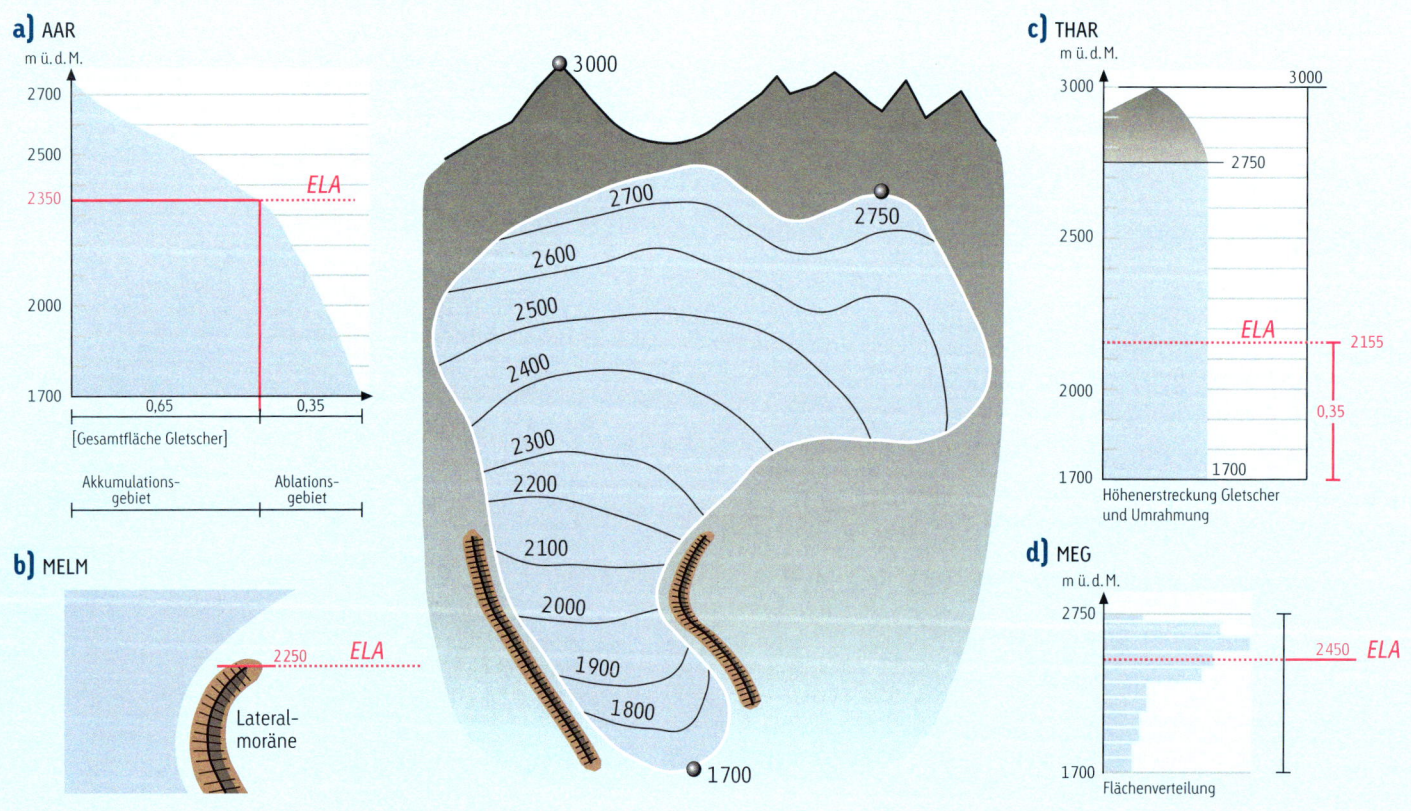

a) AAR

b) MELM

c) THAR

d) MEG

Winterschnee oft nicht eindeutig zu lokalisieren ist. Daneben existieren noch unzählige andere Methoden zur Rekonstruktion beziehungsweise zur Bestimmung der ELA, welche zumeist auf die besonderen Gegebenheiten ausgewählter Regionen zugeschnitten sind.

Zwar ist die Gleichgewichtslinie durch ihre unmittelbare Kopplung an die meteorologischen Verhältnisse eines Haushaltsjahres mit der daraus resultierenden klimatischen Aussagekraft ein für unterschiedliche Fragestellungen erfolgreich anzuwendender Parameter. Die Problematik liegt aber darin, dass sie als theoretisch kalkulierte Grenzlinie eigentlich aufwendige Massenhaushaltsuntersuchungen voraussetzt. Für viele Regionen gibt es jedoch nur punktuelle Massenhaushaltsuntersuchungen oder sie fehlen gänzlich. Will man die Anwendung der oben geschilderten Methoden der ELA-Rekonstruktion vermeiden, hilft in den Hochgebirgen der mittleren Breiten der Umstand, dass die spätsommerliche Gletscherschneegrenze ungefähr mit der Gleichgewichtslinie übereinstimmt. So sind Aussagen über den Trend des Massenhaushaltes im entsprechenden Jahr möglich. Dies gilt nicht bei starker Aufeisbildung.

Durch das Kältereservoir des Gletschers liegt die Schneegrenze auf einer Gletscheroberfläche grundsätzlich etwas tiefer als in der unvergletscherten Umgebung. Um dies zu kennzeichnen, spricht man von der Gletscherschneegrenze. Die temporäre Gletscherschneegrenze bezeichnet die den saisonalen und tageszeitlichen Schwankungen ausgesetzte reale Schneegrenze zu einem genau festgelegten Zeitpunkt. Die höchste jährliche Lage der Schneegrenze am Ende des Sommers wird als orographische oder lokale Gletscherschneegrenze bezeichnet, ihr Mittel ist die sogenannte regionale oder klimatische Gletscherschneegrenze. Die klimatische Gletscherschneegrenze wird normalerweise auf Grundlage klimatischer Schwellenwerte berechnet, nicht durch detaillierte Kartierung. Diese theoretisch kalkulierte Grenze dient primär dem Vergleich klimatischer Rahmenbedingungen. Eine reale Grenze ist hingegen die Firnlinie (Firngrenze), die der spätsommerlichen Schneegrenze auf dem Gletscher entspricht.

Für den Vergleich der Rahmenbedingungen einer aktuellen oder ehemaligen Vergletscherung zieht man neben der durchschnittlichen Höhe der Gleichgewichtslinie unter anderem das sogenannte Glaziationsniveau (*glaciation level/limit*) heran. Das Glaziationsniveau gibt die kritische Höhe über der Meereshöhe an, an welcher Gletscher noch existieren können. Es wird meist über die „Gipfelmethode" berechnet. Das Glaziationsniveau entspricht dabei dem Mittel zwischen dem höchsten unvergletscherten und dem niedrigsten vergletscherten Berggipfel. Unberücksichtigt bleiben dabei diejenigen Gipfel, welche infolge ihres Reliefs zur Anlage von Gletschern ungeeignet sind. Das Glaziationsniveau kann durch Berücksichtigung der vorherrschenden Windrichtung (Auswirkung auf Schneeakkumulation) weiter differenziert werden (Nesje & Dahl 2000).

in Form des ersten bedeutenden Schneefalles ist analog zu ihrem Ende nicht a priori auf ein bestimmtes Kalenderdatum festlegbar. Gleiches gilt für die Ablationssaison. Daraus begründet sich ein flexibler Zeitrahmen der Abgrenzung der einzelnen Haushaltjahre als Anpassung an die realen jährlichen Witterungsverhältnisse. Lediglich im Fall einer Parametrisierung beziehungsweise Modellierung im Zusammenhang mit der Interpretation der klimatischen Einflussfaktoren oder bei regionalen Vergleichen wird der fixe Zeitrahmen des Haushaltsjahres von Anfang Oktober bis Ende September verwendet. Er entspricht im Prinzip dem hydrologischen Jahr (1. Oktober bis 30. September).

Bei konkreten Massenhaushaltsstudien an individuellen Gletschern ist eine fixe zeitliche Abgrenzung des Haushaltsjahres schon allein aus praktisch-methodischen Gründen kaum möglich. Die direkten Messungen auf dem Gletscher (siehe den Exkurs in „Methoden der Messung der Massenbilanz") müssen bezüglich des tatsächlichen Messzeitpunktes mit Rücksicht auf die vorherrschenden Witterungsverhältnisse innerhalb eines Zeitfensters von etwa zwei bis drei Wochen flexibel bleiben. Herrscht im Frühherbst beispielsweise eine warme, trockene Witterung und findet daraus resultierend noch in bedeutenderem Umfang ein Massenverlust durch Abschmelzung statt, verlängert sich in diesem Haushaltsjahr die Ablationssaison. Zur möglichst exakten Erfassung des Massenverlustes innerhalb des Haushaltsjahres wird man einen um einige Tage späteren Zeitpunkt für die Messungen wählen. Entsprechend wird der Zeitpunkt der Messung und die Abgrenzung der Akkumulationssaison durch die Witterungsverhältnisse im Frühjahr vorgegeben. Ist man innerhalb eines akzeptablen Zeitfensters flexibel, können auch bedeutende Schneefälle im späten Frühjahr noch erfasst werden. Setzt dagegen die Abschmelzung sehr früh ein, kann mit einer etwas vorgezogenen Messung der Akkumulation diesem Umstand Rechnung getragen werden. Es können zudem Wetterbedingungen auftreten, welche die Messung auf einem Gletscher an bestimmten Terminen praktisch oder technisch unmöglich machen.

Die Massenbilanz eines Haushaltsjahres kann als zwei Teilkomponenten oder alternativ als zwei saisonale Teilbilanzen berechnet und dargestellt werden (▶ 4.5). Beim ersten Verfahren unterscheidet man Gesamtakkumulation und Gesamtablation auf Basis des gesamten Haushaltsjahres. Alternative ist die Berechnung einer Winter- und einer Sommerbilanz. Dies entspricht der saisonalen Aufspaltung der Massenbilanz analog zu Akkumulations- und Ablationssaison. Die Winterbilanz ist durch Dominanz der Akkumulation in der Akkumulationssaison stets positiv, es findet in jedem Fall ein Massengewinn statt. In der Ablationssaison verliert der Gletscher durch Überwiegen der Ablation immer an Masse. Die Sommerbilanz besitzt deshalb generell ein negatives Vorzeichen.

Beide Verfahren der Berechnung und Darstellung der Massenbilanz kommen zur Anwendung und haben jeweils spezifische Vor- und Nachteile. Das Verfahren der Teilkomponenten kommt in den europäischen Alpen zur Anwendung. Es bietet sich generell für diejenigen Regionen an, in denen sommerliche Schneefälle in größerem Umfang zur Gesamtakkumulation beitragen (Hoinkes 1970, Moser et al. 1986). Die Differenzierung in Winter- und Sommerbilanz wird in Regionen mit starken saisonalen Unterschieden in der Witterung bevorzugt, beispielsweise in maritimen Hochgebirgen wie in Norwegen (Østrem et al. 1988, Andreassen et al. 2005). Saisonale Teilbilanzen eignen

sich gut für die Korrelation mit meteorologischen Parametern und die Untersuchung der Beziehung zwischen Massenhaushalt und Klima. Je geringer die saisonalen Unterschiede innerhalb des Massenhaushaltes ausgeprägt sind, desto eher werden Gesamtakkumulation und -ablation als Parameter verwendet, wie beispielsweise an polaren Gletschern. Auch an subtropischen und tropischen Gletschern wird infolge der weitgehend fehlenden thermischen Saisonalität auf die Berechnung konventioneller, saisonaler Teilbilanzen verzichtet (Kaser 2001).

Zur Kalkulation der Massenbilanz eines individuellen Haushaltsjahres, der sogenannten Nettobilanz (*net budget*), werden jeweils Winter- und Sommerbilanz beziehungsweise Gesamtakkumulation und -ablation für das Haushaltsjahr in Beziehung gesetzt. Übersteigt der Wert der Winterbilanz denjenigen der Sommerbilanz, zeigt dies an, dass während der Akkumulationssaison der Massengewinn des Gletschers größer als sein Massenverlust während der Ablationssaison war (▶ 4.7). Entsprechend übersteigt die Höhe der Gesamtakkumulation die der Gesamtablation. In der Bilanzierung des Haushaltsjahres ergibt sich ein Nettomassenzuwachs (= positive Nettobilanz). Im gegensätzlichen Fall eines Massenverlustes durch eine die winterliche Akkumulation übertreffende sommerliche Ablation tritt eine negative Nettobilanz auf. Die Gesamtablation übersteigt analog die Gesamtakkumulation. Liegen beide Teilbilanzen in einer vergleichbaren Größenordnung, das heißt, halten sich Akkumulation und Ablation auf das Haushaltsjahr hochgerechnet die Waage, resultiert daraus eine neutrale beziehungsweise ausgeglichene Nettobilanz. Man erhält für jedes einzelne Haushaltsjahr eine genaue Auskunft über den Massengewinn oder -verlust eines Gletschers (▶ 4.8). Addiert man die Nettobilanzen für einen längeren Zeitraum kumulativ auf, erhält man ein gutes Bild von

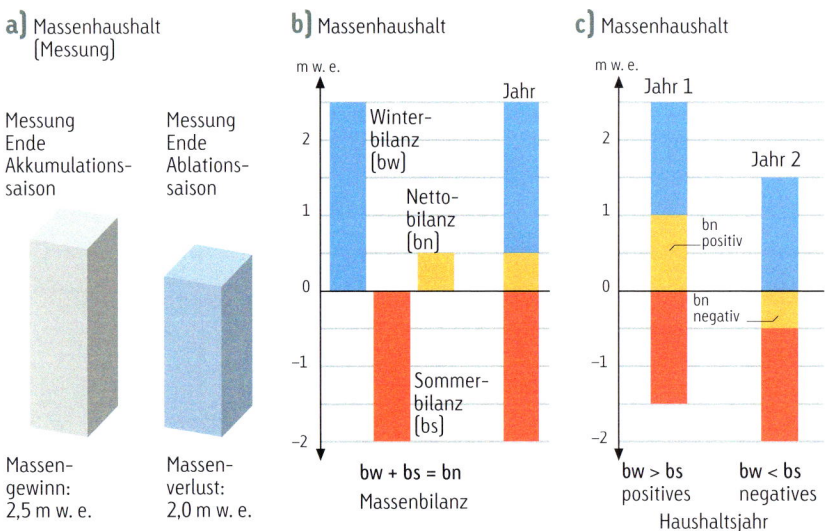

▲ 4.7
Visualisierung der konventionellen Darstellung des Massenhaushaltes innerhalb eines Bilanzjahres (w. e. = *water equivalent*). Von den Messergebnissen (a) erhält man die Höhen von Winter-, Sommer- und Nettobilanz, welche zu Vergleichszwecken oft in Kombination dargestellt werden (b). An der Positionierung des Balkens für die Nettobilanz im Diagramm lässt sich auf den ersten Blick erkennen, ob das Bilanzjahr eine positive oder negative Nettobilanz aufweist (c).

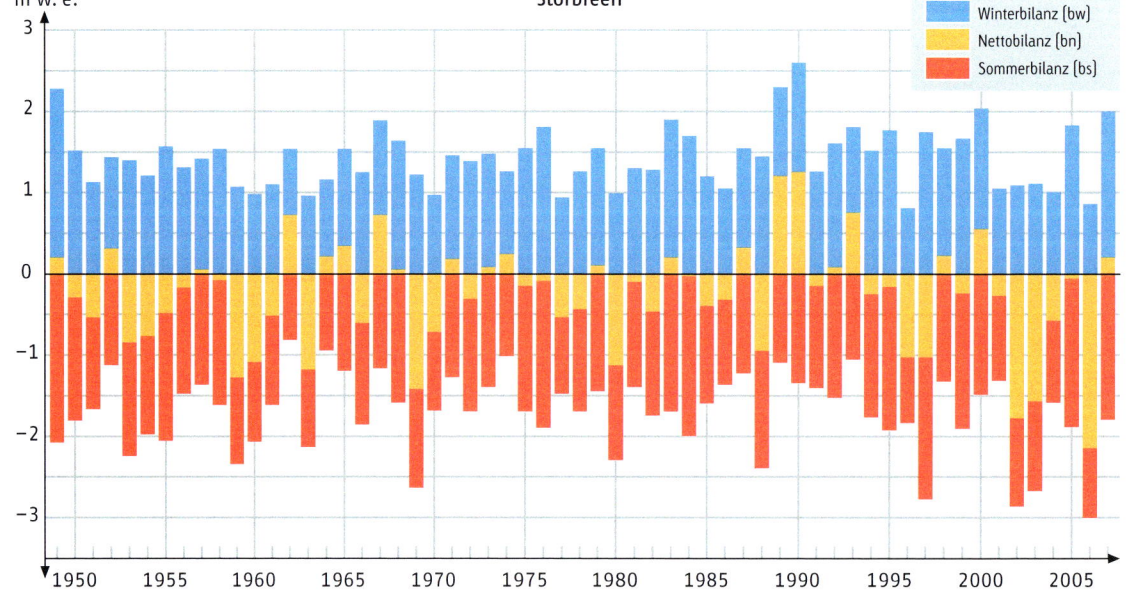

▶ 4.8
Massenbilanz-Messreihe vom Storbreen (Jotunheimen, Südnorwegen), eine der weltweit längsten vorhandenen Messreihen (Einsatz der direkten/glaziologischen Methode, Daten: Norges Vassdrags- og Energidirektoratet [NVE]).

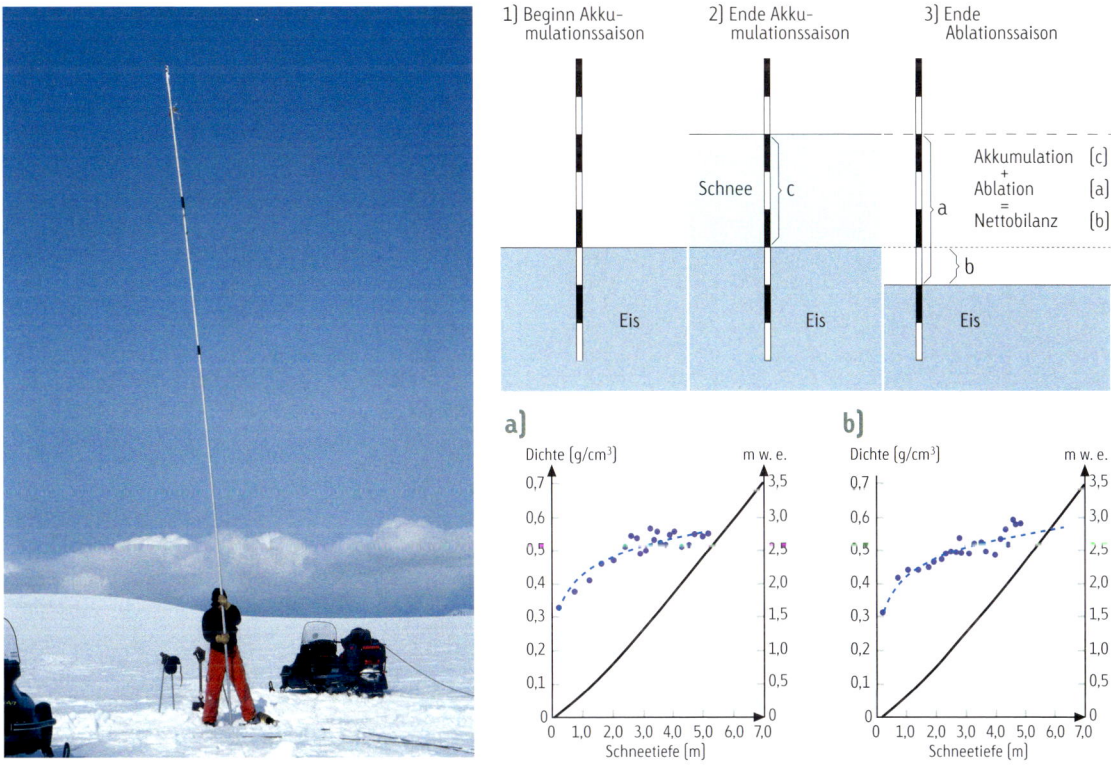

1] Beginn Akku-
mulationssaison

2] Ende Akku-
mulationssaison

3] Ende
Ablationssaison

Schnee   c

Eis

Eis

Akkumulation   [c]
+
Ablation   [a]
=
Nettobilanz   [b]

a

b

Eis

a]

Dichte [g/cm³]   m w. e.
0,7   3,5
0,6   3,0
0,5   2,5
0,4   2,0
0,3   1,5
0,2   1,0
0,1   0,5
0   0
  0 1,0 2,0 3,0 4,0 5,0 6,0 7,0
         Schneetiefe [m]

b]

Dichte [g/cm³]   m w. e.
0,7   3,5
0,6   3,0
0,5   2,5
0,4   2,0
0,3   1,5
0,2   1,0
0,1   0,5
0   0
  0 1,0 2,0 3,0 4,0 5,0 6,0 7,0
         Schneetiefe [m]

▲ **4.9**

Prinzip der Messung der Massenbilanz mit Hilfe von Messpegeln innerhalb eines Bilanzjahres [1–3]. Die beiden Diagramme [a und b] zeigen die Ergebnisse von Dichtemessung an zwei Messpegeln auf dem Nigardsbre [westliches Südnorwegen] am Ende der Akkumulationssaison 1999 [verändert nach Kjøllmoen 2000]. Die Punkte stellen die einzelnen Messwerte dar, die gestrichelte Linie das errechnete Modell der Dichtezunahme des Schnees mit Profiltiefe und Alter. Die durchgezogene Linie zeigt auf der rechten Achse das auf Grundlage der Messungen errechnete Wasseräquivalent [w. e.] für die Schneedecke. Das Bild links zeigt die Messung mit Sondierstangen auf dem Engabre [Nordnorwegen]. Am Ende der Akkumulationssaison wird mit ihrer Hilfe die Lage der letztjährigen, oberflächlich verharschten und aufgrund ihrer Härte gut zu lokalisierenden Sommeroberfläche festgestellt. Die Länge der Sondierstange gibt ein realistisches Bild von der Mächtigkeit der winterlichen Schneehöhe an diesem maritimen Gletscher [Aufnahme: Hallgeir Elvehøy].

der Entwicklung der Massenveränderungen des untersuchten Gletschers [▸4.18]. So können anschließend nicht nur Veränderungen der Position der Gletscherfront erklärt, sondern auch Rückschlüsse auf kurz- und mittelfristige Veränderungen der klimatischen Rahmenbedingungen gezogen werden.

Methoden der Messung der Massenbilanz

So einfach das Grundprinzip des Massenhaushaltes ist, so aufwendig sind die zugehörigen Messungen und nachfolgenden Rechenarbeiten [Østrem & Brugman 1991]. Daher liegen nur für vergleichsweise wenige Gletscher detaillierte Massenhaushaltsstudien über längere Zeiträume vor. Die weltweit älteste Messreihe begann dabei 1946 am nordschwedischen Storglaciären. Unter den zur Anwendung kommenden Messmethoden gilt die glaziologische Methode [direkte beziehungsweise traditionelle Methode, Ahlmann 1948, Braithwaite 2002] als die detailreichste und exaktes-

te. Bei ihr werden die Höhen von Akkumulation und Ablation direkt auf der Gletscheroberfläche gemessen. Zunächst wird am Ende der winterlichen Akkumulationssaison die Höhe der seit Herbst abgelagerten Schneedecke erfasst. Hierzu werden vor Beginn der Akkumulationssaison „Messpegel" [Stangen] an verschiedenen Stellen in die Gletscheroberfläche hineingebohrt. Anschließend wird der über die Gletscheroberfläche aus Schnee, Firn oder Eis hinausragende Teilabschnitt genau vermessen. Am Ende der Akkumulationssaison kann durch eine zweite Messung dann genau festlegt werden, wie hoch die winterliche Schneeakkumulation ist [▸4.9]. Zusätzlich dazu und bei sehr hohen Winterschneemengen, beispielsweise in maritimen Küstengebirgen, kommen auch Sondierstangen zum Einsatz. Mit ihrer Hilfe kann die Tiefenlage der hart gefrorenen letztjährigen Sommeroberfläche sondiert und die Mächtigkeit der überlagernden Schneedecke erfasst werden. Am Ende der Ablationssaison werden die Messpegel erneut vermessen. Die Gletscheroberfläche ist durch Abschmelzen von Schnee, Firn oder Eis um den Betrag abgeschmolzen,

Langfristige Studien der Massenbilanz am Beispiel des Nigardsbre

Der Nigardsbre im westlichen Südnorwegen ist mit einer Fläche von 47,82 km² der größte Gletscherarm unter den zahlreichen Outletgletschern des Plateaugletschers Jostedalsbreen (▶ 4.10). Neben den weitläufigen, vergleichsweise flachen Gletscharealen in Höhenlagen zwischen 1 400 und 1 900 m ü. d. M. nimmt sich seine morphologische Gletscherzunge recht klein aus (▶ 4.11). Er fließt von 1960 m bis auf eine Höhe von 320 m ü. d. M. hinab. Der Gletscher geht als Teil des Gesamtplateaus des Jostedalsbre an den Grenzen seines Akkumulationsgebietes nahtlos in die benachbarten Gletscher über, die ebenfalls „Dränagesektoren" des Gesamtgletschers darstellen. Seine Abgrenzung basiert unter anderem auf genauen Messungen des Reliefs des Gletscherbettes, da morphologische Kriterien allein hierzu nicht ausreichen. Die Problematik der Abgrenzung einzelner Sektoren ist generell ein an Plateaugletschern auftretendes Phänomen (◻ 7).

Seit dem Haushaltsjahr 1961/62 werden am Nigardsbreen neben zahlreichen glaziologischen, glazimeteorologischen und glazihydrologischen Untersuchungen auch jährliche Massenhaushaltsstudien durchgeführt. Dazu werden jedes Jahr mittels der direkten glaziologischen Methode sowohl die Höhe der winterlichen Schneeakkumulation am Ende der Akkumulationssaison (Anfang Mai) gemessen als auch die Größenordnung der sommerlichen Abschmelzung am Ende der Ablationssaison (Ende September/Anfang Oktober) festgestellt.

◀ 4.10
Gletscherzunge des Nigardsbre (westliches Südnorwegen, Aufnahme: August 2004).

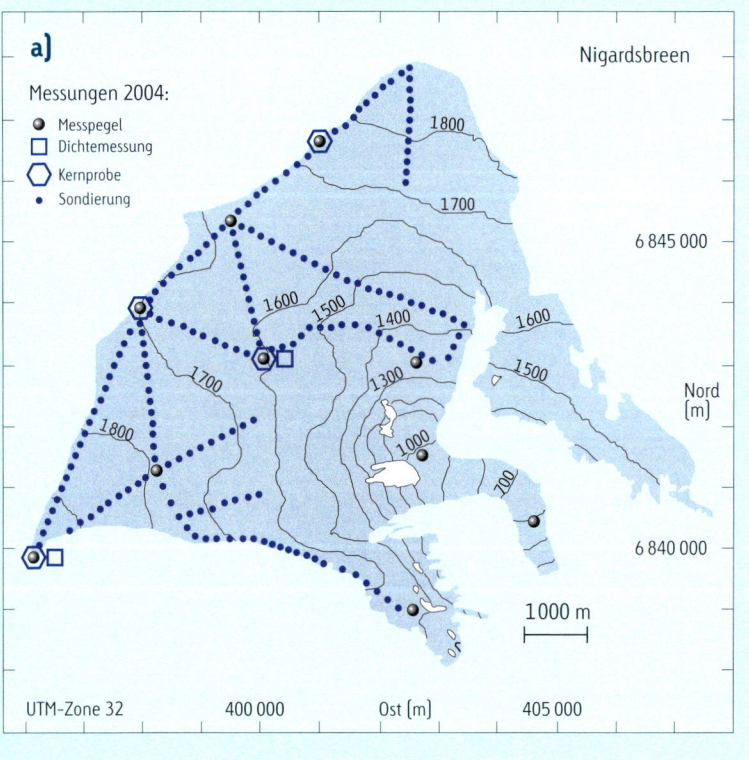

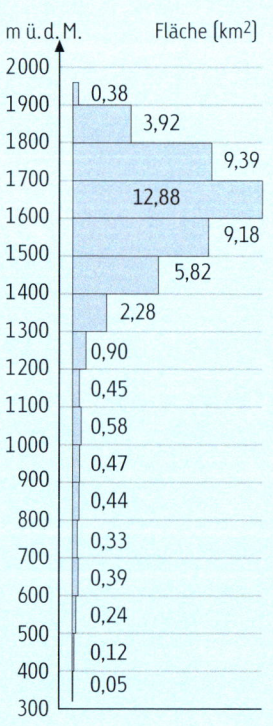

◀ 4.11
Übersichtskarte über den Nigardsbre mit Lage der Messpunkte am Ende der Akkumulationssaison 2004 (a). Neben den Messpegeln wurden verschiedene Profile zur Sondierung der winterlichen Schneehöhe unternommen. Ergänzende Dichtemessungen und Kernproben der Schneedecke ergänzen das Messnetz zur Kalkulation der Werte für den gesamten Gletscher. Die Flächen-Höhen-Verteilung (b) zeigt, dass sich die Gletscherfläche in den hochgelegenen Stockwerken deutlich konzentriert und sehr ungleichmäßig verteilt ist (verändert nach Kjøllmoen 2005).

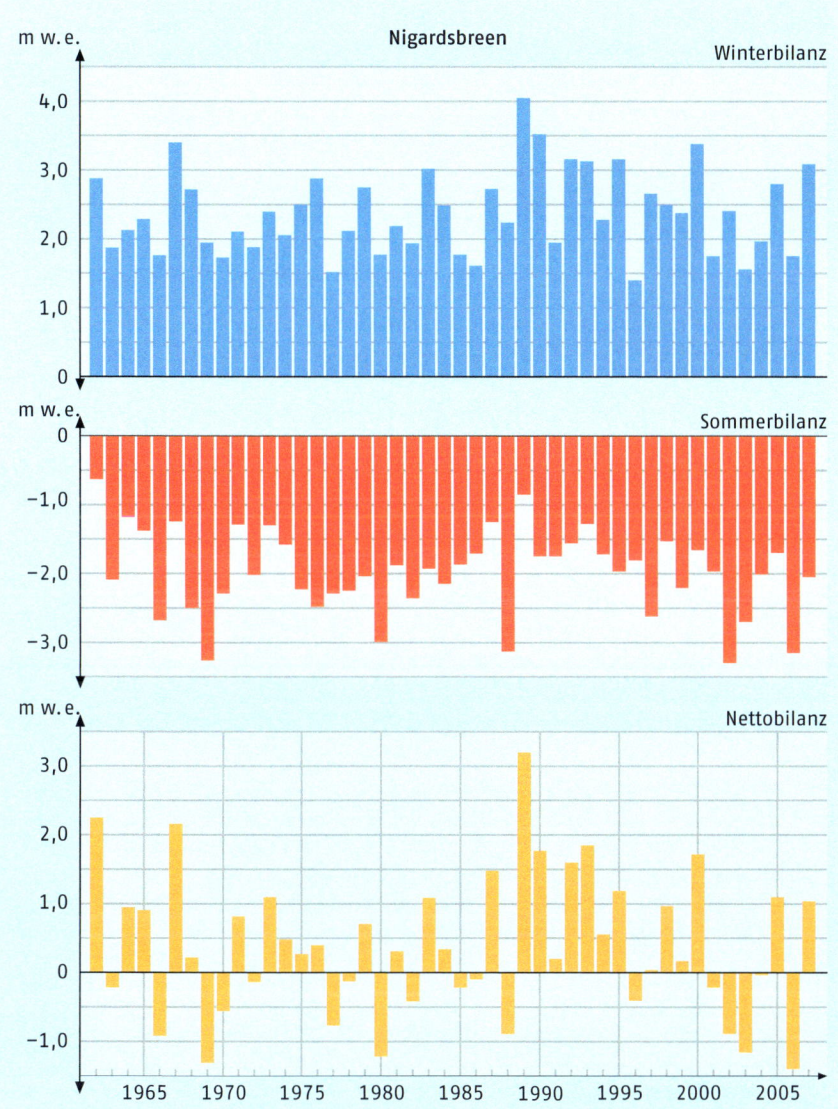

▲ 4.12

Separate Darstellung von Winter-, Sommer- und Nettobilanz des Nigardsbre (Daten: NVE).

Ergänzt werden die Messungen durch repräsentative Dichtemessungen der winterlichen Schneedecke, um mit den erhaltenen Werten das Wasseräquivalent der Massen berechnen zu können (▶ 4.9). Die Erfassung der Mächtigkeit der Schneedecke geschieht neben den Messpegeln durch umfangreiche Sondierungen. Punktuelle Kernproben dienen der Überprüfung jener eingesetzten Methoden. Das Messnetz im Bereich des Eisbruches und der unteren Gletscherzunge des Gletschers ist aus technischen Gründen nicht so dicht wie auf den weitläufigen Arealen im hochgelegenen Akkumulationsgebiet. Letztgenannte sind für den Massenhaushalt jedoch durch ihre Fläche entscheidend und sorgen nicht zuletzt dafür, dass der Nigardsbre auch quantitativ von sommerlichen Schneefällen erheblich profitieren kann. An anderen, tiefer gelegenen Plateaugletschern der Region ist das nicht der Fall.

Die Messwerte der langjährigen Massenhaushaltsstudien am Nigardsbreen zeigen neben einem starken Massenzuwachs von 1989 bis 1995 einen nur begrenzten Massenverlust in den letzten Jahren nach 2000 (▶ 4.12). Durch das zuvor erfolgte moderate Eismassenwachstum vom Beginn der Messreihe bis Ende der 1980er-Jahre zeigt der Gletscher bis 2007 insgesamt eine deutliche Steigerung seiner Eismasse von knapp 18 m w. e. Dies ist nicht nur der größte Massenzuwachs aller in Südnorwegen beobachteten Gletscher (▶ 4.18), sondern auch weltweit betrachtet eine Besonderheit (🗎 13).

um den die Stangen seit der letzten Messung am Ende der Akkumulationsperiode aus der Gletscheroberfläche herausgeschmolzen sind. Die Bewegung der mehrere Jahre hindurch verwendeten Messpegel im Zuge der Eisbewegung wird durch geodätische Einmessung berücksichtigt.

Aus den Messwerten zahlreicher Punkte können Winterakkumulation und Sommerablation für die Gletscheroberfläche bestimmt werden. Da jedoch Schnee, Firn und Eis unterschiedliche Dichten besitzen (▶ 2.2), müssen parallel an ausgewählten Stellen repräsentative Dichtemessung vorgenommen werden. Alle punktuellen Messergebnisse von Akkumulation und Ablation werden in den „Wasserwert" (water equivalent = w. e.) umgerechnet. Alle Massenbilanzparameter liegen ausschließlich in Angaben als w. e. vor, sowohl in absoluten Zahlen als auch in Form der Höhe der Wassersäule pro Flächeneinheit des Gletschers. Neben den unterschiedlichen Dichten von Schnee, Firn und Eis muss dem Umstand Rechnung getragen werden, dass auf dem Gletscher die absoluten Werte von Akkumulation und Ablation räumlich deutlich differieren. Gemessen wird daher jeweils an mehreren, möglichst über die ganze Gletscheroberfläche verteilten Punkten sowohl im Akkumulations- als auch im Ablationsgebiet (▶ 4.11). Die anhand möglichst vieler Messpunkte ermittelten Werte werden abschließend über die gesamte Gletscheroberfläche integriert. Als Endresultat können die erhaltenen Teil- und Nettobilanzen über die gesamte Gletscheroberfläche gemittelt werden. Dann bedeutet eine Winterbilanz von beispielsweise 150 cm w. e., dass auf die gesamte Gletscherfläche umgelegt seine Masse in der Wintersaison um umgerechnet 150 cm Wasserwert zugenommen hat, was in etwa 3 m Firn beziehungsweise 4 – 5 m (altem) Schnee entspricht. Zusätzlich erfolgt meist eine höhendifferenzierte Darstellung des Nettobilanz- beziehungsweise Massenbilanzgradienten (▶ 4.20), der zur Beurteilung der klimatischen Rahmenbedingungen und des generellen Haushaltsregimes des Gletschers wichtige Aussagen liefern kann (Schytt 1967, Kuhn 1984).

Neben dieser Methode existieren andere Messverfahren. Bei der hydrologischen Methode misst man den Schmelzwasserabfluss eines Gletschers und setzt ihn mit den gemessenen Niederschlagswerten in Beziehung. Auch Kondensation und Evaporation finden Berücksichtigung. Neben den mit der Messung des möglichst kompletten Abflusses verbundenen technischen Schwierigkeiten besteht die Problematik der hydrologischen Methode in der exakten Messung des Niederschlags (Paterson 1994, Østrem & Haakensen 1999). In Hochgebirgen mit einem großen Anteil des Niederschlages in fester Form und hohen Windgeschwindigkeiten muss mit aus der Meteorologie bekannten großen Unsicherheiten gerechnet werden. Hinzu kommt, dass die Werte für Kondensation und Evaporation meist nur auf Grundlage von vereinzelten Punktmessungen abgeschätzt werden können.

Für größere Zeitabstände von mehreren Jahren oder Jahrzehnten und in Regionen ohne detaillierte jährliche Messungen findet die geodätische Methode zur Bestimmung der Massenbilanz Anwendung (Andreassen 1999, Braithwaite 2002). Hierbei wird das Gletschervolumen durch Auswertung von topographischen Karten, Satelliten- beziehungsweise Luftbildern oder photogrammetrischen Grundaufnahmen bestimmt. Die Genauigkeit der Messwerte hängt dabei von der Genauigkeit der Quellen und der Qualität der Auswertung ab. Geringfügige Veränderungen in hoher zeitlicher Auflösung lassen sich, im Gegensatz zur glaziologischen Methode, kaum erfassen. Größter Nachteil ist jedoch der Verzicht auf die saisonalen Teilbilanzen, welche speziell für die Interpretation der klimatischen Einflussfaktoren von entscheidender Bedeutung sein können (Dyurgerov & Meier 1999). Gleichwohl kann die Genauigkeit der jährlichen direkten Messergebnisse in größeren Abständen einer Überprüfung unterzogen werden. Die geodätische Methode wird in den kommenden Jahren durch die in der Fernerkundung mit Satelliten erzielten großen methodischen Fortschritte erheblich an Bedeutung gewinnen. Allein aufgrund des Personalaufwandes ist die Anzahl mittels glaziologischer Methode routinemäßig beobachteter individueller Gletscher engen Beschränkungen unterworfen. Die ständig verbesserten Fernerkundungsmethoden können daher eine wertvolle Ergänzung zum Monitoring der Volumenänderungen der Gletscher sein (Haeberli et al. 2007). Speziell an Hochgebirgsgletschern können sie die jährlichen direkten Massenbilanzmessungen in den kommenden Jahren aber noch nicht adäquat ersetzen.

Eine recht exakte Abschätzung des regionalen Trends der Nettobilanz ist durch Beobachtung der Lage der spätsommerlichen Schneegrenze aus der Luft möglich (Chinn 1995, Chinn et al. 2005). Die spätsommerliche Schneegrenze kann im konkreten Fall der Southern Alps auf Neuseeland oder anderer Hochgebirge der mittleren Breiten mit der jährlichen Gleich-

gewichtslinie gleichgesetzt werden, da bedeutende Aufeisbildung fehlt. Die erzielten Daten der Höhenlage der Gleichgewichtslinie werden mit der für einen ausgeglichenen Nettohaushalt berechneten ELA verglichen. Durch Beobachtung einer größeren Anzahl repräsentativ ausgewählter Gletscher ergibt sich ein gutes Bild des Massenhaushaltes, was Vergleiche mit den Ergebnissen punktueller direkter glaziologischer Messungen bestätigen.

Energiebilanz der Gletscheroberfläche

Die Ausweisung unterschiedlicher klimatischer und nichtklimatischer Einflussfaktoren auf die Massenänderungen von Gletschern ist ein wichtiger Aspekt beim Studium der Massenbilanz. Dies geschieht bevorzugt durch die Analyse der einzelnen Massenbilanzparameter (Akkumulation und Ablation) oder durch Teilbilanzen (Winter- und Sommerbilanz). Betrachtet man schwerpunktmäßig die Hochgebirgsgletscher der Mittelbreiten, wird die Akkumulation ganz überwiegend von der winterlichen Schneeakkumulation bestritten. Verglichen damit stellt sich die Ablation sowohl hinsichtlich wirksamer Faktoren als auch bezüglich deren kausalen Zusammenhänge und auftretender Rückkopplungseffekte wesentlich komplexer dar. In der generellen Betrachtung dürfen spezielle lokale Verhältnisse, wie zum Beispiel Massenverlust durch Winddrift, Lawinen und Abkalbung, zugunsten der Ablation im engeren Sinne (Abschmelzung von Schnee, Firn und Eis) vernachlässigt werden. Zunächst muss hierzu jedoch die Energiebilanz der Gletscheroberfläche als Subsystem des Massenhaushaltes betrachtet und analysiert werden.

Die Energiebilanz einer Gletscheroberfläche beschreibt die Energieflüsse, welche zur Abschmelzung von Schnee, Firn und Eis führen (▸ 4.13). Sie liefert Informationen darüber, welche Ablationsfaktoren in saisonaler und regionaler Differenzierung zur oberflächlichen Abschmelzung beitragen. Hauptablationsfaktor an Gletschern in kontinental geprägten Regionen ist die solare Strahlungsbilanz, die auch in maritimen Gebirgsregionen eine große Wirkung entfaltet (▸ 4.14). Sie wird oft vereinfacht als „solare Einstrahlung" bezeichnet. Im Detail umfasst sie die Summe aus kurz- und langwelliger Ein- beziehungsweise Ausstrahlung, also den für den Gletscher relevanten Teil des atmosphärischen Strahlungshaushaltes. Ein Teil der auf der Gletscheroberfläche auftreffenden kurzwelligen Einstrahlung wird direkt als kurzwellige Ausstrahlung zurück in die Atmosphäre reflektiert. Die Effektivität dieser Reflexion bestimmt die Menge der in langwellige Wärmestrahlung umgewandelten beziehungsweise für die Ablation verfügbaren Energie. Je höher das als Albedo bezeichnete Reflexionsvermögen ist, desto weniger Strahlungsenergie steht für Schmelzprozesse an der Gletscheroberfläche zur Verfügung.

▼ 4.13
Schematische Darstellung der Energiebilanz der Gletscheroberfläche (verändert nach Liestøl 2000).

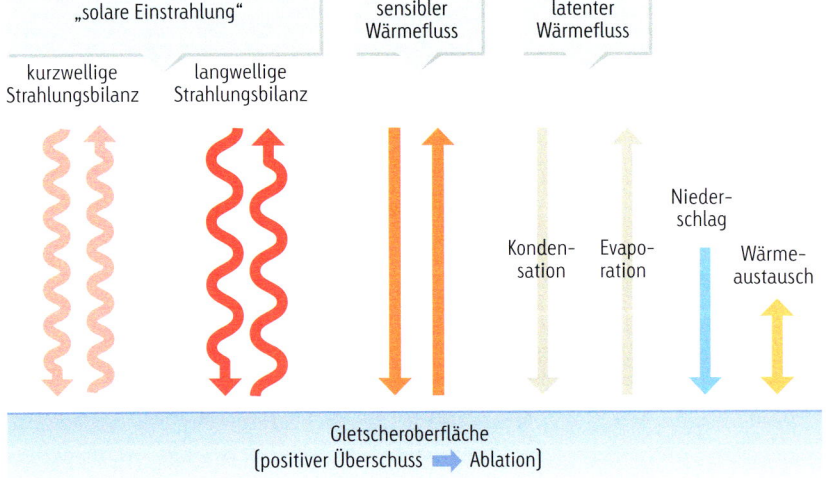

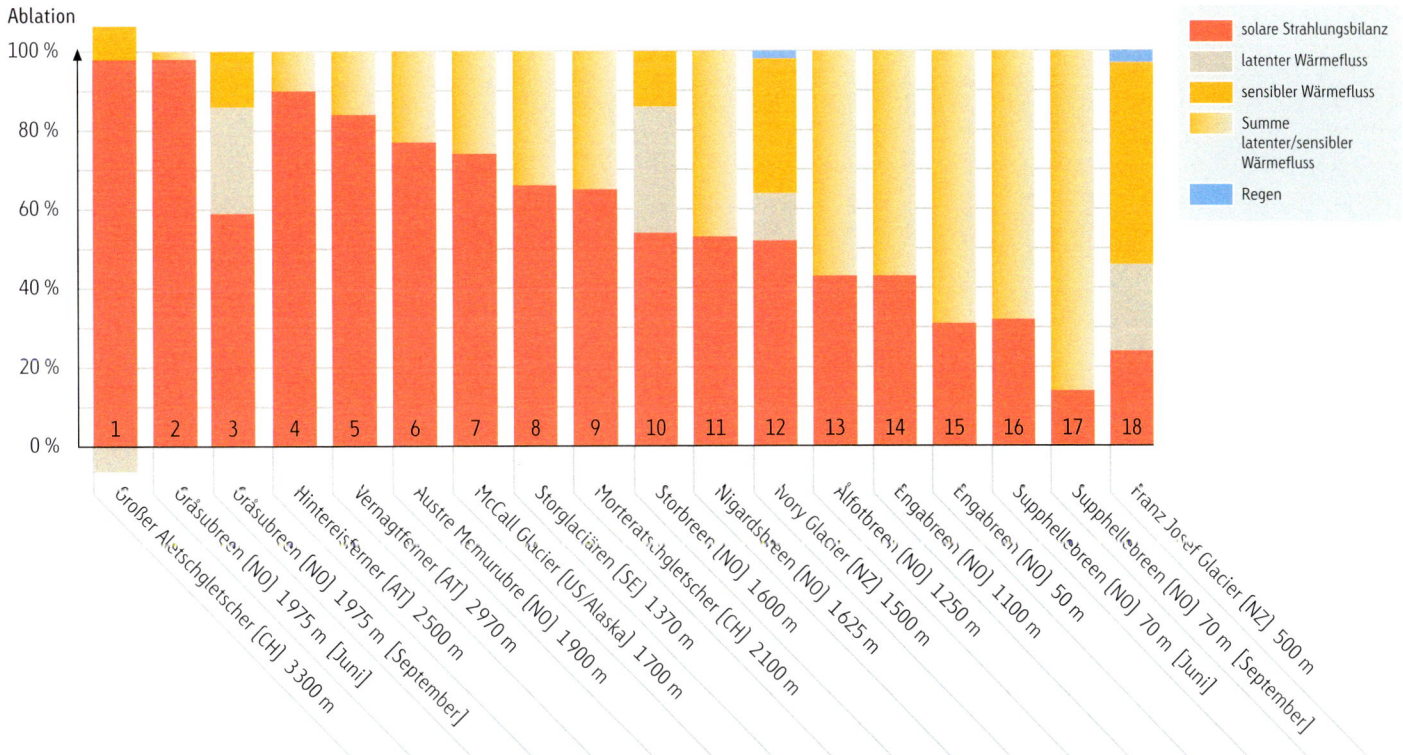

Anteil der unterschiedlichen Ablationsfaktoren an der Gesamtablation an ausgewählten Gletschern. Die Anordnung der Gletscher von links nach rechts orientiert sich an der Höhe des Anteiles der solaren Strahlungsbilanz. Jene repräsentiert gleichzeitig gut die quasi parallel von links nach rechts zunehmende Maritimität der dargestellten Gletscher. Für zwei Gletscher sind die saisonalen Unterschiede aufgeführt. Sensibler und latenter Wärmefluss werden oft nicht gesondert angegeben. Regen ist hier nur bei einem Anteil von mehr als 1 % verzeichnet. Am Großen Aletschgletscher (1) ist die Summe des latenten Wärmeflusses durch ein Übergewicht der Evaporation gegenüber der Kondensation negativ (zusammengestellt aus verschiedenen Quellen).

Die Höhe der Albedo, welche meist als prozentualer Anteil an der gesamten kurzwelligen Einstrahlung angegeben wird, hängt von der Beschaffenheit der Gletscheroberfläche ab. Frischer, trockener, weißer Neuschnee besitzt eine Albedo von annähernd 90 %, während aperes (schneefreies) Gletschereis dunkler ist und eine weitaus geringere Albedo von nur 30 – 40 % aufweist (▶ 4.15). Ist das Eis „schmutzig", das heißt besitzt es einen hohen Gehalt an Debris (Gesteinsfragmenten), liegt die Albedo noch niedriger. Gletschereis kann somit einen höheren Anteil an kurzwelliger Strahlungsenergie als Schnee aufnehmen. Auf Oberflächen aus aperem Eis ist die Abschmelzung daher stärker. Die Dominanz der solaren Strahlungsbilanz unter den Ablationsfaktoren an kontinentalen Gletschern hat zur Folge, dass dort Veränderungen der Albedo eine entscheidende Bedeutung für die Massenbilanz zukommt. Bei Dominanz der solaren Strahlungsbilanz innerhalb der Energiebilanz ist neben der saisonal variablen theoretisch verfügbaren kurzwelligen Einstrahlung (Einfluss von Tageslänge und Sonnenstand) unter anderem der Grad der Bewölkung zu beachten und ebenso als nichtklimatischer Einflussfaktor das lokale Relief. Es bestimmt eine mögliche Beschattung der Gletscheroberfläche und dessen Exposition in eine bestimmte Himmelsrichtung. Der letztgenannte Faktor führt zu Unterschieden im Glaziationsniveau zwischen nord- und südexponierten Bergflanken in Hochgebirgen der Mittelbreiten und Subtropen.

Neben der solaren Strahlungsbilanz zählen sensibler und latenter Wärmefluss zu den wichtigen

Oberfläche	Albedo (Wertebereich)	Albedo (Mittelwert)
trockener Schnee	80 – 97 %	84 %
feuchter Schnee	66 – 88 %	74 %
Firn	43 – 69 %	53 %
aperes, klares Eis	34 – 51 %	40 %
leicht verschmutztes Eis	26 – 33 %	29 %
verschmutztes Eis	15 – 25 %	21 %
debrisbedecktes Eis	10 – 15 %	12 %

Ablationsfaktoren. Die Größe des sensiblen (fühlbaren) Wärmeflusses ist von der Lufttemperatur abhängig. Die zur Ablation notwendige Energie wird als Wärmeenergie der Luft entzogen. Diese kühlt als Folge ab und strömt aufgrund ihres höheren spezifischen Gewichtes der Gravitation folgend von der Gletscheroberfläche hinab. Es entsteht der typische kalte Gletscherfallwind oder katabatische Fallwind. Je effektiver frische, warme Luft herangeführt werden kann und je höher deren Ausgangstemperatur ist,

▲ 4.15
Albedowerte für unterschiedliche Oberflächen von Gletschern (nach Paterson 1994).

desto effektiver ist die Ablation. Im Kontrast zur solaren Strahlungsbilanz zeigen Bewölkung und Beschattung durch das lokale Relief keinen direkten Einfluss. Anders die Windgeschwindigkeit, denn höhere Windgeschwindigkeiten beschleunigen den Zufluss frischer Luftmassen sowie deren Austausch mit der bereits abgekühlten Luftschicht unmittelbar über der Eisoberfläche. Dieser Effekt ist an den Schmelzraten messbar. Infolge der allgemein niedrigeren Höhenlage von Gletschern in maritim geprägten Gebirgsregionen ist der sensible Wärmefluss dort besonders wirksam. An kontinentalen Gletschern tritt er infolge größerer Höhenlage und resultierender niedrigerer Lufttemperaturen deutlich zurück.

Latenter Wärmefluss taucht oft als „Kondensation" in Darstellungen der Energiebilanz auf. Die zur Ablation aufgewendete Energie wird tatsächlich aus der Kondensation gewonnen (Kondensationswärme). Aufgrund seiner Abhängigkeit von der Luftfeuchtigkeit entfaltet der latente Wärmefluss in Zusammenspiel mit dem sensiblen Wärmefluss primär in maritimen Gebirgsregionen seine Wirkung, denn mögliche absolute Luftfeuchte und Lufttemperatur sind kausal aneinandergekoppelt. In kontinentalen Gebirgen ist latenter Wärmefluss selten eine messbare Größe. Er tritt sogar phasenweise mit negativem Vorzeichen auf, nämlich dann, wenn mehr Energie zur Evaporation von Schmelzwasser (oder Sublimation von Eis) verbraucht wird, als durch Kondensation gewonnen wurde (▶ 4.14). Diese „Winterkonditionen" können wochenweise auch innerhalb der Ablationssaison auftreten, zum Beispiel nach Kälteeinbrüchen mit Neuschneefällen.

Alle aufgeführten drei Ablationsfaktoren unterliegen saisonalen Schwankungen. Die in Energiebilanzen angegebenen Werte stellen üblicherweise auf die gesamte Ablationssaison bezogene Mittelwerte dar. Die Effektivität der solaren Strahlungsbilanz steigt

EXKURS Bedeutung der Albedo

Die starke Abhängigkeit der Ablationsrate von der Albedo, wie sie beispielsweise am Gletscherabfluss messbar wird (▶ 6.11), ist besonders an kontinentalen Gletschern ein bekanntes Phänomen (Hoinkes 1955). Durch die sich saisonal, täglich oder sogar tageszeitlich ändernden Flächenanteile von Schnee, Firn und Eis an der Gletscheroberfläche und deren unterschiedliche Albedo werden tageszeitliche, saisonale und witterungsbedingte Veränderungen der Ablationsraten und des Wasserstands an Schmelzwasserbächen verursacht (Moser et al. 1986, Escher-Vetter & Siebers 2007). Diese können mit dem Flächenanteil des sich auf der Gletscheroberfläche befindenden alten Winterschnees oder der sommerlichen Neuschneefälle in Beziehung gesetzt werden. Der generelle saisonale Gang der Ablationsraten wird von witterungsbedingten Schwankungen überlagert, insbesondere infolge sommerlicher Neuschneefälle. Überzieht eine selbst nur geringmächtige Neuschneedecke weite Teile eines bereits ausgeaperten Gletschers, kommt es durch die sprunghaft erhöhte Albedo kurzfristig zu einem drastischen Absinken der Ablationsrate. Sie steigt danach erst sukzessive in dem Maße wieder an, in dem jener Neuschnee wieder abtaut. Treten im Verlauf einer Ablationssaison regelmäßig Neuschneefälle auf, wirkt sich dies positiv auf die Massenbilanz aus. Entscheidend ist dabei die Frequenz und nicht die absolute Höhe der Schneedecke. Durch Rückkopplung mit der Albedo kann beispielsweise ein sommerlicher Schneefall von 5 cm neben der quantitativen Steigerung der Gesamtakkumulation zusätzlich die Abschmelzung von mindestens 8 cm Schnee oder Eis verhindern.

Vor dem Hintergrund der Auswirkung der Albedo auf die Ablation muss die Bedeutung des klimatischen Einflussfaktors Lufttemperatur an kontinentalen Gletschern differenziert bewertet werden. Sommerliche Lufttemperaturen wirken vielschichtig auf die Massenbilanz, und ihre ausschließliche Verknüpfung per se mit der Nettobilanz ist zu relativieren (▶ 4.16). Da sensibler Wärmefluss infolge großer Höhenlage

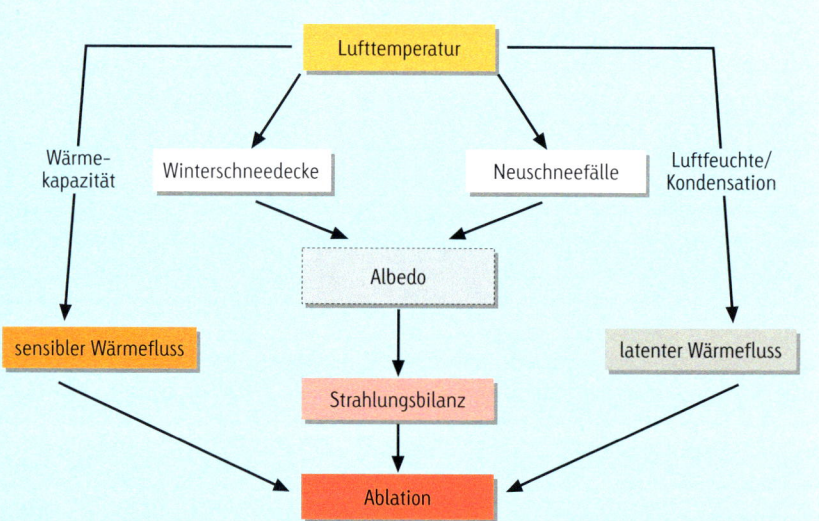

▲ 4.16
Darstellung des komplexen Einflusses der Lufttemperatur auf die Ablation an einem Gletscher im Alpenraum.

und niedriger Lufttemperaturen als Ablationsfaktor weitaus weniger effektiv ist als die solare Strahlungsbilanz, kommt der Albedo der Gletscheroberfläche und damit der Häufigkeit sommerlicher Neuschneefälle ein entscheidender Einfluss zu. Allerdings existiert eine komplexe Rückkopplung, denn Ursache für Ab- oder Zunahme sommerlicher Neuschneefälle sind letztlich Veränderungen jener sommerlichen Lufttemperatur. Von ihr hängt ab, ob Niederschlag im Höhenstockwerk der Gletscher als Regen oder Schnee fällt. Auch der Zeitpunkt des Abschmelzens der Winterschneedecke und die Ausaperung des Gletschers wird von ihr maßgeblich beeinflusst. Die Komplexität der Energiebilanz zeigt sich darin, dass eine durch erhöhte Lufttemperaturen verursachte Zunahme der absoluten Luftfeuchte zu einer Zunahme konvektiver Bewölkung führt. So ergibt sich eine negative Rückkopplung der auftreffenden kurzwelligen Einstrahlung mit dem Rückgang der Abschmelzung, wobei gleichzeitig diese durch den Anstieg des latenten (und sensiblen) Wärmeflusses wieder kompensiert werden kann.

trotz der nach der Sommersonnenwende sinkenden kurzwelligen Strahlungsmenge (kürzere Tageslänge, niedriger Sonnenstand) im Verlauf des Sommers zunächst noch deutlich an. Das ist Folge der sukzessive abschmelzenden winterlichen Schneedecke und der damit einhergehenden Absenkung der Albedo der Gletscheroberfläche durch großflächige Ausaperung. Sensibler und latenter Wärmefluss sind dagegen primär witterungsbedingten, kurzfristigen Schwankungen ausgesetzt. Regen spielt selbst bei höherer Temperatur als Ablationsfaktor keine Rolle, da das Wasser größtenteils sofort oberflächlich abfließt und so kaum Energie aus dessen Wärmekapazität gezogen wird. Auch der Wärmeaustausch an der Gletscheroberfläche kann vernachlässigt werden.

Das glaziologische Regime

Vor einer Analyse und Interpretation der Massenbilanz eines Gletschers im Hinblick auf die Wirksamkeit unterschiedlicher klimatischer Einflussfaktoren sollte eine räumliche Differenzierung erfolgen – beispielsweise zwischen klimatisch maritim und kontinental geprägten Regionen. Einige Einflussfaktoren sind zudem in ihrer Wirkungskraft und -weise lokal sehr variabel. Als Resultat müsste idealerweise für jeden Gletscher ein individuelles, detailliertes Muster der kausalen Verkettung von massenbilanzrelevanten Faktoren entwickelt werden. Aufgrund der hierzu notwendigen Messdaten ist dies jedoch nicht praktikabel. Die Ausweisung eines „globalen" oder überregionalen Gletscherverhaltens stellt andererseits eine zu starke Generalisierung und Vereinfachung dar, welche existierende regionale und lokale Unterschiede unbeachtet lässt und Fehlinterpretationen provoziert. Eine Kompromisslösung für diese Problematik besteht in der Formulierung eines regionalspezifischen „glaziologischen Regimes".

Das glaziologische Regime ist Ausdruck einer regionalen Differenzierung, welche auf den Unterschieden in den klimatischen Rahmenbedingungen basiert, beispielsweise zwischen maritimen und kontinentalen Gletscherregionen oder zwischen Gletschern der Mittelbreiten und der Polarregionen. Das deskriptiv auf empirischen Grundlagen formulierte glaziologische Regime kann als regionalspezifische Gewichtung der unterschiedlichen klimatischen Einflussfaktoren auf die Massenbilanz eines Gletschers definiert werden, jeweils in Abhängigkeit von den dominierenden klimatischen Rahmenfaktoren. Regionstypische Gradienten bestimmter meteorologischer Parameter als Unterschiede in den klimatischen Rahmenbedingungen lassen sich so in ihrer Auswirkung auf den Massenhaushalt und dessen Faktorengeflecht hinreichend genau charakterisieren, ohne zwangsläufig auf die wenig praktikable lokale Ebene ausweichen zu müssen.

Ein anschauliches Beispiel für die Auswirkungen unterschiedlicher klimatischer Rahmenbedingungen an maritim beziehungsweise kontinental geprägten Gletschern und die Notwendigkeit der Beachtung des glaziologischen Regimes liefern die Gletscherregionen in Südnorwegen (▸ 4.17 und 4.18). Das Glaziationsniveau liegt in maritimen Regionen deutlich niedriger als in kontinental geprägten Gebirgen. Je niedriger die Höhenlage, desto höher sind konsequenterweise die sommerlichen Lufttemperaturen und die Ablation durch sensiblen Wärmefluss. Infolge höherer Luftfeuchte steigt parallel die Ablation durch latenten Wärmefluss. Der Prozentanteil der Ablation durch die solare Strahlungsbilanz ist niedriger als im kontinentalen glaziologischen Regime (▸ 4.14), mithin auch die Gewichtung der Albedo. Die absoluten Ablationswerte liegen weit über denen kontinentaler Gletscher. Um zu existieren, muss als logische Folge auch die Akkumulation an maritimen Gletschern hohe Werte erreichen. Somit ist an maritimen Gletschern der Massenumsatz (*mass exchange*) – also die Summe der einzelnen Beträge von Gesamtakkumulation und -ablation – stets höher als an kontinentalen Gletschern. Zur Charakterisierung der klimatischen Maritimität beziehungsweise Kontinentalität von Gletschern ist der Massenumsatz eine aussagekräftige Größe. Aufgrund des höheren Massenumsatzes ist die Sensibilität maritimer Gletscher gegenüber Veränderungen der klimatischen Rahmenbedingungen höher als die Sensibilität kontinentaler Gletscher. Schon geringe Abweichungen einzelner meteorologischer Parameter können große Veränderungen innerhalb der Massenbilanz zur Folge haben.

Durch die Lage in größerer Höhe werden im kontinentalen glaziologischen Regime die generell höheren sommerlichen Lufttemperaturen (höhere Jahresamplitude!) überkompensiert (▸ 4.19). Die reale Lufttemperatur ist daher niedriger als an maritimen Gletschern und die solare Strahlungsbilanz dominiert unter den Ablationsfaktoren. Die niedrigeren durchschnittlichen Ablationsraten ermöglichen die Existenz von Gletschern trotz geringerer Akkumulation. Unterschiede zwischen maritimen und kontinentalen Gletschern werden auch bei den Massenbilanzgradienten sichtbar, und zwar beim vertikalen Gradienten der Netto- und Teilbilanzwerte in Abhängigkeit vom Höhenstockwerk. Da Ablation und Akkumulation an maritimen Gletschern deutlichen Unterschieden unterliegen, ist auch der daraus resultierende räumliche Gegensatz zwischen dem Massenüberschuss des Akkumulationsgebietes und dem Defizit des Ablationsgebietes sehr hoch. Deshalb sind die Massenbilanzgradienten an maritimen Gletschern grundsätzlich steiler als an kontinentalen Gletschern oder in Polargebieten (▸ 4.20). Die Massenbilanzgradienten liefern auch wertvolle Aussagen über die Reaktion von Gletschern unterschiedlicher glaziologischer Regime gegenüber Klimaänderungen. An Gletschern im Alpenraum treten entsprechende Abweichungen des Massenbilanzgradienten unabhängig von der Höhe auf, an noch kontinentaleren Gletschern gibt es die stärksten Ab-

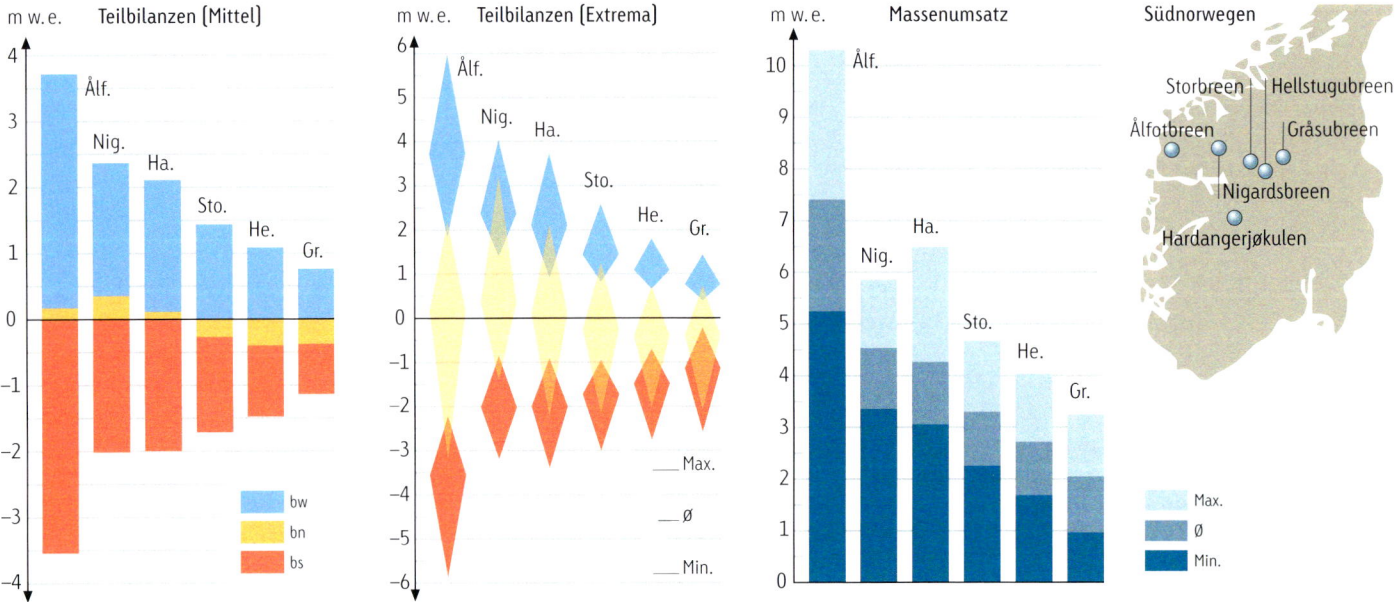

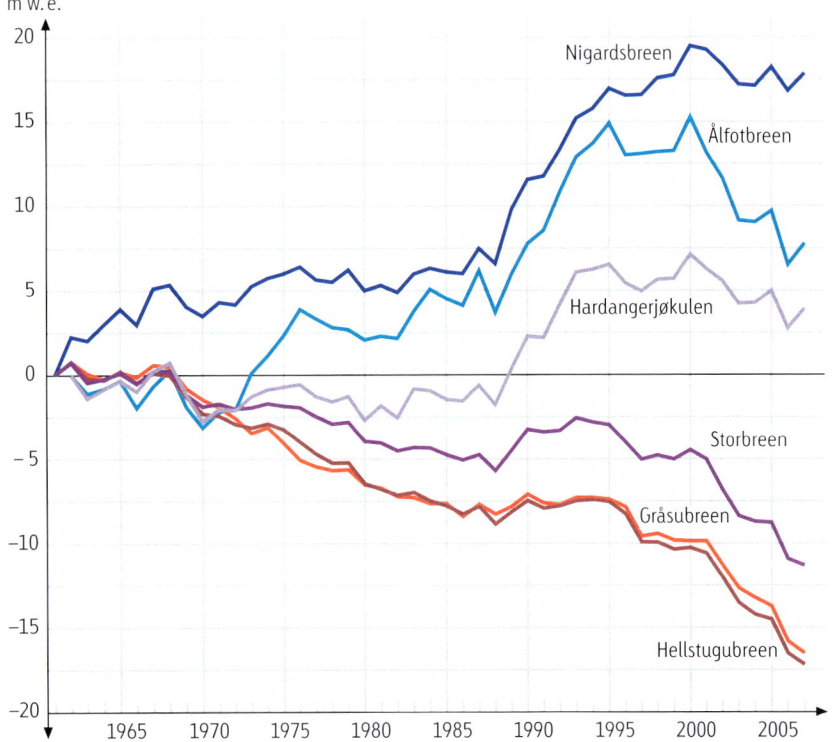

▲ 4.18

Kumulative Nettobilanzen für
sechs Gletscher entlang eines
West-Ost-Profils durch Südnorwegen (Lage siehe ▶ 4.17,
Daten: NVE).

▲ 4.17

Vergleich der Mittelwerte von Winter- (bw), Sommer- (bs) und
Nettobilanz (bn) sowie deren Extrema (jeweils Messzeitraum 1963
bis 2007) für sechs Gletscher entlang eines West-Ost-Profils durch
Südnorwegen. Ebenso wie der Massenumsatz (Betrag der beiden
Teilbilanzen) reflektieren die Unterschiede deutlich die Maritimi-
tät beziehungsweise Kontinentalität der Gletscher (Daten: NVE).

weichungen im Bereich der Gleichgewichtslinie. Veränderungen werden an maritimen Gletschern vor allem im Akkumulationsgebiet sichtbar (▶ 4.20), an
polaren Gletschern im Ablationsgebiet (Kuhn 1984).

Aufgrund der Unterschiede im glaziologischen Regime kann es vorkommen, dass Gletscher verschiedene Reaktionen zeigen, auch wenn sich dieselben
Klimaparameter identisch ändern. Sichtbar wird dies
unter anderem an unterschiedlich hohen Korrelati-
onen beider Teilbilanzen mit der Nettobilanz (Nesje & Dahl 2000). Die Korrelation liefert ein Indiz dafür,

ob die Witterungsverhältnisse in der Akkumulations-
oder diejenigen in der Ablationssaison letztlich aus-
schlaggebend sind. Eine höhere Korrelation der Winterbilanz mit der Nettobilanz an maritimen Gletschern
deutet darauf hin, dass primär Abweichungen der
Winterbilanz die jährliche Nettobilanz beeinflussen.
Bestätigt wird dies durch die Entwicklung der Gletscher im westlichen Südnorwegen im ausgehenden
20. Jahrhundert, als ein Anstieg der Winterniederschläge und der Winterschneeakkumulation zu einem
Eismassenwachstum führte (Andreassen et al. 2005,
🗋 13). Gleichzeitig herrschte im kontinentaleren, zentralen Südnorwegen eine entgegengesetzte Situation.
Dort korrelierte die Sommerbilanz besser mit der Nettobilanz und die Gletscher konnten von höheren Winterniederschlägen nicht im gleichen Maße profitieren,
da die entscheidenden Sommertemperaturen leicht
überdurchschnittlich waren. Dieses Beispiel zeigt,
dass Hochgebirgsgletscher nicht nur komplexe, sondern auch regional differenzierte klimagesteuerte Systeme darstellen. Leider fehlt die notwendige regionale
Differenzierung noch häufig auf unterschiedlichsten
Betrachtungsebenen und bei Modellierungen.

Die Sensitivität der spezifischen Massenbilanz eines Gletschers ist proportional zu dessen Massenumsatz (Ohmura et al. 1992), was eine stärkere Reaktion
maritimer Gletscher gegenüber kontinentalen Gletschern erklären kann. Gleichzeitig scheinen an maritimen Gletschern kurz- und mittelfristige Verän-

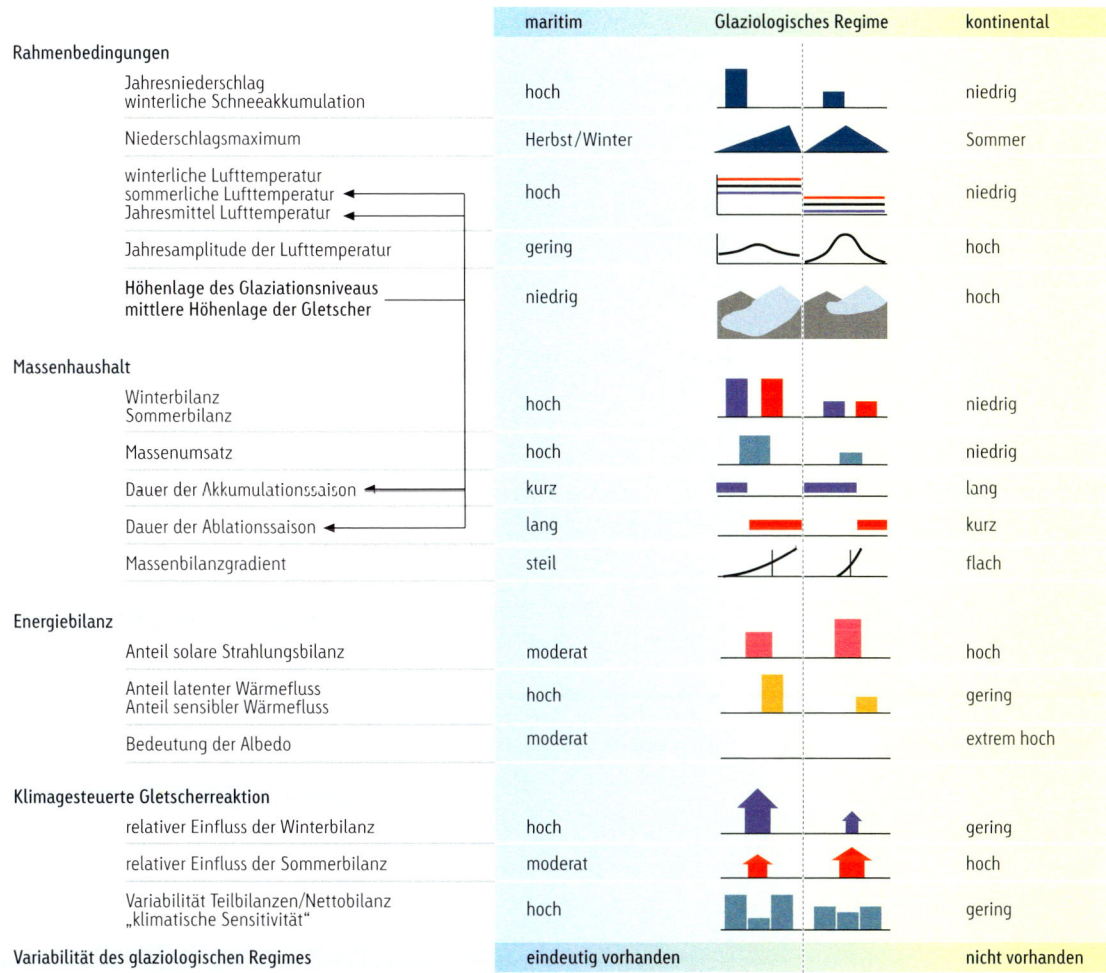

	maritim	Glaziologisches Regime	kontinental
Rahmenbedingungen			
Jahresniederschlag / winterliche Schneeakkumulation	hoch		niedrig
Niederschlagsmaximum	Herbst/Winter		Sommer
winterliche Lufttemperatur / sommerliche Lufttemperatur / Jahresmittel Lufttemperatur	hoch		niedrig
Jahresamplitude der Lufttemperatur	gering		hoch
Höhenlage des Glaziationsniveaus / mittlere Höhenlage der Gletscher	niedrig		hoch
Massenhaushalt			
Winterbilanz / Sommerbilanz	hoch		niedrig
Massenumsatz	hoch		niedrig
Dauer der Akkumulationssaison	kurz		lang
Dauer der Ablationssaison	lang		kurz
Massenbilanzgradient	steil		flach
Energiebilanz			
Anteil solare Strahlungsbilanz	moderat		hoch
Anteil latenter Wärmefluss / Anteil sensibler Wärmefluss	hoch		gering
Bedeutung der Albedo	moderat		extrem hoch
Klimagesteuerte Gletscherreaktion			
relativer Einfluss der Winterbilanz	hoch		gering
relativer Einfluss der Sommerbilanz	moderat		hoch
Variabilität Teilbilanzen/Nettobilanz „klimatische Sensitivität"	hoch		gering
Variabilität des glaziologischen Regimes	eindeutig vorhanden		nicht vorhanden

◄ 4.19
Zusammenstellung der wichtigsten Charakteristika des maritimen und des kontinentalen glaziologischen Regimes bezogen auf Hochgebirgsgletscher der Mittelbreiten. Die durchschnittlich höhere Lage der kontinentalen Gletscher beeinflusst maßgeblich wiederum einige klimatische beziehungsweise glaziologische Parameter, was durch Pfeile angezeigt ist. So liegen beispielsweise auf gleicher Meereshöhe die Lufttemperaturen im Sommer in kontinentalen Gebieten höher als in Küstennähe, die größere Höhenlage der kontinentalen Gletscher überkompensiert dies jedoch. Dieses Faktum hat auch einen gewissen, hier nicht dargestellten Einfluss auf die Ablationsfaktoren innerhalb der Energiebilanz.

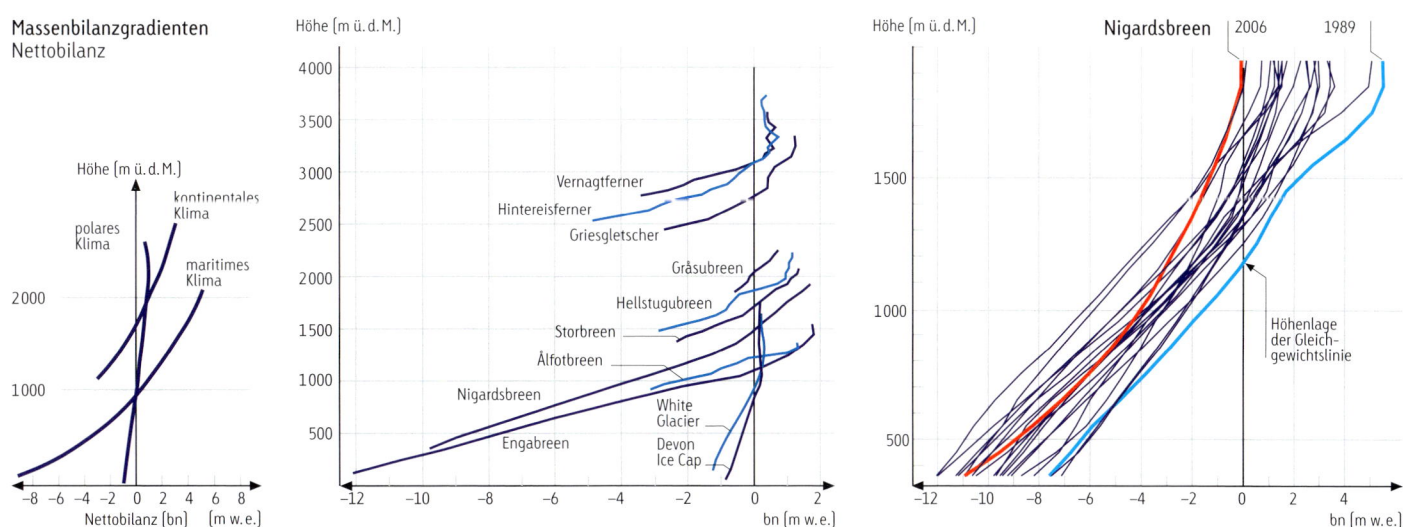

▲ 4.20
Massenbilanzgradienten unterschiedlicher Klimaregionen (links, verändert nach Benn & Evans 1998) und an ausgewählten Gletschern (Mitte). Vernagtferner, Hintereisferner und Griesgletscher repräsentieren typische Alpengletscher, White Glacier und Devon Ice Cap die subpolare beziehungsweise polare Gletscherregion. Engabreen und Nigardsbreen sind typische Vertreter maritimer Hochgebirgsgletscher, Storbreen, Hellstugubreen und Gråsubreen liegen im kontinentaleren Jotunheimen. Die Gradienten stammen aus unterschiedlichen Jahren, die allerdings jeweils alle eine annähernd ausgeglichene Nettobilanz aufzuweisen hatten (Daten: NVE, World Glacier Monitoring Service/WGMS). Die erheblichen jährlichen Variationen der Massenbilanzgradienten zeigt die Darstellung der Gradienten für die Bilanzjahre 1987 bis 2006 am Nigardsbreen (rechts). Besonders markiert sind das im Zeitraum positive Haushaltsjahr (1989) und das Jahr mit der negativsten Nettobilanz 2006 (Daten: NVE).

Möglichkeiten der Modellierung der Massenbilanz

Die Bedeutung der Massenbilanz bei der Beurteilung der Reaktion der Gletscher auf Veränderungen des Klimas einerseits und die begrenzte Verfügbarkeit von direkten Massenbilanzstudien und deren Aufwendigkeit andererseits haben in den letzten Jahrzehnten verstärkt Bemühungen zur Modellierung der Massenbilanz von Gletschern zur Folge gehabt. Eine vorrangige Fragestellung ist beispielsweise die Abschätzung der zukünftigen Entwicklung der Gletschermasse auf Grundlage vorgegebener Szenarien veränderter klimatischer Rahmenbedingungen. Daneben wird rückblickend versucht, die Massenentwicklung der Gletscher in der jüngeren Vergangenheit über die vergleichsweise kurzen vorhandenen Massenbilanzreihen hinaus zu rekonstruieren, da die zur Rekonstruktion erforderlichen meteorologischen Datenreihen oftmals weiter zurückreichen. Als zusätzlicher Schritt oder auch unabhängig davon wird mit der Modellierung der Massenbilanz die Simulation der Veränderung der Gletscherfrontposition verknüpft (◻ 5). Dies stellt methodisch zusätzliche, hohe Ansprüche, will man realistische Ergebnisse erzielen.

Es existieren zahlreiche unterschiedliche Ansätze zur Modellierung der Massenbilanz (Kuhn et al. 1999, Bamber & Payne 2004, Marshall 2006, Haeberli et al. 2007). Das Spektrum umfasst sowohl einfache, robuste Parametrisierungen, mit denen für längere Zeitabschnitte die durchschnittliche Entwicklung der Nettobilanz einer Region aus wenigen glaziologischen Kenndaten (Länge, Fläche, maximale beziehungsweise minimale Höhe) berechnet werden kann (Hoelzle et al. 2007) als auch physikalisch basierte, komplexe Modelltypen. Hierzu zählen beispielsweise die sogenannten Gradtagsmodelle. Man setzt dabei die Ablationsraten direkt mit der Lufttemperatur in Bezug, ohne die Abschmelzung selbst physikalisch zu beschreiben. Durch direkte Korrelation der Abschmelzung von Schnee beziehungsweise Eis mit der Lufttemperatur für die unterschiedlichen Höhenintervalle (über den Umweg der Berechnung positiver „Gradtagssummen") können zwar keine täglichen Veränderungen der Ablationsraten ausgewiesen werden, für längere Perioden geben die Modelle jedoch recht gute Resultate. Entscheidend für die Güte des Modells ist die Verfügbarkeit und Repräsentativität der notwendigen Klimadaten. Ein einfacher Aufbau, eine relativ gute Verfügbarkeit der notwendigen Klimadaten und die Berücksichtigung der Schneeakkumulation zählen zu den Vorteilen dieses Modelltyps (Laumann & Reeh 1993, Braithwaite & Zhang 1999, Engeset et al. 2000).

Auf den bekannten Energieflüssen an der Gletscheroberfläche basieren die primär im Alpenraum entwickelten Energiebilanzmodelle (Oerlemans 2001). Hier können die konkreten Faktoren für die Abschmelzung (zum Beispiel die solare Strahlungsbilanz) separat berücksichtigt werden, da die komplexeren Modelle die tatsächlichen physikalischen Prozesse an der Gletscheroberfläche beschreiben. Dazu sind exakte, zeitlich hochauflösende meteorologische Messdaten notwendig. Hierin liegt ein großer Nachteil, denn für einige dieser Daten gibt es meist nur kurzfristige Messreihen oder Abschätzungen, wodurch eine per se größere Exaktheit dieser Modelle wieder verloren gehen kann. Ein anderer Nachteil der Energiebilanzmodelle ist die Nichtberücksichtigung der winterlichen Schneeakkumulation. An kontinentalen Gletschern beeinflusst dies die Ergebnisse der Modellierung nicht entscheidend, bei einem Einsatz an maritimen Gletschern stellt sich aber dadurch ein erheblicher Unsicherheitsfaktor ein. Diese Probleme bei der Simulation der Komplexität des natürlichen Systems „Gletscher" mögen erklären, warum die Glaziologie noch weit von einer befriedigenden Modellierung der Gletscher entfernt ist (Glen 2007).

derungen innerhalb des glaziologischen Regimes aufzutreten, was eine Beurteilung der klimatischen Ursachen der Gletscherreaktion und deren Modellierung erschwert (◻ 13). Auch an polaren Gletschern könnte die bis dato in Massenbilanzuntersuchungen aufgezeigte geringe Sensitivität gegenüber Schwankungen der Lufttemperatur und das gesamte glaziologische Regime nachhaltig verändert werden, falls im Zuge einer Klimaerwärmung weniger Meereis vorhanden ist und die Gletscher maritimer geprägt werden (Braithwaite 2005). Das glaziologische Regime einer Region darf daher nicht ohne Weiteres als unveränderlich betrachtet werden.

Daneben existieren noch zahlreiche nichtklimatische, regional oder lokal die Massenbilanz beeinflussende Faktoren. Jene können die klimatische Aussagekraft des Gletscherverhaltens verringern; allgemeingültige Regeln oder Differenzierungen sind hierbei aber kaum möglich. Ein Beispiel ist die vom Relief abhängige Morphologie eines Gletschers. Jeder Gletscher besitzt eine spezifische Flächen-Höhen-Verteilung, das heißt, die Gletscherfläche ist individuell auf die unterschiedlichen Höhenstockwerke verteilt. Einige Gletscher besitzen eine verhältnismäßig gleichmäßig auf alle Höhenstockwerke ihrer Vertikalerstreckung verteilte Fläche, andere zeigen eine markante Konzentration der Fläche in bestimmten Höhenstockwerken. Als einfacher Grundsatz gilt, dass bei gleichmäßig verteilter Gletscherfläche der Massenhaushalt eine geringere Sensitivität besitzt, als wenn es eine Flächenkonzentration in bestimmten Höhenlagen gibt (Ohmura et al. 1992). Dort hat zum Beispiel die Absenkung der Schneefallgrenze eine ungleich stärkere Auswirkung. Mittel- und langfristig wird die Gletschermorphologie sich aber an die veränderten klimatischen Rahmenbedingungen anpassen.

Der zuletzt von starkem Rückzug der Gletscherfront betroffene Bergsetbreen, westliches
Südnorwegen (Aufnahme: Juli
2008).

5

Längenänderungen von Gletschern

Ursachen der Veränderung der Gletscherfront

Die beständigen Veränderungen der klimatischen Rahmenbedingungen und einzelner klimatischer Einflussfaktoren lassen sich unmittelbar an der jährlichen Massenbilanz ablesen. Dies gilt analog, bei Rückgriff auf Winter- beziehungsweise Sommerbilanz, für saisonale Entwicklungen. Die Analyse der Massenbilanz gibt ein detailliertes und hochauflösendes Abbild der aktuellen Klimaentwicklung, da nichtklimatische Einflussfaktoren, zum Beispiel Massenverlust durch Kalbung, nur in Ausnahmefällen größere Bedeutung erlangen und vergleichsweise leicht herausgefiltert werden können. Ein nicht zu unterschätzender Nachteil einer ausschließlichen Fokussierung auf die Analyse der klimadeterminierten

Massenbilanz ist jedoch, dass deren Veränderungen, sieht man einmal von der Höhenlage der temporären Schneegrenze am Ende der Ablationssaison ab, über kurze Zeiträume visuell nicht erfasst werden können. Erst im Verlauf mehrerer Jahre können die aus der aufgetretenen Veränderung des Massenhaushalts resultierenden Volumen- und Flächenänderungen auch ohne detaillierte Messungen einwandfrei beobachtet werden. Dies gilt für Massenzuwachs und -verlust in gleicher Weise.

Veränderungen des „Gletscherstandes" lassen sich besonders gut an der Gletscherfront erkennen und dort durch Beobachtung beziehungsweise Messung erfassen (▸ 5.2 und 5.3). Auch wenn sich die Begriffe „Gletschervorstoß" und „Gletscherrückzug" längst eingebürgert haben, muss darauf hingewiesen werden, dass sie sich auf Vorstoß beziehungsweise Rück-

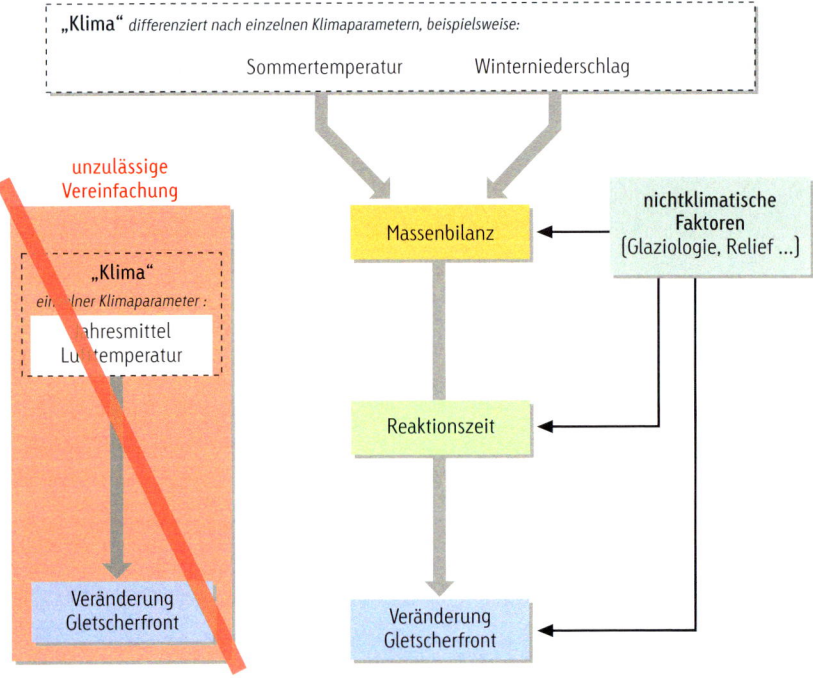

Schaubild des Einflusses klimatischer Rahmenbedingungen auf Veränderungen der Gletscherfront. Obwohl stark vereinfacht und schematisiert, wird an der Darstellung klar, dass eine häufig in den Medien postulierte direkte Beziehung zwischen Längenänderung und „dem Klima" nicht der Realität entspricht. Aus Veränderungen der Gletscherfront lässt sich nicht einfach die Entwicklung einzelner Klimaparameter ableiten, was insbesondere für die Jahresmitteltemperatur gilt.

jenen Längenänderungen glaziologisch wenig sinnvoll. So existieren zwar verschiedene Studien, in denen aus den Längenänderungen einer Auswahl von Gletschern die Veränderungen der Jahresmitteltemperatur abgeleitet werden (Oerlemans 1994, 2005), die dabei fehlende saisonale Differenzierung muss aber kritisch beurteilt werden (⌂ 4). So ist die Kombination eines milden, schneereichen Winters mit einem kühlen Sommer ein gletschergünstiges Szenario, eine identische Jahresdurchschnittstemperatur kann aber auch aus der Kombination eines kalten, trockenen Winters mit einem warmen Sommer erreicht werden – mit dann negativen Konsequenzen für die Gletschermasse (Winkler 2002). Die den Erwartungen entsprechenden Ergebnisse jener Studien – aus der Längenänderung der Gletscher abgeleitete Anstiege der Jahresmitteltemperatur – begründen sich so in deren grober zeitlicher Auflösung und einer weltweit (in unterschiedlichem Ausmaß) zu verzeichnenden Klimaänderung nach Ende der sogenannten „Kleinen Eiszeit" (⌂ 13). Auf einen kausalen Zusammenhang zwischen einer Längenänderung (zumal ohne Berücksichtigung der individuellen Reaktionszeit) und Veränderungen der Jahresmitteltemperatur darf ungeprüft so nicht geschlossen werden.

Messung der Längenänderungen

Seit über 100 Jahren werden in verschiedenen Gletscherregionen jährliche Messungen des Gletscherstandes vorgenommen. Wegen leichter Zugänglichkeit und den gut ablesbaren Veränderungen beschränkt sich die Vermessung weitgehend auf die Gletscherfront der unteren Gletscherzunge. Die gewonnenen Werte beziehen sich damit ausschließlich auf die Längenänderungen des Gletschers beziehungsweise die Positionsänderungen der Gletscherfront. Sie geben keine Information über laterale Positionsschwankungen und die Situation in den hochgelegenen Gletscherteilen, ebenso wenig über Flächen- und Volumenänderungen.

Das Prinzip der Messung der Längenänderung ist einfach. Man misst den Abstand zwischen festgelegten „Marken" (Markierungen im Festgestein oder an großen Blöcken) im Gletschervorfeld und dem frontalen Eisrand (▶ 5.2). Die Richtung der Messung von der Marke aus zum Eisrand muss genau festgelegt werden. Die Messung wird normalerweise am Ende der Ablationssaison im Spätsommer vorgenommen. Aus dem Vergleich der gemessenen Distanz mit dem Messergebnis aus dem vorausgegangenen Jahr errechnet sich die Veränderung der Gletscherfrontposition. Oft werden von mehreren Marken aus Messungen durchgeführt, um Veränderungen des Grundrisses der unteren Gletscherzunge Rechnung tragen zu können. Aus den Ergebnissen mehrerer Marken wird anschließend ein Durchschnittswert ermittelt. Liegen die Messwer-

zug der Gletscherfront beziehen. Sie beschreiben Positionsänderungen der Gletscherfront, somit Längenänderungen des Gletschers. Der unglückliche Begriff „Gletscherschwankung" – eigentlich Gletscherstandsschwankung – bezieht sich ausschließlich auf die Gletscherfront. Da exakte jährliche Massenbilanzmessungen weltweit nur an vergleichsweise wenigen Gletschern durchgeführt werden und langjährige Messreihen selten sind (⌂ 4), zieht man Gletscherstandsschwankungen beziehungsweise Positionsveränderungen der Gletscherfront zur Charakterisierung der klimagesteuerten Reaktion der Gletscher heran. Dieses Verfahren ist nicht zuletzt auch deshalb unumgänglich, da ansonsten das Potenzial der Hochgebirgsgletscher als Klimazeugen nur sehr begrenzt ausgenutzt werden könnte.

Die Interpretation klimatischer Veränderungen auf Grundlage von Längenänderungen ist jedoch komplizierter als bei der Massenbilanz und birgt zudem zahlreiche potenzielle Fehlerquellen (▶ 5.1). Dies bezieht sich nicht nur auf eine typische Verzögerung der Reaktion der Gletscherfront auf Veränderungen der Gletschermasse, sondern auch auf die Interpretation von Längenänderungen. Da die Massenbilanz nicht nur von einem einzelnen Klimaparameter, sondern von einer ganzen Reihe von klimatischen Einflussfaktoren mit komplexen Wechselwirkungen gesteuert wird, ist die Ableitung einzelner Klimaparameter aus

▲ **5.2**

Setzen der Gletschermarken am Brenndalsbreen (links, westliches
Südnorwegen). Zur Messung der Distanzveränderung kann ein
Theodolit zur Anwendung kommen (Mitte, Beispiel Brenndals-
breen), aber klassisch auch ein Maßband, dessen Genauigkeit im
Regelfall ausreicht. Heutzutage wird, wie rechts am Fox Glacier
(Southern Alps, Neuseeland), oft ein Laserdistanzmesser verwen-
det (Aufnahmen: September 1996, Juni 1997, Februar 2006; Aufnah-
me rechts: Christina Wachler).

▶ **5.3**

Auch ohne genaue Messdaten zur Längenveränderung, welche im
konkreten Beispiel des Briksdalsbre (westliches Südnorwegen)
vorliegen und einen Vorstoß von 251 m ausweisen (Daten: NVE),
wird durch Vergleich der vom identischen Standpunkt aus auf-
genommenen Bilder auf imposante Weise deutlich, wie sich die
Position der Gletscherfront zwischen 1990 und 1996 verändert hat
(Aufnahmen: 11. August 1990 (oben), 22. Juni 1996). Speziell aus
didaktischen Gründen ist die fotografische Dokumentation der
Veränderungen der Gletscherfront eine gute Ergänzung der numerischen Angaben der Längenänderung.

te in Größenordnungen von nur wenigen Metern auseinander oder ist die Frontposition sogar identisch
geblieben, spricht man von einer stationären Gletscherfront beziehungsweise einem Stillstand. Um
eine Beeinträchtigung der Messungen durch saisonale
Gletscherstandsschwankungen auszuschließen, werden die Messungen stets zum gleichen Zeitpunkt vorgenommen. Die parallele fotografische Dokumentation der Gletscherfront kann eine wertvolle Ergänzung
darstellen, insbesondere in Phasen starker Veränderung der Morphologie der Gletscherzunge (▶ 5.3).

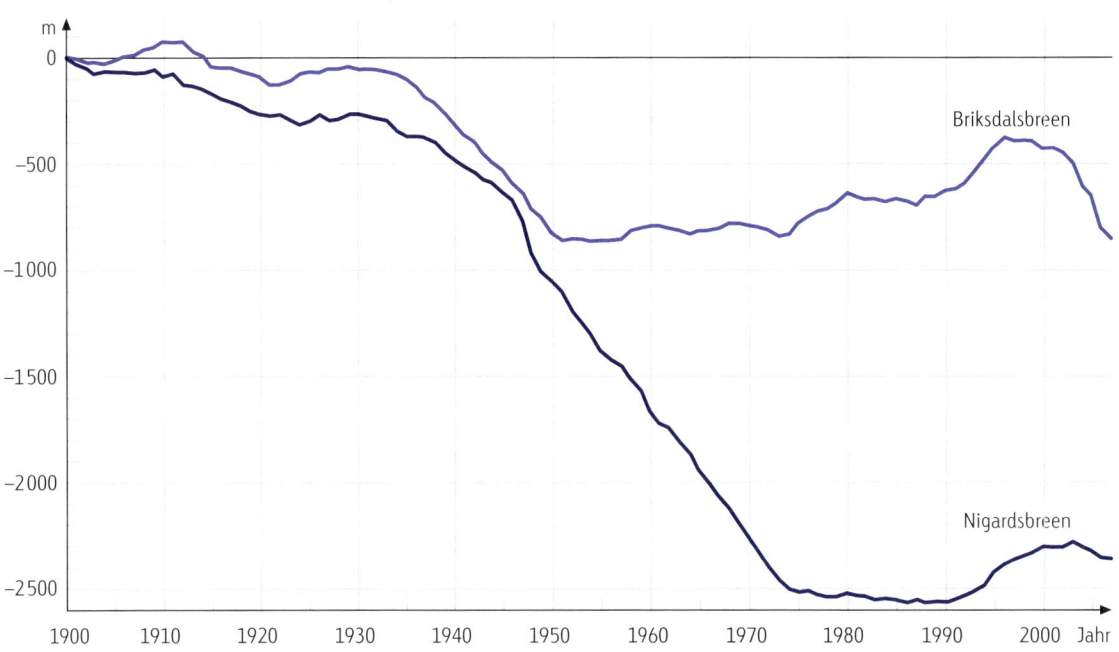

▸ 5.4
Längenänderungen an Briksdalsbreen und Nigardsbreen. Beide Gletscher sind Outlets und damit Teil desselben Plateaugletschers, des Jostedalsbre (westliches Südnorwegen). Die in der Positionsänderung sichtbaren Unterschiede sind nicht auf regionale und lokale Unterschiede in der Klimaentwicklung zurückzuführen, sondern ausschließlich auf unterschiedliche Reaktionszeiten (Daten: NVE).

Die Reaktionszeit

Nur unter in der Realität nie auftretenden, langfristig statischen klimatischen Rahmenbedingungen würde ein Gletscher seine Masse und Position nie verändern. Ein im idealen Gleichgewichtszustand (*steady state*) mit den herrschenden Klimaverhältnissen stehender Gletscher müsste eine Akkumulation in exakt gleicher Höhe der Ablation aufweisen. Ein solches Gleichgewicht von Eisnachschub und -verlust ist zwar in einzelnen neutralen Bilanzjahren annähernd möglich, mittel- und langfristig jedoch unwahrscheinlich. Zwar wird ein idealer Gleichgewichtszustand für Simulationen des Gletscherverhaltens als Basisannahme gesetzt, der Realität entspricht dies aber nicht. Ein Gletscher befindet sich stets in einem Übergangsstadium der Anpassung an den jeweils aktuellen Zustand der variablen klimatischen Rahmenbedingungen.

Durch die beständigen kurz- und mittelfristigen natürlichen Veränderungen einzelner klimatischer Parameter kommt es ungeachtet möglicher langfristiger Änderungen häufig zu einer Abfolge von mehreren positiven oder negativen Haushaltsjahren (▸ 4.8). Die aufsummierten (kumulativen) jährlichen Nettobilanzen können beträchtliche Werte erreichen (▸ 4.18) und zu erheblichen Veränderungen der Gletschermasse beziehungsweise nachfolgend der Gletscherfrontposition führen. Lediglich eine stete Abfolge von positiven und negativen Nettobilanzen würde als Resultat keine oder nur unbedeutende Positionsänderungen der Gletscherfront nach sich ziehen. Dabei würden kurzfristige Massenzuwächse von nachfolgenden Massenverlusten sofort wieder aufgezehrt werden, bevor die Gesamtmasse des Gletschers substanziellen Änderungen ausgesetzt wird. Im realen Normalfall zeigt die Nettobilanzentwicklung jedoch über mehre-

re Jahre meist einen deutlichen positiven oder negativen Trend. Die Frontposition wird mit einer gewissen Verzögerung auf diese Massenänderungen reagieren (▸ 5.1). Ursache hierfür ist eine Zu- oder Abnahme des Massentransfers (▸ 1.2) und – davon abhängig – der Eisgeschwindigkeit.

Die Verzögerung der Reaktion der Gletscherfrontposition auf Änderungen des Massenhaushaltes ist gletscherspezifisch und damit individuell. Sie unterliegt dem Einfluss bestimmter Faktoren, beispielsweise der Gletschergröße, der Eisgeschwindigkeit oder dem Oberflächengradienten. Sie wird als Reaktionszeit (im Sinne von *terminus response time*) bezeichnet. Der Zusatz ist notwendig, denn der ebenfalls mit Reaktionszeit zu übersetzende Begriff *response time* wird in der Glaziologie abweichend definiert and angewendet. Bei Gletschermodellierungen versteht man unter *response time* diejenige Zeitspanne, die ein Gletscher benötigt, um sich vorgegebenen Klimabedingungen mit dem Ziel eines Gleichgewichtszustandes anzupassen, oder die er benötigt, um vom Startpunkt Null aus eine mit den aktuellen Klimabedingungen oder vorgegebenen Szenarien sich im Gleichgewicht befindende Größendimension einzunehmen (Oerlemans 2001, Hooke 2005). Diese *response time* ist eine rein theoretische Größe mit Werten in der Größenordnung von vielen Jahrzehnten oder länger (Nye 1965a, b). Ihr liegt die (unrealistische) Annahme zugrunde, die klimatischen Rahmenbedingungen seien den gesamten Modellierungszeitraum über konstant. Im Gegensatz dazu ist die Reaktionszeit im Sinne der *terminus response time* die reale, empirisch ermittelte Verzögerung zwischen einem bedeutenden Massenbilanzimpuls und der zugehörigen Reaktion der Gletscherfront (Jóhannesson et al. 1989, Oerlemans 2007). Sie kann zum Beispiel durch den Vergleich von Klima-

und Massenbilanzdatenreihen mit den Messresultaten der Längenänderungen ermittelt werden. Im Hochgebirge liegt die *terminus response time* an kleinen Kargletschern im Rahmen von wenigen Jahren, an längeren Talgletschern bei bis zu 25 bis 35 Jahren (oder mehr). Neue Untersuchungen deuten darauf hin, dass die *terminus response time* an Gletschern kurz- und mittelfristigen Veränderungen unterliegen kann, speziell beim Auftreten extremer Witterungsverhältnisse. Auch das Auftreten unterschiedlicher Reaktionszeiten beim Vorstoß- beziehungsweise Rückzugsverhalten und unter dem Einfluss unterschiedlicher Klimafaktoren wird diskutiert.

Die verzögerte Gletscherfrontreaktion auf eine Massenbilanzänderung in Form der hier beschriebenen Reaktionszeit stellt den Hauptnachteil der Verwendung von Messdaten der Längenänderung anstelle von Massenbilanzdaten dar. Sie ist ein nichtklimatischer Einflussfaktor, der unbedingt Berücksichtigung finden muss. An träge reagierenden Gletschern können kurzfristige Massenänderungen ohne sichtbaren Einfluss auf die Gletscherfrontposition bleiben, während an benachbarten reaktionsschnellen Gletschern die Auswirkungen fast unmittelbar in Erscheinung treten. Unterschiede in den Reaktionszeiten können dazu führen, dass benachbarte Outletgletscher eines Plateaugletschers (🖻 7) eine differente Reaktion zeigen (▶ 5.4 und 5.5). Ohne hinreichende Berücksichtigung der Reaktionszeit sind deshalb leicht Fehlinterpretationen möglich.

Saisonale Gletscherstandsschwankungen

Neben dem allgemeinen Massenhaushalt wird die Veränderung der Gletscherfrontposition hauptsächlich durch zwei Faktoren bestimmt: sommerliche Ablation und Eisgeschwindigkeit. Letztgenannte bestimmt die Größenordnung des Massentransfers vom hochgelegenen Akkumulationsgebiet zur Gletscherfront. Die Eisbewegung eines aktiven Gletschers findet zwar ganzjährig statt, die Eisgeschwindigkeit unterliegt aber saisonalen Schwankungen und ist im Sommer höher als im Winter (🖻 3). Während die Eisbewegung per se unabhängig vom Vorzeichen der Massenbilanz ist, variiert die Eisgeschwindigkeit in Abhängigkeit von der Größenordnung des Massenüberschusses beziehungsweise des resultierenden Ungleichgewichts zwischen Akkumulations- und Ablationsgebiet. Bei positiver Nettobilanz und Massenzuwachs erhöht sich die Eisgeschwindigkeit, um der Notwendigkeit eines gesteigerten Massentransfers Rechnung zu tragen.

Infolge der niedrigen Höhenlage der Gletscherzunge treten dort die höchsten sommerlichen Ablationsraten auf. Diese können den Massentransfer kompensieren oder sogar überkompensieren. Die saisonale Variabilität der Ablationshöhe ist dabei stärker als diejenige der Eisgeschwindigkeit. Das Wechselspiel dieser bei-

▲ **5.5**

Als Outlets desselben Plateaugletschers Jostedalsbreen (westliches Südnorwegen) zeigt der kurze und steile Briksdalsbre (oben) eine *terminus response time* von nur 3 bis 4 Jahren, während diese am Nigardsbreen mit seiner größeren Fläche und seiner langen, flacheren Gletscherzunge bei ungefähr 25 Jahren liegt (Aufnahmen: August 1994, August 2004).

den Faktoren hat saisonale Veränderungen der Gletscherfrontposition zur Folge. In maritim geprägten Gletscherregionen mit hohen Massenumsätzen sind diese Veränderungen besonders stark ausgeprägt, da dort sowohl Massentransfer und Eisgeschwindigkeit als auch sommerliche Ablation und Massenbilanzgradient hohe Werte erreichen. Selbst bei ausgeglichener Nettobilanz kann sich die Gletscherfront saisonal im Frühjahr einige Meter vorschieben. Ursache hierfür ist die im Winter und zeitigen Frühjahr praktisch

Aquatische und debrisbedeckte Gletscher als Spezialfälle

Es gibt Fälle, in denen Veränderungen der Gletscherfront nicht unbedingt zweifelsfreie Rückschlüsse auf die aktuelle Situation des Massenhaushaltes eines Gletschers zulassen. Stark mit Debris bedeckte Gletscher (▶ 5.6) und Gletscher mit aquatischen Gletscherfronten zählen zu diesen Spezialfällen.

Ist die Oberfläche eines Gletschers beziehungsweise seiner unteren Gletscherzunge stark mit Debris bedeckt, verringert sich durch die Isolationswirkung des Debris die oberflächliche Abschmelzung von Eis (Purdie & Fitzharris 1999, Nakawo et al. 2000). Auch bei einer Steigerung der Lufttemperatur wird sich dadurch die Anpassung der Frontposition auf die erfolgte Klimaänderung im Vergleich zu anderen Gletschern zunächst verzögern. Diese Verzögerung kann durchaus einige Jahrzehnte betragen. Die Debrisdecke bewirkt oftmals zusätzlich, dass sich die Gletscherfront nicht wie bei anderen Gletschern „normal" (das heißt horizontal) zurückverlegt, sondern es hauptsächlich zum vertikalen Niedertauen der Gletscherzunge kommt. Jene kann darüber hinaus durch die Abkopplung von der dynamischen Reaktion des restlichen Gletschers zu Stagnanteis, im Extremfall sogar zu Toteis werden. Begünstigt wird dies durch einen sich verringernden Oberflächengradienten

der debrisbedeckten, unteren Gletscherzunge zu den höher gelegenen, unbedeckten Gletscherteilen, welche sich schneller an das Klima anpassen (Kirkbride & Warren 1999). So kann eine Situation entstehen, in der die untere, weitgehend stagnante Gletscherzunge sich komplett von der durch die gegenwärtige Klimaentwicklung gesteuerten Massenhaushaltsentwicklung abkoppelt.

Ein Beispiel liefert der Tasman Glacier in den Southern Alps auf Neuseeland (▶ 5.7). Hier haben sich während des vertikalen Niedertauens auf der Gletscheroberfläche durch Abschmelzen von Gletschereis unter der Debrisdecke (sogenannter „Thermokarst") zusätzlich einige Schmelzwassertümpel gebildet, die sich später zu einem supraglazialen Schmelzwassersee ausweiteten. Im Zuge der Ausweitung dieses Sees setzte vor einigen Jahren ein katastrophaler, irreversibler Rückzug durch Kalbungsprozesse ein, der zur im oberen Gletscherteil gleichzeitig verzeichneten positiven Nettobilanz in starkem Kontrast steht (Kirkbride 1993). Am benachbarten Murchison Glacier tritt sogar der Fall auf, dass die in den letzten Jahren durch positive Nettobilanzen angewachsenen aktiven oberen Gletscherteile und tributäre Gletscher auf die stagnante untere Gletscherzunge vorstoßen (▶ 8.5). An diesem Gletscher kommt es also

gleichzeitig sowohl zum Rückzug (der stagnanten Gletscherzunge) als auch zum Vorstoß (des aktiven, oberen Gletscherteils). Besitzen Gletscher durch ihre Größe ohnehin eine lange Reaktionszeit der Gletscherfront, kann eine mächtige Debrisdecke diese Verzögerung noch erheblich verstärken. Da der Gletscher dadurch vom regionalen Trend abweichen kann, eignen sich stark debrisbedeckte Gletscher auch nur eingeschränkt als Klimaindikatoren und sollten nicht ungeprüft als Typuslokalitäten für die Ausweisung der Gletscherchronologie einer Region Verwendung finden.

Ein regional bedeutender Faktor innerhalb der Ablation ist die Kalbung (*calving*), das Abbrechen beziehungsweise Abkalben von Eisbergen an schwimmenden Gletscherzungen und Eisschelfen (▶ 4.2). Infolge niedriger Lufttemperaturen und resultierenden geringen Schmelz- beziehungsweise Sublimationsraten kann Kalbung an polaren Eisschilden einen Anteil von 90 % und darüber an der gesamten Ablation erreichen. Die Kalbung besitzt unter den zur Ablation beitragenden Faktoren zweifellos eine Sonderstellung, da dem Gletscher durch Abkalben von Eisbergen weitgehend oder komplett unabhängig von der aktuellen Klimaentwicklung Masse verloren geht. Der Rückzug einer aquatischen Gletscherfront durch Kalbung ist dabei primär als glazialdynamischer Prozess zu betrachten, der nicht oder nur teilweise ein sensitiver Indikator für die Veränderung der klimatischen Rahmenbedingungen ist. Nach Warren & Kirkbride (2003) sollte man bei aquatischen Gletscherfronten zwischen im Meer endenden Gletschern (*tidewater glaciers*) und Gletscherfronten im Kontakt zu Binnenseen unterscheiden. Bei Letztgenannten soll zumindest bis zum Ansatz eines schnellen, katastrophalen Kalbungsprozesses eine gewisse Klimasteuerung erkennbar sein. Bei aquatischen Gletscherfronten in Binnenseen ist eine klare Beziehung zwischen Kalbungsraten und Wassertiefe beziehungsweise Wassertemperatur zu erkennen. Die Entstehung von Gletscherspalten an der Front in Verbindung mit einer Geschwindigkeitserhöhung wurde am Tasman Glacier als Indiz für ein bevorstehendes starkes Abkalben erkannt (Warren & Kirkbride 2003), aber auch die Entstehung von Hohlkehlen an der Front durch Abschmelzen im Kontakt zum warmen Wasser wurde als Faktor nachgewiesen (Röhl 2006). Allgemein können in temperierten Klimaten schwimmende Gletscherfronten stabile Gletscherfronten nur dann ausbilden, wenn die Mächtigkeit des Eises ausreichend ist und die Front eine „Gründigkeit" erlangt, das heißt Kontakt zum Gletscherbett hat.

Über einen längeren Zeitraum stabil können dagegen aquatische Gletscherfronten in polaren Klimaten sein. Wichtig sind hierfür vor allem der Eisfluss

◄ **5.6**

Blick auf einen Teil der nahezu komplett von Debris bedeckten Gletscherzunge des Godley Glacier (Southern Alps, Neuseeland). Die enorme Debrisdecke – verursacht durch häufige Massenbewegungsprozesse im tektonisch aktiven, jüngsten Hochgebirge der Erde – kann erheblichen Einfluss auf die klimainduzierte Reaktion des Gletschers ausüben (Aufnahme: April 2008).

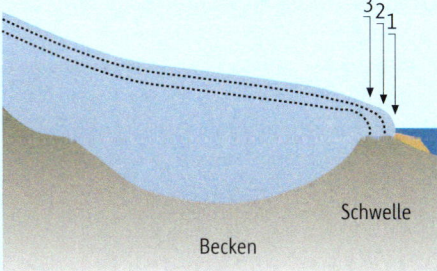

▲ 5.7

Gletscherfront des Tasman Glacier (Southern Alps, Neuseeland) im April 2007. Durch seine Größe und die Debrisdecke reagierte der Tasman Glacier erst mit einigen Jahrzehnten Verzögerung auf die Lufttemperaturerhöhung Mitte des 20. Jahrhunderts. Die Front verharrte zunächst sehr lange nahe der Maximalposition der kurz zuvor beendeten „Kleinen Eiszeit". Es dominierte ein vertikaler Eismassenverlust. Ende der 1970er-Jahren entstanden erste supraglaziale Seen, die sich sukzessive zu einem großen See ausweiteten. In den letzten Jahren hat sich die Ausweitung des in weiten Teilen immer noch supraglazialen Sees stark beschleunigt, unter anderem infolge Kollabierens ganzer Teile der Gletscherzunge durch Kalben (wie einige Wochen vor der Aufnahme). Dieser rasche Rückzug steht nachweislich nicht in Einklang mit der regionalen Klima- und Massenbilanzentwicklung, und die oberen Gletscherteile zeigen parallel eine Zunahme der Eismächtigkeit.

und die daraus resultierende Geometrie (Van der Veen 2002). Der Rückzug aquatischer Gletscherfronten kann aber auch dort irreversible, abrupte Formen erlangen (Pfeffer 2007). Die besondere Dynamik aquatischer Gletscherfronten wurde auch am Ende der letzten Vereisungsperiode beim Rückzug der Gletscher in Fjorden oder vergleichbaren Meeresinlets deutlich (▶ 5.8). Entscheidend für den Rückzugsmechanismus waren die Eismächtigkeit und das Relief des Gletscherbettes. Sank durch Abschmelzung die Eismächtigkeit an der Gletscherfront, schwamm diese auf und zog sich durch Abkalben über den tiefen Becken im Längsprofil der Fjorde schnell zurück. Gelangte die Gletscherfront auf dem Weg ihres Rückzuges in den Bereich einer Schwelle und war durch das

starke Abkalben ihr Profil recht steil geworden, reichte die Eismächtigkeit meist aus, dass die Gletscherzunge wieder gründig wurde. Aus rein morphologisch-dynamischen Gründen wurde die Gletscherfront eine gewisse Zeit stationär, bevor sich durch fortgesetzten Eismächtigkeitsverlust wieder eine schwimmende, kalbende Eisfront ausbildete und der schnelle Rückzug sich fortsetzte. Die Besonderheiten des Rückzuges durch Abkalben über Binnenseen (beziehungsweise dem Meer), vor allem der irreversible Charakter und das mögliche katastrophale Ausmaß, werden als eine mögliche Erklärung für die Schnelligkeit des Eisabbaues am Ende der letzten Vereisungsperiode ins Spiel gebracht (Van der Veen 2002).

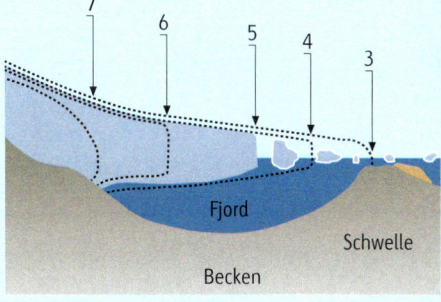

a) gründige Gletscherfront – langsamer Rückzug

b) kalbende Gletscherfront – schneller Rückzug

▶ 5.8

Darstellung des Rückzugsmechanismus eines Fjordgletschers. In Phasen einer gründigen – das heißt Kontakt zum Gletscherbett aufweisenden – Gletscherfront (a) findet ein verhältnismäßig langsamer und mit terrestrischen Nachbargletschern vergleichbarer Rückzug statt. Das Meerwasser zeigt keinen großen Einfluss. Verliert der Gletscher jedoch durch fortwährenden Mächtigkeitsverlust und infolge des Auftriebs des Wassers seine Gründigkeit, wird er sich über tiefen Fjordbecken durch Abkalben rasch zurückziehen (b), bis er an der nächsten Schwelle oder dem Fjordende wieder gründig wird. Die Zahlen 1 bis 7 beziehen sich auf die zeitliche Abfolge. An der Schwelle ist in gelb ein Eiskontaktdelta (▶ 12.31) dargestellt.

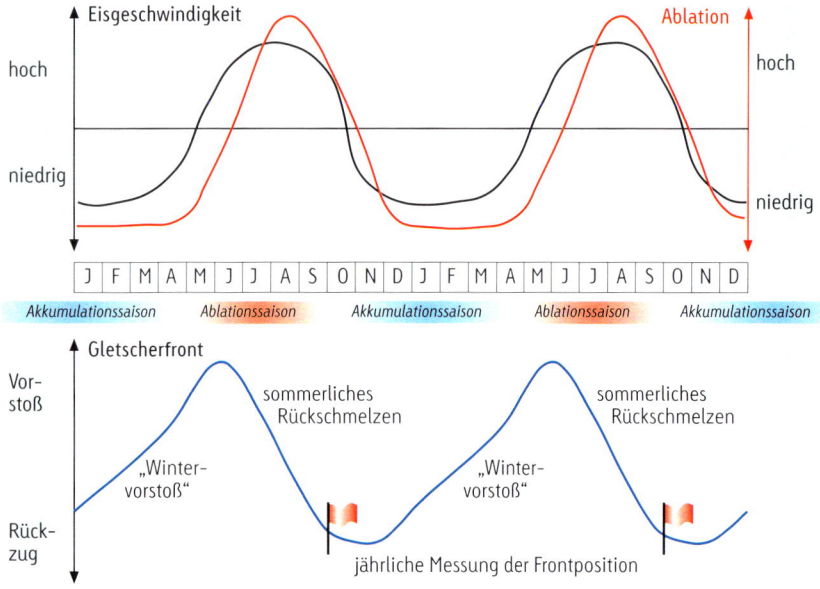

▲ 5·9
Schema der Erklärung saisonaler Gletscherstandsschwankungen durch nicht parallele saisonale Variationen von Eisgeschwindigkeit und Ablationsraten an der Gletscherfront.

fehlende Ablation. Die Eisbewegung ist dagegen auch im Winter präsent und steigert sich im Frühjahr (Mai) sehr deutlich. Die Ablation erreicht erst im Sommer hohe Werte, kann aber dann den zuvor erfolgten Vorschub wieder kompensieren. Trotz sommerlicher Geschwindigkeitszunahme des Eises wird die Gletscherfront wieder um einige Meter zurückweichen (▸ 5.9). Dieses Phänomen bezeichnet man als „sommerliches Rückschmelzen", den Vorschub im Frühjahr als „Wintervorstoß". Deshalb müssen die jährlichen Messungen der Gletscherfront immer zum gleichen Zeitpunkt durchgeführt werden. Ansonsten würden die langfristigen Frontpositionsveränderungen durch die saisonalen Veränderungen gestört werden.

Saisonale Gletscherstandsschwankungen sind für die Glazialmorphologie im Kontext der Genese von Moränen von Bedeutung (◻ 12). An maritimen Gletschern mit hohen Massenumsätzen treten die saisonalen Frontveränderungen nur während sehr ausgeprägter Gletschervorstöße oder Rückzugsphasen nicht in Erscheinung. Bei stationärer Gletscherfront beziehungsweise moderatem Vorstoß und Rückzug können sie dagegen leicht Größenordnungen von mehreren Dekametern erreichen.

Gletschertor des Fox Glacier,
Southern Alps, Neuseeland
(Aufnahme: Februar 2008).

Gletscher und Schmelzwasser

Schmelzwasser am Gletscher

Schmelzwasser auf der Gletscheroberfläche, innerhalb des Gletscherkörpers und an der Gletscherbasis besitzt eine große Bedeutung sowohl für verschiedene glaziologische Prozesse, zum Beispiel die Gletscherbewegung, als auch innerhalb des glazialmorphologischen Prozess-Systems. Gletscherschmelzwasser spielt in der Entwicklung von Strategien zur nachhaltigen Nutzung von Hochgebirgen in Zusammenhang mit Bewässerung und Hydroenergieerzeugung eine große Rolle (▶ 1.4). Ausbrüche von Eisstauseen oder subglazialen Schmelzwasserreservoirs stellen außerdem ein nicht zu vernachlässigendes Risikopotenzial dar.

Es existieren zwei Quellen für Wasser im System des Gletschers. Neben extraglazialem Wasser, zum Beispiel Regen oder auf die Gletscheroberfläche mündende Bäche, gibt es gletschereigenes Wasser, das durch Schmelzen von Schnee, Firn oder Eis produziert wird. Gletscherschmelzwasser entsteht hauptsächlich bei Schmelzprozessen an der Gletscheroberfläche. Die Entstehung von Schmelzwasser durch geothermalen Wärmefluss und Friktion während der Gletscherbewegung ist zwar für den Mechanismus der Eisbewegung von großer Wichtigkeit (⬚ 3), quantitativ kann es jedoch vernachlässigt werden. Ausnahmen stellen lediglich vulkanisch aktive Regionen mit gesteigertem Wärmefluss dar, zum Beispiel auf Island.

An Gletschern können separate, abgeschlossene hydrologische Systeme in einzelnen Gletscherteilbereichen auftreten. Alternativ kann sich auch ein den ganzen Gletscher umfassendes, verbundenes hydrologisches System ausbilden. Faktoren, welche primär die spezifische Ausgestaltung des hydrologischen Systems eines Gletschers bestimmen, sind:

- Grundriss, Morphologie und Größe des Gletschers
- das thermale Regime an der Gletscherbasis und die Eistemperatur innerhalb des Gletscherkörpers beziehungsweise an seiner Oberfläche
- die spezifischen Verhältnisse des Massenhaushaltes, das glaziologische Regime sowie größere Veränderungen der jährlichen Nettobilanz (Massenzuwachs und -verlust)
- die Eisgeschwindigkeit und dominierende Bewegungsmodi (eventuell *surges*)
- die Verhältnisse an der Gletscherbasis (Topographie des Gletscherbettes, Lockermaterial oder Festgestein als Gletscherbett, Permeabilität und gegebenenfalls Lösungsfähigkeit des Materials des Gletscherbettes)
- die klimatischen Rahmenbedingungen mit ihren saisonalen und witterungsbedingten Schwankungen
- der Debrisgehalt des Eises und das Auftreten einer supraglazialen Debrisdecke

Schmelzwasserproduktion und -abfluss von Gletschern unterliegen tageszeitlichen und saisonalen Schwankungen. Daneben treten witterungsbedingte Variationen und langfristige Veränderungen in Abhängigkeit von der jährlichen Massenbilanz auf. Zusätzlich können katastrophale, episodische Abflussereignisse auftreten.

Das supraglaziale hydrologische System

Die am höchsten gelegenen Bereiche des Akkumulationsgebietes, in denen auch während des Sommers keine Abschmelzung stattfindet, gehören der *dry-snow zone* an (▶ 6.1). Sie findet sich vor allem an

polaren, teils auch subpolaren Gletschern, während sie an temperierten Hochgebirgsgletschern im Regelfall nicht auftritt. Gletscherabwärts wird sie durch die *dry-snow line* abgegrenzt. In der *dry-snow zone* findet Ablation nur durch Sublimation statt. An der Oberfläche entsteht somit kein freies Schmelzwasser, ein hydrologisches System wird sich nicht ausbilden. Unterhalb der *dry-snow zone* befindet sich die *percolation zone* (Paterson 1994). Dort kommt es im Sommer zur oberflächlichen Abschmelzung. Das Schmelzwasser sickert zunächst in die Porenräume des Schnees, bevor es in einer gewissen Tiefe unterhalb der Oberfläche bei Temperaturen unter 0 °C wieder gefriert. Trifft es beim Einsickern auf eine relativ wasserundurchlässige Schicht, beispielsweise dichten Firn, besteht die Möglichkeit einer lateralen Bewegung. Beim Gefrieren des Schmelzwassers wird latente Wärme abgegeben, sodass sich die Temperatur des umgebenden Schnees erhöht. Bei abnehmender Höhenlage werden schrittweise die oberflächlichen Schmelzraten und Temperaturen des Schnees ansteigen. In den tiefer gelegenen Abschnitten der *percolation zone* wird dann ein Punkt erreicht, an dem am Ende des Sommers die komplette Schneeschicht des Haushaltsjahres auf Schmelztemperatur gebracht wurde. An dieser *wet-snow line* setzt gletscherabwärts die *wet-snow zone* ein. Infolge der Temperatur des Schnees kann ein Teil des Schmelzwassers in tiefere, ältere Schneeschichten einsickern. Allerdings geschieht dies nicht notwendigerweise in dem Umfang, der zur übergreifenden Temperatursteigerung auf 0 °C ausreichen würde. *Wet-snow zones* sind an temperierten Hochgebirgsgletschern typisch.

Vor allem an polaren Gletschern tritt ein Phänomen auf, welches man als *slush zone* bezeichnet. Sie kann die *wet-snow zone* in Teilen ersetzen. Eine geringmächtige Schneeschicht ist in der *slush zone* von kaltem, wasserundurchlässigem Eis unterlagert, welches ein weiteres Einsickern des Schmelzwassers verhindert. Weil es nun nicht in das englaziale hydrologische System gelangen kann und ein supraglazialer Abfluss allenfalls begrenzt möglich ist, erreicht die Schneeschicht oberhalb des kalten Eises eine extreme Wassersättigung. Bei Druckbelastung und/oder Erreichen einer kritischen Schwelle wird der Schnee als hochenergetischer *slush flow* („Sulzstrom") ähnlich einer Mure abließen.

In der *percolation zone* und der *wet-snow zone* sind Schnee und Firn an der Gletscheroberfläche trotz

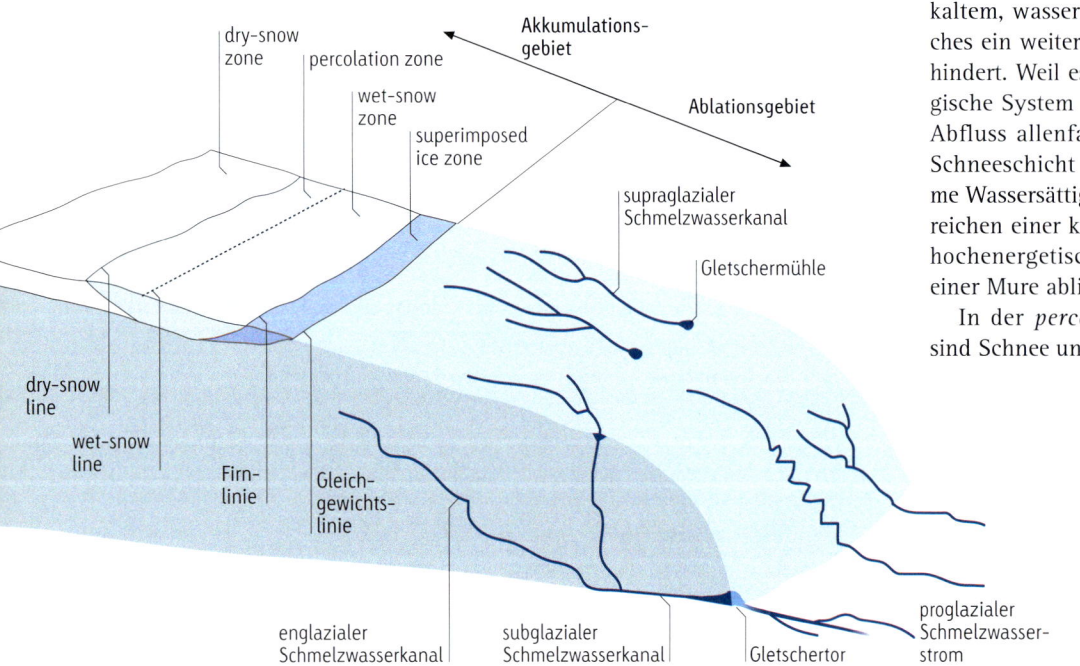

◄ **6.1**

Darstellung der unterschiedlichen Schneezonen an einem Gletscher und des möglichen Verlaufes von Schmelzwasserkanälen. An temperierten Hochgebirgsgletschern sind Firnlinie und Gleichgewichtslinie eng benachbart oder fallen sogar zusammen (verändert nach Hambrey 1994).

▲ 6.2
Auf der unteren Gletscherzunge des Bødalsbre (westliches Südnorwegen) lässt sich ein dendritisches supraglaziales Dränagesystem gut erkennen. Die Gletscheroberfläche ist stark konvex gewölbt; die Gletscherfront stieß zum Aufnahmezeitpunkt stark vor (Aufnahme: September 1994).

der entstehenden Eislinsen und -schichten größtenteils wasserdurchlässig. In der *superimposed ice zone* entstehen durch großflächige Bildung von Aufeis zusammenhängende, wasserundurchlässige Eisschichten. Dieser Prozess kann zwar bereits in den unteren Schichten der niedrig gelegenen *wet-snow zone* auftreten, als *superimposed ice zone* bezeichnet man aber nur den unterhalb der Firnlinie gelegenen Bereich, in welchem *superimposed ice* (Aufeis) an der Gletscheroberfläche exponiert ist. Diese Zone gehört noch zum Akkumulationsgebiet (◻ 4).

Im unterhalb der Gleichgewichtslinie gelegenen Ablationsgebiet ist die Oberfläche am Ende des Sommers komplett aper (schneefrei). Das hier auf der Gletscheroberfläche vorhandene supraglaziale Dränagemuster aus Schmelzwasserbächen entspricht im idealen Fall einem dendritischen (baumartigen) Flussnetz (▶ 6.2 und 6.3). Schmelzwasserbäche können sowohl isolierte einzelne Systeme ausbilden als auch größere, zusammenhängende Flussnetze – jeweils abhängig von der Gletscheroberfläche. Generell entstehen supraglaziale Schmelzwasserbäche nur auf wasserundurchlässigen Oberflächen aus Gletschereis, das heißt quasi ausschließlich im Ablationsgebiet. Durch „Gletschermühlen" (*moulins*) kann das Schmelzwasser dabei in das englaziale – gegebenenfalls sogar in das subglaziale – hydrologische System gelangen (▶ 6.4). Gletschermühlen und Gletscherspalten können die Ausbildung eines supraglazialen Dränagemus-

ters behindern (▶ 6.5). Gleiches gilt für supraglaziale Moränen oder mächtige Decken supraglazialen Debris (◻ 8). An Talgletschern kann durch die konvexe Oberfläche im Ablationsgebiet das Schmelzwasser leicht lateral abfließen und dort *lateral channels* zwischen Talflanke und Gletschergrenze ausbilden.

Englaziales und subglaziales Schmelzwasser

Innerhalb des Gletscherkörpers kann Schmelzwasser entlang der Kristallgrenzen und in kapillarartigen Adern durch das Gletschereis sickern. Obwohl eindeutig nachgewiesen, ist dieser Vorgang quantitativ bedeutungslos. Stattdessen fließt das Schmelzwasser hauptsächlich in miteinander verbundenen Kanälen. In temperierten Gletschern kann sich ein komplexes englaziales hydrologisches System entwickeln. Entscheidender Unterschied zu anderen Systemen, zum Beispiel zu einem unterirdischen Karstwassernetz, ist seine Dynamik, denn die Gletscherbewegung übt einen erheblichen Einfluss aus. An einem englazialen Kanal wirken grundsätzlich zwei gegensätzliche Kräfte. Durch Eisdruck und Deformation des Eises wirkt eine starke Kraft auf das Schließen der Kanäle hin. Ihr entgegen arbeitet die Wärmeenergie des Schmelzwassers für deren Offenhaltung und Erweiterung. Die Wärmeenergie stammt dabei aus der Turbulenz

▲ 6.3
Stark mäandrierender supraglazialer Schmelzwasserbach auf der unteren Gletscherzunge des Steindalsbre (Jotunheimen, Südnorwegen). Die sehr flache Gletscherzunge ist eventuell stagnant (Aufnahme: August 1997).

▲ 6.4
Supraglazialer Schmelzwassertopf (Austerdalsbreen, westliches Südnorwegen; links; Aufnahme:
August 1997) und Gletschermühle (Nigardsbreen, westliches Südnorwegen; Aufnahme: August 2006).

des Schmelzwassers, aus der Reibungsenergie des im
Wasser transportierten Debris und aus der Diffusion
von Wärmeenergie des warmen Schmelzwassers. Verringert sich die Wärmeenergie, beispielsweise durch
Absinken des Schmelzwasserstromes am Ende des
Sommers, können die Kanäle durch Deformationsdruck und Gefrieren des restlichen Schmelzwassers
geschlossen werden. Während des Winters ist dies ein
sehr häufig auftretender Vorgang. Die Abhängigkeit
des englazialen Dränagesystems von der Bewegung
des Eises und dem Deformationsdruck zeigt sich unter anderem darin, dass die am besten entwickelten
englazialen Dränagesysteme in Stagnanteis zu finden
sind. Dies gilt im Übrigen analog für supra- und subglaziale hydrologische Systeme. Im Verlauf eines *glacier surge* werden dagegen die bestehenden Dränagesysteme weitgehend zerstört.

Supraglaziales Schmelzwasser gelangt durch Gletschermühlen in das englaziale und subglaziale hydrologische System. Gletschermühlen können senkrecht
von der Oberfläche mehrere Dekameter in die Tiefe führen. Sie entstehen vor allem in Gletscharealen
mit *extending ice flow* und starken Zerrungserschei-
nungen. Oftmals orientieren sie sich an Gletscherspalten und entwickeln sich aus jenen. Im Winter werden

sie von Schnee „plombiert", können jedoch im darauffolgenden Sommer theoretisch erneut aktiv werden.
Während Gletschermühlen durch ihre vorherrschende
Orientierung an Gletscherspalten senkrecht zur Gletscheroberfläche verlaufen, bestimmt innerhalb des
Gletschers der Wasserdruckgradient den Verlauf der
Schmelzwasserkanäle. In einem wassergefüllten englazialen Kanalsystem wird sich ein Wasserfluss von hohem zu niedrigem Druck einstellen. Der Wasserdruck
seinerseits wird von der Eismächtigkeit oberhalb des
Kanals und dem Oberflächengradienten der Eisober-
fläche bestimmt. Durch die kombinierte Wirkung von
Druck des auflastenden Eises und Oberflächengradient
auf das wassergefüllte Dränagesystem steigt die Fläche gleichen Drucks (*equipotential surface*) parallel zur
Ausrichtung des Eisflusses vom Gletscherbett in Richtung Oberfläche hin an (▸ 6.6). Zur Verdeutlichung des
Effektes kann man sich das englaziale hydrologische
System als wassergefüllte, U-förmige Röhre vorstellen.
Im oberen Gletscherbereich wirkt durch größere Eismächtigkeit ein stärkerer Druck auf das nach oben of-
fene Ende der wassergefüllten Röhre als im niedriger
gelegenen Gletscherteil. Hierdurch und durch den Einfluss des Oberflächengradienten des Gletschers sinkt
die Wassersäule im oberen Ende der Röhre ab, um genau um jenen Betrag im unteren Ende anzusteigen.
Das *equipotential surface* ist die Verbindungslinie zwischen den beiden Wassersäulen, alle anderen Druck-
flächen verlaufen dazu parallel.

▲ **6.5**

Supraglazialer See im Bereich des unteren Eisfalles am Fox Glacier (Southern Alps, Neuseeland). Solche abflusslosen Seen sind zumeist nur kurzlebig und entstehen im Verlauf der Ablationssaison beispielsweise durch Blockade eines zuvor existierenden sub- oder englazialen Dränagesystems oder durch plötzliches Anfallen großer Schmelzwassermengen (Aufnahme: März 2007).

Englaziale Schmelzwasserkanäle sind im Regelfall rechtwinklig zu den *equipotential surfaces* angelegt. Als Folge verlaufen sie in unterschiedlichen Winkeln schräg von der Gletscheroberfläche zur Gletscherbasis. Eine Besonderheit bei der Orientierung der *equipotential surfaces* ist, dass sie durch den Einfluss des Oberflächengradienten in einem zehnfach stärkeren Verhältnis gletscherabwärts zur Gletscheroberfläche hin ansteigen, als jene geneigt ist. Dies hat zur Folge, dass hauptsächlich die Neigung der Eisoberfläche und nicht die Topographie des Gletscherbettes die Abflussrichtung des Schmelzwassers vorgibt. Es kann so selbst gegensätzliches Gefälle am Gletscherbett überwinden.

Es gibt unterschiedliche Muster der Ausbildung des subglazialen Dränagesystems. Schmelzwasser kann sowohl als dünner, flächenhafter Schmelzwasserfilm (*sheet flow*) an der Gletscherbasis als auch in einem gut entwickelten Kanalnetz durch ein System von miteinander verbundenen subglazialen Hohlräumen oder innerhalb eines permeablen Lockermaterials im Gletscherbett abfließen. Neben subglazialen Kanälen

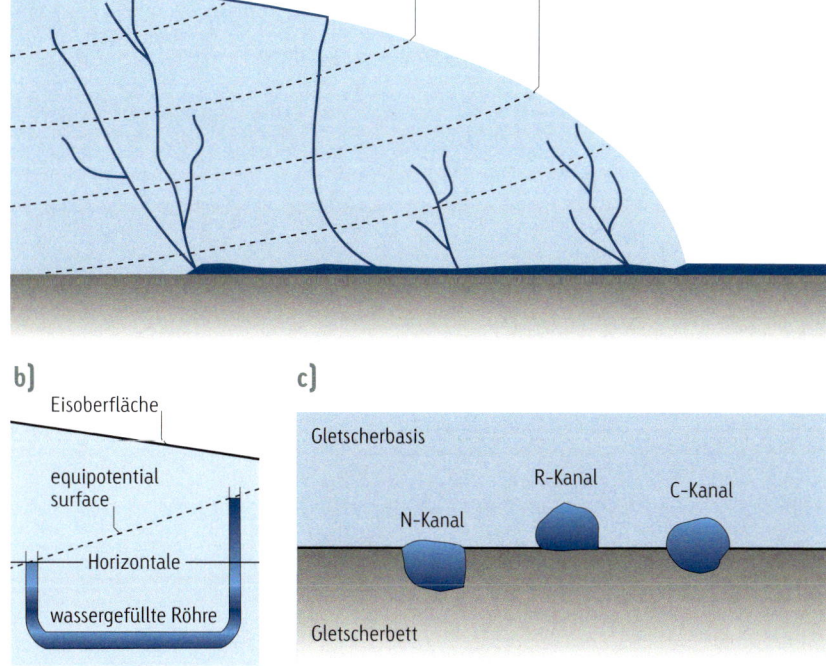

▲ **6.6**

Verlauf der *equipotential surfaces* und englazialen Schmelzwasserkanäle an einem Gletscher (a). Die Skizze (b) zeigt das Prinzip des *equipotential surface*, die Skizze (c) die unterschiedlichen Typen subglazialer Schmelzwasserkanäle (N-Kanal = Nye-Kanal, R-Kanal = Röthlisberger-Kanal, C-Kanal = Clarke-Kanal; in Teilen verändert nach Bennett & Glasser 1996).

im Gletscherbett (Nye- oder N-Kanälen) und Kanälen im Eis der Gletscherbasis (Röthlisberger- oder R-Kanälen, ▸ 6.7) existieren auch Kombinationen aus beiden Formen (Clarke- oder C-Kanäle, ▸ 6.6). Die Beschaffenheit des Gletscherbettes ist hierfür entscheidend. Sie bestimmt in Verbindung mit der Topographie des Gletscherbettes den Grundriss des subglazialen Netzes der Schmelzwasserkanäle. An temperierten Gletschern sammeln sich die en- und subglazialen Schmelzwasserkanäle in großen zentralen Hauptkanälen und treten häufig an einem zentralen Gletschertor an der Gletscherfront aus (▸ 6.8 und 6.9).

Saisonale Schwankungen des Abflusses

An temperierten Hochgebirgsgletschern ist der Gang der Abflusskurve eng an die meteorologischen Verhältnisse und Ablationsraten gekoppelt. So kommt der typische Tagesgang mit Maximalabflüssen am Nachmittag zustande, der sich nur dann nicht einstellt, wenn zum Beispiel starke Niederschlagsereignisse den normalen Tagesgang überlagern. Es besteht eine enge Korrelation zur Energiebilanz und den Verhältnissen der Albedo (4). Neben diesen witterungs- beziehungsweise ablationsbedingten Schwankungen des Schmelzwasserabflusses treten charakteristische saisonale Erscheinungen auf, vor allem in der Entwicklung des en- und subglazialen Dränagesystems.

Das Abschmelzen von Schnee auf der Gletscheroberfläche beginnt im Frühjahr zu einem Zeitpunkt, an welchem die meisten en- und subglazialen Kanäle durch Eisdeformation geschlossen oder noch zugefroren sind. Da das Dränagesystem noch nicht entwickelt ist, stellt sich zu diesem Zeitpunkt ein ausgedehnter *sheet flow* ein, bis im Verlauf des Frühjahres sukzessive ein stabiles Dränagesystem entstanden ist. Im späten Frühjahr oder Frühsommer kommt es zu einem Abflussmaximum, welches gleichzeitig von einem Maximum des Sedimenttransportes gekennzeichnet ist. Der an der Gletscherbasis während der vorausgegangenen Monate angesammelte Debris wird während dieser „Frühjahrsflut" massiv abtransportiert. Die Entwicklung des Dränagesystems setzt sich im Sommer fort, und bisweilen noch im Frühjahr aufgetretene Staueffekte treten nicht mehr auf. Im Herbst werden sich die nun gut ausgebildeten Kanäle infolge geringerer Schmelzraten sukzessive schließen. Im Winter sind sie fast komplett zugefroren und blockiert, auch wenn es durch interne Prozesse wie geothermalen Wärmefluss oder Friktionswärme zu einem geringen Abfluss kommen kann.

◂ **6.7**
Trockengefallener subglazialer R-Kanal nahe der Gletscherfront des Briksdalsbre (westliches Südnorwegen) am Ende der Ablationssaison (Aufnahme: September 1997).

▲ **6.8**

Blick auf die untere Gletscherzunge des Nigardsbre (westliches Südnorwegen) mit einer „Generation" von vier Gletschertoren. Position, Größe und Aussehen von Gletschertoren sind generell starken Veränderungen unterworfen, welche selbst kurzfristig innerhalb einer Ablationssaison auftreten können. Im vorliegenden Beispiel hat sich der zentrale Schmelzwasseraustritt während des Sommers mehrfach verlagert beziehungsweise sind die vorhandenen Gletschertore teilweise eingestürzt und haben den Abfluss blockiert (Aufnahme: August 2004).

◄ **6.9**

Untere Gletscherzunge des Franz Josef Glacier (Southern Alps, Neuseeland) mit mächtigem Gletschertor. Obwohl in Lehrbüchern oft postuliert wird, dass große Gletschertore nur an stationären oder sich zurückziehenden Gletschern auftreten, zeigt das Bild ein eindrucksvolles Gegenbeispiel. Der Gletscher ist im Vorstoß begriffen! Da dies überdies kein Einzelfall ist, darf ein gut ausgebildetes Gletschertor nicht ungeprüft als Anzeichen einer sich zurückziehenden Gletscherfront interpretiert werden. In der Realität beeinflusst eine Vielzahl von teils lokalen Faktoren die Ausbildung eines Gletschertors und dessen beständige Veränderung (Aufnahme: Februar 2008).

Das 11,44 km² große Einzugsgebiet der Pegelstation Vernagtbach (▸ 6.10) erstreckt sich von 2 640 m bis auf 3 630 m ü. d. M. und ist zu 72 % vergletschert. In den zentralen Ötztaler Alpen gelegen, erfasst die Station seit über 30 Jahren praktisch den gesamten Schmelzwasserabfluss des Vernagtferner und ermöglicht unter anderem einen Vergleich der hydrologischen Methode der Massenhaushaltsmessung mit den parallel durchgeführten direkten Messungen auf dem Vernagtferner (🗅 4). Zusätzlich werden an der Pegelstation beziehungsweise am Gletscher zahlreiche meteorologische Parameter gemessen, was unter anderem die Untersuchung der kausalen Beziehung zwischen den Variationen meteorologischer Parameter, der Ablation auf dem Gletscher und dem Abfluss ermöglicht (Moser et al. 1986).

In den Resultaten werden klare jährliche Variationen sichtbar, ebenso eine von 1976 bis 2005 aufgetretene parallele Steigerung der registrierten Lufttemperaturen und des Schmelzwasserabflusses (▸ 6.11). Der Einfluss sommerlicher Neuschneefälle auf die Ablationswerte des Gletschers ist an den reduzierten Abflusswerten eindeutig zu erkennen. Über die ganze Messperiode betrachtet ist der Zusammenhang zwischen Frequenz beziehungsweise Dimension der sommerlichen Neuschneefälle und dem Abfluss infolge starker jährlicher Variabilität nicht ganz so deutlich ausgeprägt (Escher-Vetter & Siebers 2007). Als markant erweist sich dagegen die deutliche Reduzierung der durchschnittlichen Albedo des Gletschers und der Anstieg der Lage der Gleichgewichtslinie. Im Extremsommer 2003 stellte der gesamte Gletscher (100 %) das Ablationsgebiet dar, die Gleichgewichtslinie lag oberhalb der höchsten Gletscherteile.

◂ 6.10

Visueller Vergleich des Abflusses an der Pegelstation Vernagtbach. Das Bild oben zeigt die Situation während einer Periode mit „Strahlungswetter", das heißt mit hoher Ablation in einer Schönwetterperiode durch niedrige Albedo der Gletscherfläche, verstärkt durch einen kurzen Gewitterschauer. Die andere Aufnahme zeigt eine Situation am Ende der sommerlichen Ablationsperiode nach einem Schneefallereignis, bei der die gesamte Gletscheroberfläche mit einer Neuschneedecke überzogen wurde, welche die Albedo schlagartig erhöhte. Durch die seit den 1990er-Jahren im Mittel angestiegenen Abflusswerte musste der Hochwasserschutz an der Pegelstation inzwischen massiv ausgebaut werden (Aufnahmen: August 1991, September 1993).

Jökulhlaups und Gletscherseeausbrüche

Interessanterweise geht die größte Gletschergefahr für den Menschen nicht vom Eis des Gletschers selbst aus, sondern von seinem Schmelzwasser. Katastrophale Ausbrüche von subglazialen Schmelzwasseransammlungen oder von durch Gletscher aufgestauten Seen sind in manchen Regionen ein hohes Naturrisiko. Beim Ausbruch des Gletscherstausees Laguna Palacoche in den Anden gab es in den 1940er-Jahren 6 000 Todesopfer (Hambrey & Alean 2004). In den Al-

pen, im Himalaja und anderen Gebirgen werden deshalb Gletscherstauseen genau beobachtet, speziell bei der Befürchtung, der als Damm fungierende Gletscher könne durch Rückzug beziehungsweise Abschmelzung instabil werden und der See in einem katastrophalen Ereignis ausbrechen beziehungsweise auslaufen. Aus Island stammt der Ausdruck *jökulhlaup* (wörtlich: „Gletscherlauf"), der häufig für katastrophale Schmelzwasserausbrüche angewendet wird.

Die isländischen *jökulhlaups* sind das Resultat von subglazialen Vulkanausbrüchen. Durch den extremen Wärmefluss bilden sich schnell große subglaziale

a)

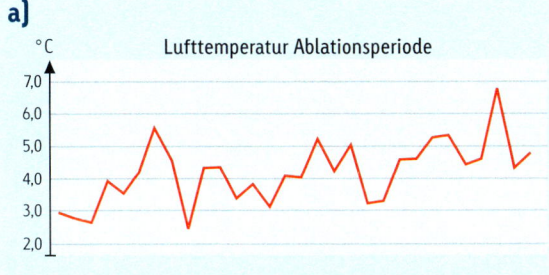

Lufttemperatur Ablationsperiode

°C

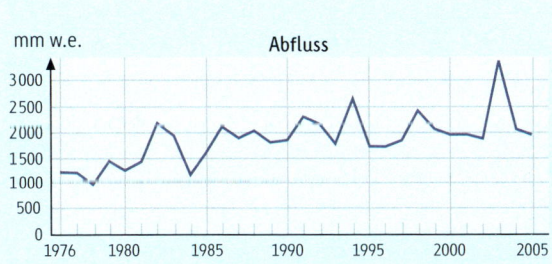

mm w.e.   Abfluss

b) Pegelstation Vernagtbach

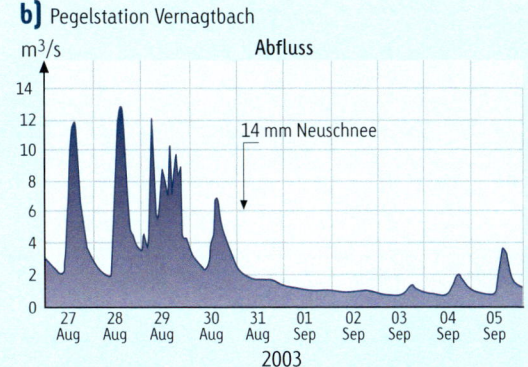

m³/s   Abfluss

14 mm Neuschnee

2003

◄ **6.11**

Abflusswerte der Pegelstation Vernagtbach in ihren jährlichen, saisonalen und täglichen Schwankungen. Den Zusammenhang zwischen Lufttemperatur und Abfluss im Jahresmittel zeigt die Abbildung (a), während die Auswirkung eines sommerlichen Neuschneefallereignisses auf den Abfluss am konkreten Beispiel der späten Ablationsperiode des Jahres 2003 gut zu erkennen ist (b). Der Gang des Abflusses innerhalb der Ablationssaison 1976 (c) zeigt zunächst den mit der Ausaperung der Gletscheroberfläche, das heißt dem Abschmelzen des Winterschnees, korrelierenden Anstieg der Abflusswerte, der jedoch Ende Juli einbricht und anschließend keine hohen Werte mehr erreicht. Der Vergleich mit meteorologischen Messwerten an der Pegelstation zeigt den deutlichen Einfluss der Neuschneefälle auf diese Entwicklung. Das Haushaltsjahr 1976 hatte eine positive Nettobilanz – eine Ausnahmesituation während der letzten Jahrzehnte (verändert nach Moser et al. 1986, Escher-Vetter & Siebers 2007).

c)

°C   Lufttemperatur (Tagesmittel)

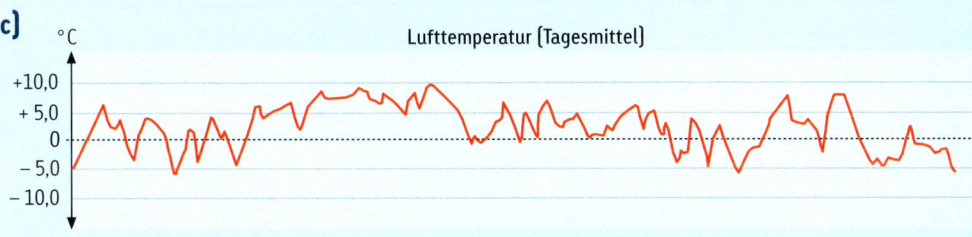

mm   Neuschneefälle

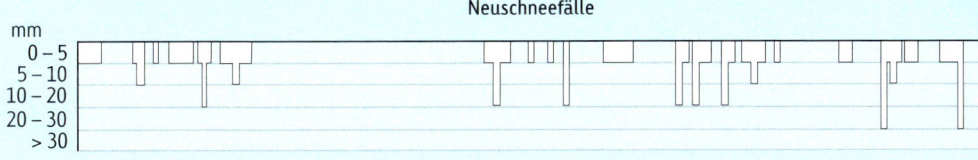

m³/s   Ablationssaison 1976

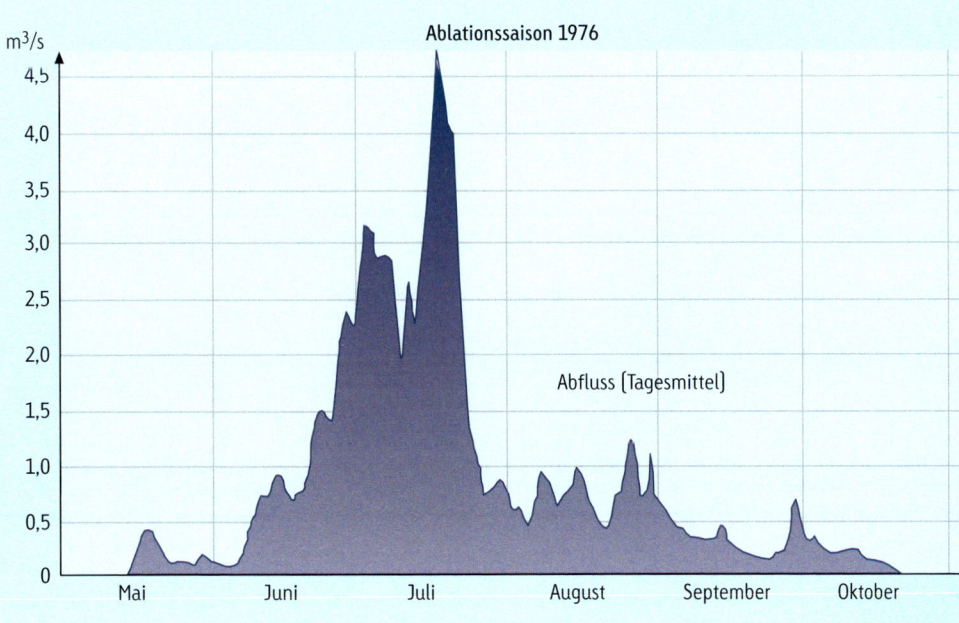

Abfluss (Tagesmittel)

Schmelzwasserseen. Wie zuletzt 1996 beim Ausbruch des Grímsvötn bahnt sich das Schmelzwasser seinen Weg zumeist subglazial unter dem Eis bis an die Gletschergrenzen, wo dann gewaltige Wassermassen großflächig über die proglazialen Areale abströmen (über die Sander, ☐ 12). Spitzenabflusswerte von über 1 Mio. m³/s sind auf Island schon aufgetreten (Björnsson 2002). Neben den katastrophalen, großen *jökulhlaup*s gibt es auf Island auch regelmäßigere Ausflüsse von subglazialen Seen, die dem gesteigerten geothermalen Wärmefluss ihre Existenz verdanken. Kleinere Ansammlungen subglazialen Schmelzwassers können durch kurzfristige Blockade des sub- und englazialen hydrologischen Systems auch in vulkanisch nicht aktiven Regionen infolge lokaler Besonderheiten entstehen.

Katastrophale Schmelzwasserausbrüche von Eisstauseen sind aus vielen Gebirgen bekannt. Häufig ist es der Fall, dass eine Gletscherzunge im Zuge eines Vorstoßes den normalen Abfluss in einem Tal blockiert und als „Eisdamm" fungiert. Große Wassermassen – zumeist eigenes Schmelzwasser oder das benachbarter Gletscher – werden aufgestaut. Durch den Druck der Wassermassen und/oder Abschmelzung an der Gletscherzunge kann dieser „Eisdamm" instabil werden und entweder komplett kollabieren oder sich das Wasser seinen Weg subglazial oder über das Eis bahnen. Je nach Geschwindigkeit des Auslaufens des Sees kann es zu gewaltigen Flutwellen kommen. Solche Seeausbrüche gab es während der „Kleinen Eiszeit" beispielsweise am Vernagtferner in den Ötztaler Alpen (☐ 13). Die größten bekannten Schmelzwasserausbrüche ereigneten sich jedoch in der Rückzugsphase der pleistozänen Eisschilde, vor allem in Nordamerika. Die durch das Auslaufen großer Schmelzwasserseen in den Atlantik abgeflossenen Wassermassen verursachten durch Störung der ozeanischen Wasserzirkulation großräumig extreme Klimaveränderungen, die teilweise Jahrzehnte anhielten (☐ 13).

Vergletscherter Berggipfel am Hauptkamm der Southern Alps, Neuseeland
(Aufnahme: März 2007).

Gletscher der Erde

Größenordnung der weltweiten Vergletscherung

Aktuell sind ungefähr 16 Mio km² oder 10% der Landoberfläche weltweit vergletschert. Den Löwenanteil daran, nämlich etwa 97%, nehmen dabei das Antarktische Eisschild mit seinen zugehörigen Eisschelfen und das Grønländische Eisschild ein, während alle Hochgebirgsgletscher und Eiskappen zusammen sich die übrigen 3% der Fläche aufteilen (▶ 7.1). Berücksichtigt man, dass in diesen 3% noch einige große arktische Eiskappen enthalten sind, wird offensichtlich, dass der auf Hochgebirgsgletscher von Medien und Bevölkerung gerichtete Fokus in krassem Widerspruch zu deren Anteil an der globalen Gletscherfläche steht. Dennoch ist dies nicht ganz ungerechtfertigt, denn der Beitrag der Hochgebirgsgletscher und Eiskappen zum Anstieg des Meeresspiegelanstiegs – aktuell und für das 21. Jahrhundert prognostiziert – liegt mit ungefähr 60% über demjenigen der beiden polaren Eisschilde (Braithwaite & Raper

2002, Meier et al. 2007). Einen hohen Beitrag daran haben Gletscher mit aquatischen Gletscherfronten, deren glazidynamische Instabilität (🗎 6) in Massenbilanz- und Klimamodellen unberücksichtigt bleibt, was eine beträchtliche Unsicherheit darstellt.

Eine weitaus größere Unsicherheit als bei der Fläche existiert bei der Abschätzung des globalen Eisvolumens – nicht nur bei Hochgebirgsgletschern und Eiskappen (▶ 7.1). Analog sind jedoch die Verhältnisse beim geschätzten globalen Eisvolumen von insgesamt 28,4 Mio. km³, von denen je nach Berechnung lediglich 0,18 – 0,47% auf die Gletscher außerhalb von Antarktis und Grønland entfallen. Beurteilt man diese Verteilung des Eisvolumens hinsichtlich eines möglichen Anstieges des Weltmeeresspiegels durch Reduktion der Gletschermasse, wird deutlich, dass die Schlüsselrolle, den aktuellen Verhältnissen zum Trotz, den polaren Eisschilden zukommen wird, insbesondere der Antarktis. Da die Messung des Volumens der polaren Eisschilde und die Berechnung beziehungsweise Modellierung von deren Massenbilanz noch vergleichs-

a)	Fläche	Volumen	SLE (Meeresspiegelanstieg)
Gletscher und Eiskappen			
maximale Kalkulation	546 000 km²	133 000 km³	0,37 m
minimale Kalkultaion	510 000 km²	51 000 km³	0,15 m
Eisschelfe	1 500 000 km²	700 000 km³	0,0 m
Polare Eisschilde	14 000 000 km²	27 600 000 km³	63,9 m
Grønland	1 700 000 km²	2 900 000 km³	7,3 m
Antarktis	12 300 000 km²	24 700 000 km³	56,6 m

b)	Fläche	Anzahl Gletscher
Südamerika		
Patagonisches Eisfeld, Feuerland	21 200 km²	4 234
Argentinien (nördlich 47,5° S)	1 385 km²	3 771
Chile (nördlich 46° S)	757 km²	1 050
Bolivien	510 km²	1 697
Peru	1 780 km²	2 642
Ecuador, Kolumbien, Venezuela	224 km²	753
Mittelamerika	11 km²	keine Daten
Nordamerika		
USA (mit Alaska)	75 283 km²	15 416
Kanada	200 806 km²	83 036
Afrika	11 km²	60
Europa		
Island	11 200 km²	keine Daten
Svalbard	33 666 km²	895
Skandinavien (mit Jan Mayen)	3 058 km²	2 410
Alpen	3 060 km²	5 426
Pyrenäen	11 km²	108
Asien		
Russland und GUS	82 128 km²	20 908
Afghanistan, Iran, Türkei	4 000 km²	4 619
Pakistan, Indien	40 000 km²	6 384
Nepal, Bhutan	7 500 km²	568
China	59 425 km²	46 377
Indonesien	7 km²	keine Daten
Ozeanien		
Neuseeland	1 158 km²	3 149
Subantarktische Inseln	7 000 km²	keine Daten
Summe: Gletscher und Eiskappen	**554 180 km²**	**285 711**

▲ 7.1

Ausmaß der weltweiten Vergletscherung im Überblick (a) und etwas detaillierter, beschränkt auf Hochgebirgsgletscher und Eiskappen (b). Aufgrund deutlicher Unterschiede in der Größenabschätzung vor allem des Eisvolumens sind bei (a) die beiden extremen Werte für Gletscher und Eiskappen angegeben. SLE steht für *sea level equivalent*, das heißt den theoretischen Meeresspiegelanstieg bei Abschmelzung der gesamten Eismasse. Die Werte in der Zusammenstellung (b) sind teils exakte Inventardaten, teils lediglich Abschätzungen (Daten: [a] IPCC 2007, [b] IGS 2008).

weise große methodische Probleme birgt, ist eine exakte Prognose des durch verstärkte Gletscherschmelze verursachten Meeresspiegelanstieges noch schwierig und sind die Unsicherheiten vergleichsweise hoch (Zwally et al. 2005, IPCC 2007).

Nicht erst seit der erheblichen Zunahme der Aufmerksamkeit in Zusammenhang mit der Rolle von Gletschern in der aktuellen Klimaveränderung werden international große Anstrengungen unternommen, die Gletscher weltweit zu inventarisieren und Kenndaten über beispielsweise deren Fläche zu sammeln. In den 1960er-Jahren begann die Arbeit am *World Glacier Inventory* (WGI), welche trotz großen Fortschrittes bis heute noch nicht abgeschlossen ist und knapp 37 % der geschätzten Gletscherfläche von Hochgebirgsgletschern und Eiskappen umfasst. Dies ist angesichts der großen Anzahl an individuellen Gletschern leicht zu erklären und gleichzeitig die Begründung für die weite Spanne der Werte der vorliegenden Flächenberechnungen (► 7.1). Zwei Institutionen sammeln diese Inventardaten, der *World Glacier Monitoring Service* (WGMS) in Zürich und das *National Snow and Ice Data Center* (NSIDC) in Boulder, USA, und machen sie in großen Datenbanken elektronisch leicht zugänglich. Beim WGMS werden zusätzlich auch Daten der Massenbilanz- und Längenänderungsmessungen gesammelt, aufbereitet und veröffentlicht. Diese Sammlung glaziologischer Daten ist in das globale Netzwerk der Beobachtung von meteorologischen und klimarelevanten Daten eingebunden (Haeberli et al. 2000, 2007, Haeberli 2004). Inzwischen existieren eine weitgehende internationale Standardisierung der Messungen und eine Klassifikation der Gletscher. Seit den 1990er-Jahren arbeitet die GLIMS-(*Global Land Ice Measurements from Space*-)Initiative auf Grundlage der erzielten Verbesserungen in der Fernerkundung am Aufbau einer neuen und digital erweiterten Inventarisierung der Gletscher (Kargel et al. 2005, Raup et al. 2007). Aktuell sind durch GLIMS etwa 27 % der Gletscherfläche erfasst, wobei sich beide Inventare idealerweise ergänzen beziehungsweise Vergleiche durch einen unterschiedlichen Zeitpunkt der Inventarisierung möglich gemacht werden sollen. Die komplette weltweite Inventarisierung der Gletscher stellt aber immer noch eine große Herausforderung dar, die durch die Dynamik der Gletscher und deren ständige Veränderung zusätzlich erschwert wird.

Eisschilde und Eiskappen

Gletscher lassen sich auf Grundlage ihrer Dimension und ihrer vor allem vom Relief bestimmten Morphologie differenzieren. Früher wurde der Beschreibung und Klassifikation unterschiedlicher morphologischer Gletschertypen oft viel Raum geschenkt, deren Bedeutung muss jedoch relativiert werden. Größe und Morphologie eines Gletschers entfalten zwar Einfluss auf das Auftreten bestimmter glazialmorphologischer Prozesse. Den thermischen Konditionen an der Gletscherbasis und anderen glaziologischen Eigenschaften kommt aber eine weitaus größere Bedeutung zu (🗎 9 und 10). Gletschergröße und -morphologie dürfen als nichtklimatische Einflussfaktoren innerhalb des Konzeptes der Massenbilanz nicht außer Acht gelassen werden; zur Analyse und Interpretation der Massenbilanz individueller Gletscher und deren Gletscherstandsschwankungen ist eine detailreiche allgemeine morphologische Klassifikation aber selten notwendig. Stattdessen ist bei Detailstudien eine Betrachtung der spezifischen morphologischen Eigenschaften des untersuchten Gletschers erforderlich. Das in Hochgebirgen sehr facettenreiche Relief bedingt dort eine derart große Individualität der Gletschermorphologie, dass sich diese oftmals nicht in ein starr gegliedertes Klassifikationsschema pressen lässt. Vor diesem Hintergrund beschränken sich die nachfolgenden Ausführungen auf eine kurze Definition der wichtigsten morphologischen Gletschertypen. Auf eine Diskussion

unterschiedlicher Typisierungsverfahren und Begriffszuweisungen wird weitgehend verzichtet.

Als Hauptgruppen kann zwischen „reliefübergeordneten" und „reliefuntergeordneten" Gletschern unterschieden werden. Reliefübergeordnete Gletscher sind weder in ihrem Grundriss, noch in der Morphologie entscheidend vom Relief beeinflusst, sieht man von den Randbereichen ab. Ursache hierfür ist ihre Größendimension. Flächen von mindestens 1 Mio. km² besitzen beispielsweise die Eisschilde (*ice sheets*), deren Eis vom Zentrum aus in unterschiedliche Richtungen abfließt. Die Mächtigkeit des Eises im Zentralbereich kann 3 000 m übersteigen. Die Eisoberfläche im Zentrum ist weitgehend flach und nur leicht, einer sehr flachen Kuppel vergleichbar, gewölbt. Zu den Rändern hin wird die Neigung jedoch stärker (▶ 7.2). Aktuell existieren mit dem Grønländischen Eisschild und dem Antarktischen Eisschild zwei der auch als „Inlandeise" bezeichneten Eisschilde.

Im Detail kann die Morphologie der Eisschilde komplexer sein. Das Antarktische Eisschild setzt sich eigentlich aus drei Teilen zusammen: dem Ostantarktischen Eisschild, dem Westantarktischen Eisschild und den Eismassen im Bereich der Antarktischen Halbinsel (▶ 7.4). Innerhalb eines Eisschildes können sich mehrere „Eisdome" (Eiskulminationen, zentrale Erhebungen) mit radialem Abfluss des Eises ausgebildet haben, was als Resultat zu einem differenzierten Fließmuster mit mehreren Eisscheiden führt. Auch für die ehemaligen pleistozänen Eisschilde konnte eine komplexe Struktur mit mehreren Eisscheiden und Eisdomen rekonstruiert werden. Im Randbereich der Eisschilde kommt es in durch das Relief vorgezeichneten Zonen zu kanalisiertem, schnellem Eisfluss (▶ 7.5). Die Eisgeschwindigkeiten erreichen hier Werte, welche leicht um den Faktor 100 über denjenigen der weiten Bereiche des restlichen Eisschildes mit ihrer flächenhaften Eisbewegung liegen (▶ 3.9). Diese Eisströme (*ice streams*) können direkt in ein Eisschelf münden und sind für den Haupttransport beziehungsweise die Hauptdranage des Eisschildes verantwortlich (▶ 7.6). Ihr Verhalten bestimmt ganz maßgeblich die Stabilität des gesamten Eisschildes (Bennett 2003).

In Grundriss und Morphologie den Eisschilden ähnlich, in ihrer Dimension aber mit maximal 50 000 km² erheblich kleiner sind Eiskappen (*ice caps*). Ihre Eismassen fließen ebenfalls annähernd radial in verschiedene Richtungen ab. An diesem reliefübergeordneten Gletschertyp ist lediglich in Randbereichen der Einfluss des Reliefs erkennbar, obwohl hochgelegene Verebnungsflächen ihre Ausbildung begünstigen können. Bei Mächtigkeiten von vielen Hundert Metern sind sie hauptsächlich in Arktis und Subarktis zu finden, zum Beispiel auf Baffin Island. Im Verbreitungsgebiet der Eiskappen finden sich auch sogenannte *highland ice fields*, welche einem stärkeren Reliefeinfluss unterliegen. Sichtbar wird dies an einer sanft welligen, vom Relief des Gletscherbettes mitbestimmten Eisoberfläche und einer größeren Anzahl

Eisbohrkerne – Prinzip und Potenzial

In der (Paläo-)Klimatologie und Quartärgeologie werden Eisbohrkerne zur Untersuchung des Vorzeitklimas herangezogen. Die Lokalitäten der Eisbohrkerne liegen im Regelfall in den Zentralbereichen polarer Eisschilde und Eiskappen (▶ 7.2). Dies hat unterschiedliche Gründe. So zielt man auf die Erfassung eines möglichst langen Abschnittes der Erdgeschichte, wozu ausreichend lange Eisbohrkerne mit entsprechend alten Eisschichten notwendig sind. So umfasst etwa der GRIP-Eisbohrkern des zentralen Grønländischen Eisschildes von mehr als 3 000 m Teufe den Zeitraum der letzten 250 000 Jahre. Der 2 500 m tiefe Vostock-Eisbohrkern der Antarktis reicht gut 220 000 Jahre zurück. Im EPICA-Projekt sollen über 900 000 Jahre alte Eisschichten in der Antarktis untersucht werden (Stauffer et al. 2004, Jouzel et al. 2007). Eine kontinuierliche Analyse von der Eisoberfläche bis zur Basis des Eiskernes ist nicht einfach, vor allem aufgrund der stets abnehmenden Mächtigkeit der Eisschichten und damit verbundenen Datierungsprobleme. Auch an polaren Eiskappen (Devon Ice Cap, Baffin Island) konnten Eisbohrkerne gewonnen werden. In Ausnahmen wurden Eiskernanalysen auch außerhalb der Polar- und Subpolargebiete durchgeführt, beispielsweise an hochgelegenen Gebirgsgletschern mit minimaler Bewegung oder mit kalten Firnflecken, die jedoch aus kaltem Eis bestehen müssen. Die Präsenz von Schmelzwasser und der vergleichsweise schnelle Massenumsatz temperierter Hochgebirgsgletscher machen dagegen Eiskernanalysen praktisch unmöglich.

Neben der gewünschten Eismächtigkeit, welche vom zu erzielenden Eisalter vorgegeben wird, müssen bei der Suche nach geeigneten Standorten für Eisbohrkerne die thermischen Eigenschaften des Eises und die klimatischen Rahmenbedingungen Berücksichtigung finden. Um die im später in Eis umgewandelten Schnee enthaltenen Informationen über die Zusammensetzung der Atmosphäre anhand von Luftblasen exakt analysieren zu können, muss eine Kontamination durch Schmelzwasser ausgeschlossen werden. Die Lokalität sollte daher in der *dry-snow zone* beziehungsweise im Bereich von kaltem Eis liegen. Deformationsflie-

ßen tritt jedoch auch bei kaltem Eis auf. Während in den oberen Eisschichten annuelle Lagen durch morphologische Unterschiede der saisonalen Eistypen noch visuell ausgewiesen werden können, identifiziert man in den komprimierten und durch Deformation mächtigkeitsreduzierten tieferen Schichten annuelle Lagen anhand der saisonalen Schwankungen des Verhältnisses der Sauerstoffisotope. Nahe der Basis des Kernes ist auch dieses Verfahren nicht mehr möglich, die Schichten sind dazu zu geringmächtig. Theoretische Fließmodelle, die unter Berücksichtigung verschiedener Parameter wie Eismächtigkeit oder Oberflächenneigung die Raten der internen Deformation simulieren, kommen dann zur Anwendung. Die kalkulierte Mächtigkeit der saisonalen Eislagen ist trotz methodischer Unsicherheiten, beispielsweise der Annahme konstanter Akkumulationsraten beziehungsweise kontinuierlicher und gleichgerichteter Fließbewegungen, durch ständige Verbesserung der Methode in den letzten Jahrzehnten sehr zuverlässig geworden. Um die aus der internen Deformation erwachsenden methodischen Probleme zu minimieren, werden Eisbohrkerne bevorzugt im Bereich von Eiskulminationen und -scheiden im Zentrum eines Eisschildes gewonnen. Aufgrund der Höhenlage und klimatischen Kontinentalität ist dort zusätzlich die Wahrscheinlichkeit des Auftretens von Schmelzereignissen am geringsten.

An Eisbohrkernen wird eine ganze Reihe von Parametern gemessen (▶ 7.3). Aus der Analyse der kleinen, isolierten Lufteinschlüsse im Gletschereis lassen sich Aussagen über die chemische Zusammensetzung der Atmosphäre und deren Veränderungen während der letzten Jahrtausende bis Jahrhunderttausende treffen, beispielsweise Schwankungen der CO_2- und Methan-Konzentration. Eine begrenzte methodische Unsicherheit besteht darin, dass sich die Porenräume des Schnees beziehungsweise Firns im hochpolaren Klima nur langsam schließen, bisweilen erst nach einigen Hundert Jahren (▶ 2.3). Die vollständige Isolation jener Lufteinschlüsse vollzieht sich nur langsam. Da während der Metamorphose zumindest theoretisch die Möglichkeit eines Austausches der Luft

in den Porenräumen nicht ganz ausgeschlossen werden kann, betonen einige Forscher gewisse Einschränkungen in der Aussagekraft der Analyse von Lufteinschlüssen vergleichsweise junger Zeiträume. Dieses methodische Problem erklärt, wieso es für den viel zitierten „vorindustriellen" CO_2-Gehalt der Erdatmosphäre unterschiedliche Messergebnisse gibt. Durch Vergleiche der Messwerte und durch Korrelation mit anderen Klimaindikatoren – vor allem marinen Mikrofossilien – konnte man sich auf einen „konventionellen" mittleren Schätzwert einigen. Grundsätzlich ist es nicht ausgeschlossen, dass es im Gletschereis mit der Zeit zu geringfügigen Diffusionsprozessen kommen könnte.

Ein wichtiger an Eisbohrkernen gemessener Parameter ist das Verhältnis der Sauerstoffisotope im Gletschereis. Es liefert Erkenntnisse über die Paläotemperatur. Grundlage dafür ist der Umstand, dass Sauerstoff in natürlicher Umgebung in drei unterschiedlichen Isotopen auftritt. Neben den stets vorhandenen acht Protonen besitzt das Isotop ^{16}O (Gesamtanteil etwa 99,7 %) acht Neutronen, das Isotop ^{17}O (Gesamtanteil 0,04 %) neun Neutronen und das Isotop ^{18}O (Gesamtanteil 0,2 %) zehn Neutronen. Auch Wasserstoff tritt in zwei unterschiedlichen Isotopen auf, ^1H und D (Deuterium = ^2H) – das Letztgenannte mit je einem Proton und Neutron. Als Wassermoleküle existieren alle Kombinationsvarianten der unterschiedlichen Sauer- und Wasserstoffisotope, die häufigsten Wassermoleküle sind jedoch $^1H_2^{16}O$ (über 99 %), $^1HD^{16}O$ und $^1HD^{18}O$. Beim Verdunsten von Wasser an der Meeresoberfläche kommt es zur Fraktionierung der Moleküle. Aufgrund des höheren Energieaufwandes verdunsten die schweren Isotope etwas langsamer. Der entstandene Wasserdampf ist an schweren Isotopen relativ abgereichert, im Meerwasser steigt ihre Konzentration parallel an. So ist der Anteil von ^{18}O im Wasserdampf 1 % niedriger als im Meerwasser. Die Anteile schwerer Isotope variieren damit in Abhängigkeit von der Lufttemperatur. Je höher die Lufttemperatur, desto größer ist die für die Verdunstung zur Verfügung stehende Energie und desto leichter können auch schwere Isotope verdunsten. Die Temperatur des Wasser-

Eisdom   Eisbohrkern

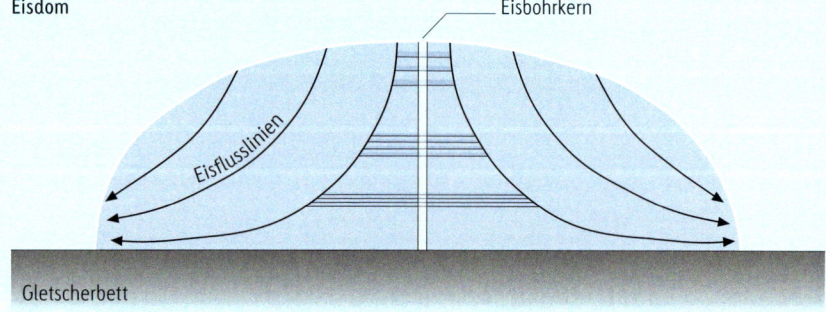

Gletscherbett

◀ **7.2**

Darstellung der optimalen Lokalität für einen Eisbohrkern im Zentrum eines polaren Eisschildes. Durch Kompression und Eisfluss werden die jährlichen Eisschichten zur Basis hin immer geringmächtiger und können zuletzt nicht mehr durch die saisonalen Unterschiede der Sauerstoffisotope, sondern nur durch theoretische Fließmodelle unterschieden werden (verändert nach Dansgaard & Oeschger 1989).

dampfes und des später zu Eis umgeformten Niederschlages paust sich deshalb auf das Verhältnis der Sauerstoffisotope (beziehungsweise Wasserstoff/Deuterium) durch. Je niedriger die Temperatur des auf die Gletscheroberfläche fallenden Schnees ist, desto niedriger ist der relative Gehalt an ^{18}O beziehungsweise Deuterium. Angegeben wird das Verhältnis $^{18}O/^{16}O$ (respektive D/^{1}H) als $\delta^{18}O$ (δD) in ‰ im Vergleich zu Meerwasser. Es ist stets negativ, da die schweren Isotopen im Eis immer relativ abgereichert sind. Die minimalen Werte für $\delta^{18}O$ liegen bei –60‰, diejenigen für δD bei –500‰. Im Durchschnitt beträgt das $\delta^{18}O$ in den Zentralbereichen der polaren Eisschilde –30‰ bis –40‰.

Auch wenn die Analyse und Interpretation der Isotopenverhältnisse in Eisbohrkernen kompliziert erscheint, die Methode verfügt über ein unschätzbares Potenzial zur Ausweisung der Paläotemperatur. Die Schwankungen von $\delta^{18}O$ und δD sind heute Grundlage der quartären Stratigraphie von Sauerstoffisotopenstufen. Diese erleichtern die globale Korrelation von Vereisungsereignissen enorm und haben die durch unzählige regionale Namen für bestimmte quartäre Ereignisse verkomplizierte stratigraphische Terminologie wesentlich vereinheitlicht. Oft spricht man dabei auch von MIS (*marine isotope stages*), da die Untersuchung der Sauerstoffisotope nicht allein an Eisbohrkernen durchgeführt wird, sondern auch an marinen Sedimentkernen. Hier werden die Sauerstoffisotopen anhand von Sauerstoff untersucht, der in die Kalkschalen von Mikroorganismen eingebaut wurde. Die Schwankungen der marinen Sauerstoffisotope sind dabei weniger von Temperaturschwankungen als vielmehr von Veränderungen der globalen Eismenge bestimmt.

An Eisbohrkernen werden zusätzlich Parameter wie zum Beispiel der Aciditätsindex (gemessen über die elektrische Leitfähigkeit des Eises) und der Staubgehalt der Eislage DVI (*dust veil index*) untersucht. Der Aciditätsindex liefert Aussagen über den SO_2-Gehalt des Niederschlages und andere, im Zuge von vulkanischer Aktivität in die Atmosphäre gelangter saurer Aerosole. Der Staubgehalt in der Atmosphäre war während der pleistozänen Vereisungsphasen größer als heute und die Staubakkumulation auf dem Eis lag abschnittsweise zwischen 30- und 70-fach über den aktuellen Werten. Ursache hierfür war der Flächenzuwachs an potenziellen Liefergebieten – wie kaltzeitliche Tundren, trockengefallene Kontinentalschelfbereiche oder Trockengebiete der Tropen und Subtropen – und eine durch stärkere Temperaturgegensätze angetriebene atmosphärische Zirkulation.

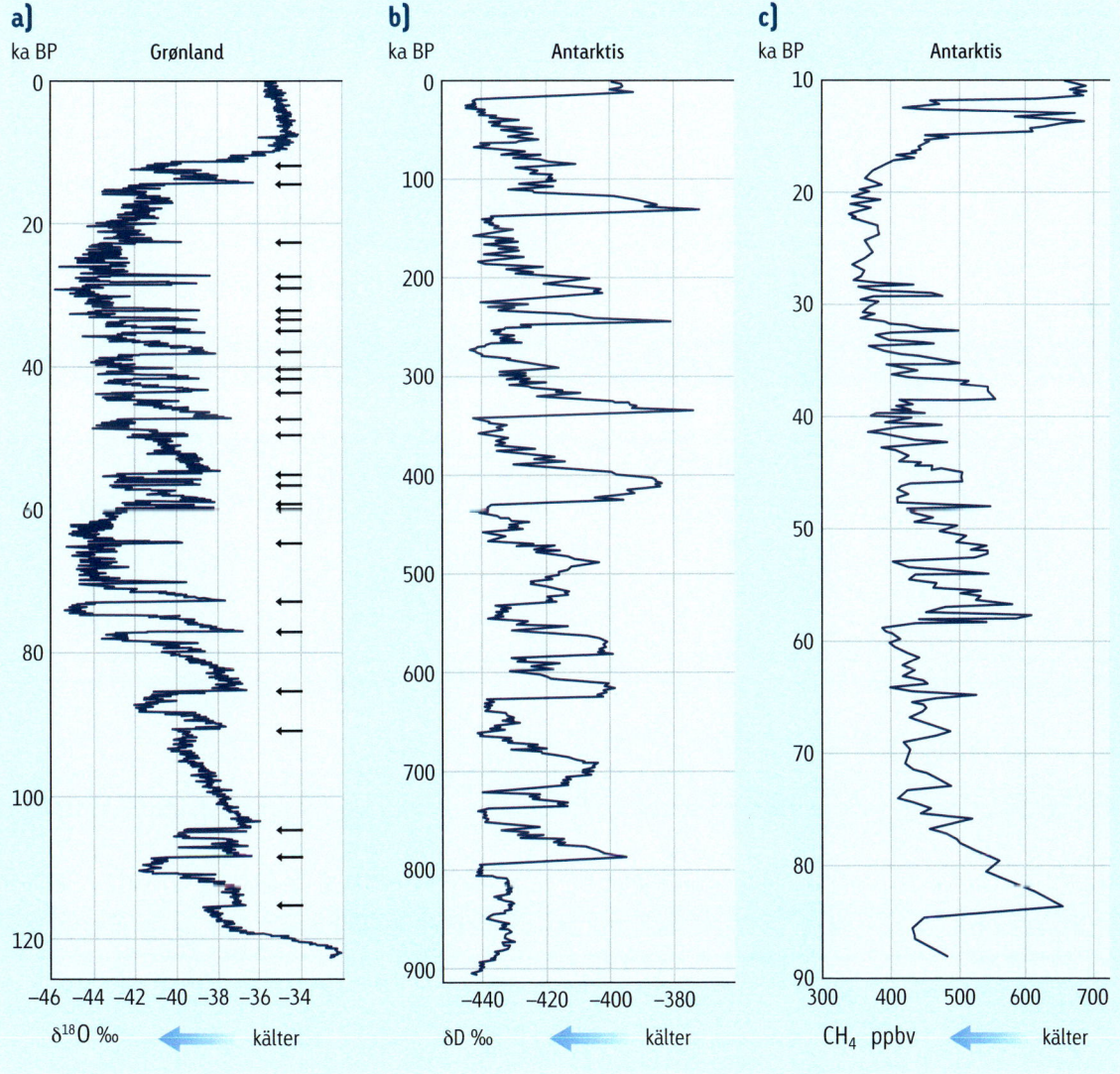

◄ 7.3

Beispiele für die Ergebnisse der Analyse von Eisbohrkernen aus Grønland beziehungsweise der Antarktis. Je niedriger der relative Gehalt der schweren Isotope ^{18}O beziehungsweise D ist, desto niedriger waren die Lufttemperaturen bei deren Ablagerung (a und b). Auch die Methankonzentration (CH_4) – angegeben in ppbv (*parts per billion* = Teilchen pro Milliarde Teilchen am Volumen) – ist mit der Lufttemperatur deutlich korreliert. Die Pfeile auf dem Diagramm (a) markieren die sogenannten Dansgaard-Oeschger-Events, abrupte, kurzzeitige Erwärmungen (verändert nach [a] NorthGRIP members 2004, [b] Jouzel et al. 2007, [c] Blunier & Brook 2001).

Satellitenbild (sichtbares
Lichtspektrum) der Antarktis
(Quelle: verändert nach NASA
World Wind/Blue Marble).

► 7.5

Randbereich des Grønländischen Eisschildes an der ost-
grønländischen Fjordküste
(Aufnahme: September 1990).

▲ 7.6
Eisstrom im östlichen randlichen Bereich des Grønländischen Eisschildes [Aufnah-
me: September 2002].

von Nunatakkern, welche die Eisoberfläche durchsto-
ßen. Einige Beispiele solcher Gletscher befinden sich
zum Beispiel in den Gebirgen des kanadischen Nord-
westens (St. Elias Mountains), auf Svalbard beziehungsweise in Patagonien. Auch wenn die Eismassen der
highland ice fields in verschiedene Richtungen abfließen, sind sie doch nur eingeschränkt „reliefüberge-
ordnet" und müssen als Übergangsform zu reliefuntergeordneten Gletschertypen betrachtet werden.

Plateaugletscher
und Outletgletscher

Obwohl Plateaugletscher vereinzelt als reliefübergeordnete Gletscher angesprochen werden, stellen sie
tatsächlich einen reliefuntergeordneten Gletschertyp dar. Sie sind eine Dimension kleiner als Eiskappen und besitzen als typisches Kennzeichen eine plateauähnliche Oberfläche. Vom zentralen Teil fließt das
Eis in unterschiedliche Richtungen ab. In vielen Fällen repräsentiert die flache Eisoberfläche das unterlagernde Relief, es gibt aber auch gegensätzliche Fälle. Der Jostedalsbre im westlichen Südnorwegen weist
beispielsweise eine plateauähnliche Gletscheroberfläche auf (▶ 7.7 und 7.8), wogegen geophysikalische
Untersuchungen seines Gletscherbettes zeigen, dass

das Relief unter dem Gletscher durchaus eine moderate Struktur hat. Die Gletscheroberfläche ist nicht parallel zum Gletscherbett und als Resultat schwankt die
Eismächtigkeit zwischen wenigen Dekametern und bis
zu 600 m.

Im Kontrast zu Eisschilden und Eiskappen sind
Gletscher geringerer Dimension in ihrer Morphologie
generell, im Einzelnen aber unterschiedlich stark, vom
Relief beeinflusst. Einige Gletschertypen sind sogar an
bestimmte Landformen gebunden, zum Beispiel Kargletscher. Dies trifft besonders für Hochgebirgsgletscher zu, die ausnahmslos reliefuntergeordnet sind.
Zur großen Gruppe der reliefuntergeordneten Gletscher zählt man auch die Outletgletscher oder „Outlets" (Auslassgletscher). Es sind Gletscherarme oder
-zungen, welche als morphologisch individuelle Gletscher ausgebildet von einer zentralen Eismasse in unterschiedliche Richtungen abfließen (▶ 7.9). Bei jener Eismasse kann es sich um einen Plateaugletscher,
aber auch um Eisschilde, Eiskappen oder *highland ice
fields* handeln. Bezüglich Grundriss und Morphologie
können Outletgletscher durchaus mit anderen reliefuntergeordneten Gletschertypen verglichen werden.
Zu einem besonderen Typus macht sie, dass sie als
Teil der zentralen Eismasse betrachtet werden müssen. Sie dränieren jeweils einen bestimmten Sektor
zum Beispiel eines Plateaugletschers, wobei ihr „Ein-

▲ 7.7

Blick über den Zentralbereich des Jostedalsbre (westliches Südnorwegen). Nur wenige Nunatakker durchbrechen den bis zu 600 m mächtigen Plateaugletscher (Aufnahme: August 2004).

▲ 7.8

Kante des zentralen Bereiches des Jostedalsbre (westliches Südnorwegen) zum Krundalen hin. Während verschiedene Outletgletscher dieses Plateaugletschers Tälern im Relief des Gletscherbettes folgen, bricht an anderen Stellen das Eis in Form von steilen Eisbrüchen über steile Kanten an Talschlüssen ab (Aufnahme: August 2004).

zugsgebiet" nur durch detaillierte Untersuchung des Gletscherbettes und des Eisflusses festgelegt werden kann. Outletgletscher besitzen somit kein morphologisch individuell abgegrenztes Akkumulationsgebiet oder Firnbecken; bei ihnen ist der Dränagesektor der zentralen Eismasse das Akkumulationsgebiet. Bei der Interpretation der Reaktion von Outletgletschern muss diesem Umstand Rechnung getragen werden. Die Größe der Gletscherzunge eines Outletgletschers korrespondiert nicht zwangsläufig mit der Größe seines Dränagesektors.

Talgletscher, Kargletscher und andere Gebirgsgletscher

Talgletscher sind in vergletscherten Hochgebirgen weit verbreitet. Ihre Akkumulationsgebiete sind morphologisch vorgezeichnet und liegen in Talköpfen oder hochgelegenen Firnmulden. Typisches Kennzeichen für diesen Gletschertyp ist eine lang gestreckte Gletscherzunge (▶ 7.10). Es ist möglich, Talgletscher in Abhängigkeit von Form und Größe ihres Akkumulationsgebietes oder ihrer Flächen-Höhen-Verteilung detaillierteren Klassifikationen zu unterwerfen. Sie können Längen von mehreren Zehnern von Kilometern erreichen. In den pleistozänen Vereisungsperioden formten stark angewachsene Talgletscher in Hochge-

▲ 7.9

Engabreen, ein Outletgletscher des Vestis/Svartis (Nordnorwegen). Das Wasser im Vordergrund ist der Holandsfjord, das heißt, die Gletscherfront endet nur wenige Meter über dem Meeresspiegel (Aufnahme: August 1996).

▼ 7.10

Der Franz Josef Glacier, ein typischer Talgletscher (Southern Alps, Neuseeland; Aufnahme: März 2007).

▲ 7.11

Auf dem Schrägluftbild aus den Coast Mountains in British Columbia (Kanada) sind Tal- und Kargletscher in unmittelbarer Nachbarschaft zu erkennen – eine in Hochgebirgen häufige Situation. Der Kargletscher in der rechten Bildhälfte zeigt eine schon vergleichsweise lange Gletscherzunge (Aufnahme: September 2002).

► 7.12

Beispiele für die unterschiedliche Morphologie von Kargletschern: Styggedalsbreen (Jotunheimen, Südnorwegen; rechts; Aufnahme: August 1994), Metelille Glacier (Southern Alps, Neuseeland; nächste Seite links; Aufnahme: März 2006) und Rofenkarferner (Ötztaler Alpen, nächste Seite rechts, Juli 2007).

birgen sogenannte Eisstromnetze (*transection glaciers, interconnected systems of valley glaciers*), welche aktuell beispielsweise in Alaska existieren. Das Relief bestimmte im Wesentlichen den Eisabfluss und nur die höchsten Berggipfel und Grate erhoben sich als Nunatakker über die Eisoberfläche. Über Transfluenzpässe konnte das Eis während des Höhepunktes der Vereisung in benachbarte Talsysteme abfließen und ein

verbundenes „Talgletschersystem" bilden. Das Charakteristikum von Eisstromnetzen und ein wesentlicher Unterschied zu pleistozänen Eisschilden war die überwiegende Abhängigkeit der Eismächtigkeit und Eisbewegungslinien von den vorhandenen Talsystemen.

Ein zweiter weit verbreiteter Gletschertyp der Hochgebirge ist der Kargletscher (*cirque glacier*). Wie schon am Namen erkennbar, ist er in Morphologie

▶ 7.13

Gletscher in den Coast Mountains von British Columbia. Die Ansprache der Gletschertypen ist schwierig, denn die zusammenhängenden Firnmulden sprechen eigentlich gegen eine Klassifikation als Talgletscher; für einen „Plateaugletscher" ist jene Eismasse aber wiederum zu gering. Eine ähnliche Problematik kennzeichnet viele Hochgebirgsgletscher und stellt, auch vor dem Hintergrund der aktuellen Fragestellungen bei der Erforschung von Gletschern, die Notwendigkeit detaillierter morphologischer Klassifikationen generell in Frage, da mit ihnen kein Erkenntnisgewinn zu erzielen ist (Aufnahme: September 2002).

und Grundriss an die amphitheater- beziehungsweise halbkreisförmigen Kare gebunden (⬚ 11). Kargletscher besitzen eine geringere Dimension als Talgletscher und sind daher kaum in der Lage, aus dem Kar heraus vorzustoßen. Falls doch, bildet die verlängerte Gletscherzunge Übergangsformen zu Talgletschern (▶ 7.11). Begründet in der ungeheuren Variationsbreite der Morphologie von Karen gleicht kaum ein Kargletscher dem anderen, eine „Standardform" gibt es nicht (▶ 7.12). Hier im Hochgebirge offenbart sich die generelle Schwäche aller Versuche morphologischer Gletscherklassifikationen (▶ 7.13). Infolge der ungeheuren Vielfalt an Geländeformen, die sich an Berg- und Talflanken zur Bildung eines Gletschers eignen, ist eine klare Ansprache kleinflächiger Gletscher kaum möglich. Pragmatisch werden beispielsweise in den Southern Alps Neuseelands neben Tal- und Kargletschern alle übrigen, kleinflächigen Gletscher zusammengefasst als *mountain glaciers* ausgewiesen (Chinn 1996). *Mountain glaciers* – nicht zu verwechseln mit dem allgemeinen Begriff Hochgebirgsgletscher – befinden sich nicht in ausgebildeten Karen oder Tälern, sondern an Berggipfeln und Talflanken (▶ 7.14). Ihre Morphologie ist komplett an die Strukturen des Reliefs gekoppelt. Nicht zuletzt die so begründete morphologische Individualität sorgt für unzählige Begriffe in der Lite-

ratur. So ist für Gletscher auf Absätzen beziehungsweise Leisten an Berggipfeln oder Talflanken der Ausdruck *ice apron* (*niche glacier*) in Gebrauch. Man liest immer wieder von „Hanggletschern" oder „Hängegletschern", ist dabei aber weit von einer einheitlichen Namensgebung entfernt. Wichtig erscheint daher in diesem Zusammenhang nur der Hinweis, dass ein nahtloser Übergang zu Hangvereisungen beziehungsweise Eisflanken besteht, welche durch fehlende Bewegung infolge geringer Mächtigkeit nicht als Gletscher bezeichnet werden dürfen.

Im Kontrast zu den meist kleinflächigen aktuellen Gebirgsgletschern in den Zentralbereichen der Hochgebirge können Piedmontgletscher (Vorlandgletscher) Dimensionen von mehreren Hundert oder sogar einigen Tausend Quadratkilometern erreichen, zum Beispiel der Malaspina Glacier, Alaska. Piedmontgletscher prägten während der pleistozänen Vereisungsperioden unter anderem das nördliche Alpenvorland. Sie entstehen dort, wo Eisströme eines Eisstromnetzes oder Outletgletscher einer Eiskappe sich auf flachen Vorlandebenen ausbreiten können. Es bildet sich eine flache und breite Gletscherzunge, welche einen loben- oder fächerförmigen Grundriss aufweist. Piedmontgletscher sind quasi das terrestrische Äquivalent zu flachen Eisschelfen an Meeresküsten.

Gletscher mit im Meer endender Gletscherfront werden *tidewater glaciers* genannt, sowohl falls die äußerste Gletscherzunge gründig als auch wenn sie kalbend ist (🗋 5). Zu den kalbenden Gletschern zählen auch die Fjordgletscher, deren Grundriss durch das Relief eines Küstengebirges vorgegeben ist. Fjordgletscher sind spezielle Outlets von Eiskappen beziehungsweise Eisschilden oder Eisströme von Eisstromnetzen im marinen Milieu. In bestimmten Zeitabschnitten der pleistozänen Vereisungen waren sie für die norwegische Westküste typisch, heute findet man sie unter anderem auf Grønland (▸ 7.5).

▾ **7.14**
Beispiele für Gletscher aus den Southern Alps (Neuseeland), welche unter die zusammenfassende Bezeichnung *mountain glaciers* fallen: Jasper Glacier (oben links, Aufnahme: Februar 2008), Frind Glacier/namenloser Gletscher am Gipfel des Mt. Sefton (oben rechts, Aufnahme: März 2008), Gipfelvereisung am Mt. Walter (unten links, Aufnahme: März 2007), Stocking/Tewaewae Glacier, der auch als Kargletscher typisiert werden kann (unten rechts, Aufnahme: März 2008).

Regenerierte Gletscher

Dieser spezielle, reliefuntergeordnete Gletschertyp
ließe sich rein morphologisch in den meisten Fällen mit Tal- oder Kargletschern gleichsetzen. Die
separate Ausweisung und besondere Definition
basiert jedoch nicht auf morphologischen Eigenschaften. Die sogenannten regenerierten Gletscher
(*regenerated/re-juvenated glaciers*) besitzen als
Charakteristikum kein eigenes Akkumulationsgebiet (► 7.15). Ihr Massenzuwachs wird hauptsächlich durch Winddrift von Schnee und Eis- oder
Schneelawinen geleistet, beispielsweise von überhängenden Teilen eines Plateaugletschers oder
größeren Wandvereisungen. Dank dieser Besonderheit können regenerierte Gletscher auch weit
unterhalb des Glaziationsniveaus beziehungsweise der klimatischen Gleichgewichtslinie eines Ge-
bietes liegen. Bei Rekonstruktionen der Gleichgewichtslinie beziehungsweise der Beurteilung ihrer
Gletscherstandsschwankungen muss diesen besonderen Akkumulationsverhältnissen Beachtung
geschenkt werden. Es ist jedoch nicht grundsätzlich ausgeschlossen, dass es ein paralleles Verhalten bezüglich der Gletscherreaktion zu benachbarten „normalen" Gletschern gibt.

▲ **7.15**

Brenndalsbreen (alter Name: Åbrekkebreen), ein regenerierter Gletscher im westlichen Südnorwegen. Man erkennt,
dass derzeit keine Verbindung zum im Hintergrund sichtbaren Plateaubereich des Jostedalsbre besteht. Der Gletscher hat erst im Verlauf eines starken Rückzuges Mitte des 20. Jahrhunderts seine Verbindung zum Hauptgletscher
verloren. Trotz seines Charakters als regenerierter Gletscher unterscheidet sich sein Verhalten in den letzten Dekaden nicht von dem benachbarter Outletgletscher (Aufnahme: September 1995).

8

Das Gletscher-transportsystem

Darwin Glacier, Southern Alps, Neuseeland (Aufnahme: Februar 2008).

Aufnahme und Transport durch den Gletscher

Die ständige Eisbewegung zusammen mit den fortwährenden Veränderungen der Masse, Fläche und Position sind entscheidende Faktoren für die Überformung des Reliefs durch Gletscher. Dank dieser charakteristischen Dynamik können Gletscher durch verschiedene Prozesse Gestein oder Lockermaterial abtragen, um es an anderer Stelle wieder abzulagern. Das Material kann dabei über weite Strecken transportiert werden. Gletscher sind ein Transportsystem mit spezifischen Eigenschaften, welches sich beispielsweise von einem Fluss oder dem Wind in verschiedenen Punkten grundlegend unterscheidet. Vor einer Beschreibung glazialer Erosions- und Akku-

mulationsprozesse (🗋 9 und 10) ist eine Übersicht über die Transportprozesse an Gletschern unerlässlich.

Das Gletschertransportsystem an einem „idealen" Hochgebirgsgletscher (▸ 8.1) kennt unterschiedliche Transportmodi von Material. Eine Vorgabe ist der Ursprung des transportierten Materials, eine andere die glaziologischen Eigenschaften des Gletschers, insbesondere hinsichtlich der Eisbewegung. Generell ist ein Transport an drei Positionen beziehungsweise auf drei „Transportwegen" möglich:

- auf der Gletscheroberfläche (supraglazial)
- innerhalb des Gletscherkörpers (englazial, auch „inglazial")
- an der Gletscherbasis (subglazial, basal)

Der subglaziale Transport von allgemein als Debris bezeichnetem Material findet in der basalen Transportzone (BTZ) statt (▸ 8.2). Sie besteht aus zwei Bereichen. In der oberen Suspensionszone stehen die transportierten Partikel nur mit dem Eis und eventuell anderen Partikeln in Kontakt. In der unteren Traktionszone geraten sie dagegen – zumindest zeitweise – in Kontakt zum Gletscherbett. Dort können sie erodierend tätig oder letztlich sogar abgelagert werden (🗅 9 und 10). Durch Regelation (▶ 3.4) können Partikel von der Traktionszone in die Suspensionszone gelangen, wie sie umgekehrt auch durch basales Druckschmelzen aus der Suspensionszone in die Traktionszone geraten können. Die Grenze zwischen beiden Zonen ist variabel, speziell bei stark gegliedertem Gletscherbett mit größeren Hindernissen. Gesteinspartikel mit kleiner Korngröße können zusätzlich zwischen Gletscherbasis und Gletscherbett transportiert werden.

Subglazialer Debris wird entweder durch den Gletscher selbst im Zuge glazialer Erosionsprozesse an der Gletscherbasis produziert und friert dort anschließend fest, oder bereits vorhandenes Lockermaterial wird durch Regelation aufgenommen. Nur selten gelangt Debris über den Bergschrund, eine Randkluft oder über Gletscherspalten von der Gletscheroberfläche in die basale Transportzone. Subglazialer Debris verbleibt im Regelfall bis zu seiner endgültigen Ablagerung im subglazialen Transportmodus. Treten jedoch Scherungsflächen auf, kann subglazialer Debris entlang der Scherungsflächen ausnahmsweise auch in eine englaziale Transportposition oder auf die Gletscheroberfläche gelangen. Solche Scherungsflächen als Reaktion auf die nicht perfekt plastische Reaktion von Gletschereis beim Auftreten von Spannungen im

▲ 8.1

Schematische Darstellung des Gletschertransportsystems (verändert nach Winkler 1996).

Gletscherkörper lassen sich an der unteren Gletscherzunge gut beobachten (▶ 3.16). In der speziellen Situation einer verstärkten Friktion an der Gletscherbasis und bei Geschwindigkeitsunterschieden zwischen einzelnen Gletscherpartien sind generell Übergänge zwischen den einzelnen Transportwegen jederzeit möglich (▶ 8.4). Gleiches gilt für große Gletscherbrüche. Subglazialer Debris kann analog zu anderem Material auch in den Marginalbereichen eines Gletschers sedimentiert werden. Gegenüber der subglazialen Ablagerung ist das jedoch eher die Ausnahme und fällt quantitativ nur in Einzelfällen ins Gewicht.

Supraglazialer Debris hat seinen Ursprung hauptsächlich in Gesteinsfragmenten, welche durch Steinschlag, Muren, Fels- oder Bergstürze und andere Massenbewegungen auf der Gletscheroberfläche abgelagert wurden. Im Akkumulationsgebiet wird dieses Material zunächst in den englazialen Transportweg überführt. Wie Firn und Eis unterliegen die Gesteinsfragmente im Akkumulationsgebiet der Submergenz (▶ 3.7). Der Bewegungssinn des Debris ist als Folge zusätzlich zur laminaren Gletscherbewegung in Richtung Gletscherbasis ausgerichtet. Im Akkumulationsgebiet sind Konzentrationen supraglazialen Debris an der Gletscheroberfläche daher selten, zum Beispiel kurz nach einem Felssturz (▶ 8.3). Diesen oberflächennahen englazialen Transport bezeichnet man auch als *high-level*-englazial. Unterhalb der Gleichgewichtslinie wird die Submergenz von der Emergenz abgelöst und der Bewegungssinn der Fragmente kehrt sich um. Die Gesteinsfragmente gelangen durch Netto-Abschmelzung sukzessive wieder näher an die Oberfläche und tauen supraglazial aus. Bis zu seiner endgültigen Ablagerung wird der Debris jetzt supraglazial transportiert. Gelangt Debris im Ablationsgebiet auf die Gletscheroberfläche,

◄ 8.2

In einer Randspalte des Storjuvbre (Jotunheimen, Südnorwegen) ist die basale Transportzone im unteren Bereich durch die dunkle Farbe und den im Eis hoch konzentrierten Debris gut zu erkennen (Aufnahme: August 2001).

▲ 8.3

Oberer Abschnitt des Hooker Glacier mit Gipfel des Aoraki/Mt. Cook (rechts). Die im Vordergrund erkennbare „Zunge" von Debris auf der Gletscheroberfläche stammt von einem Felssturz. Das Akkumulationsgebiet ist dagegen praktisch frei von supraglazialem Debris. Zum Aufnahmezeitpunkt herrschte eine typische Föhnsituation mit einer Föhnmauer am Hauptkamm der Southern Alps, Neuseeland, links im Bild zu sehen (Aufnahme: März 2007).

▲ 8.4

Englazialer Debris am Balfour Glacier (Southern Alps, Neuseeland). Durch seinen steilen Eisbruch ist ungewöhnlich viel englazialer Debris vorhanden. Es ist gut zu erkennen, wie supraglazialer Debris in Gletscherspalten abrutscht und so in den englazialen Transportweg (*low-level*) aufgenommen wird (Aufnahme: April 2008).

findet sein Transport normalerweise ausschließlich im supraglazialen Modus statt. Er gelangt nicht mehr in einen anderen Transportweg, es sei denn, er fällt direkt bei Ablagerung oder zu einem späteren Zeitpunkt in eine Gletscherspalte, um anschließend *low-level*-englazial oder subglazial transportiert zu werden (▶ 8.4). Die Unterscheidung zwischen oberflächennahem *high-level-* und *low-level*-Transport nahe der Gletscherbasis beim englazialen Transportweg ist in erster Linie Folge des Debrisursprunges. Jener bestimmt generell zumindest die erste Phase des Weges im Gletschertransportsystem. Zusätzlich können Gesteinsfragmente glazifluvial durch Schmelzwasser auf, im und unter dem Gletscher transportiert werden. Im bedeutenden Unterschied zum Schmelzwasser findet beim beschriebenen Transport des Debris im Gletschertransportsystem keine Materialsortierung nach Partikelgröße statt, die Transportgeschwindigkeit aller Partikel unterschiedlicher Größe entspricht primär der jeweiligen Eisgeschwindigkeit.

Debris

(Gesteins-)Material, welches aktiv durch den Gletscher transportiert wird, bezeichnet man als Debris. Dieser international akzeptierte Begriff umfasst die Gesamtheit des transportierten Materials unabhängig vom jeweiligen Ursprung oder seinen Eigenschaften. Allein auf Grundlage seiner Position im Gletschertransportsystem wird Debris noch genauer unterschieden. Im deutschen Sprachraum wird dieser Fachausdruck nur selten verwendet. Stattdessen findet der mehrdeutige und dadurch problematische Begriff „Moräne" Anwendung (siehe Exkurs „Die Problematik des Begriffes ‚Moräne' in der deutschen Terminologie"). Oft wird daneben von „schuttbedeckten" Gletschern gesprochen. Tatsächlich stellt der supraglaziale Debris auf Hochgebirgsgletschern oftmals auf der Gletscheroberfläche abgelagerten Verwitterungs- und Hangschutt dar, jedoch nicht ausschließlich. Da „Debris" problemlos auch als Bezeichnung für Material subglazialen Ursprunges verwendet werden kann, ist dieser bewusst neutral gehaltene Begriff zu favorisieren. Debris kann sowohl in Form von hausgroßen Blöcken als Zeugnis eines Bergsturzes auf der Gletscheroberfläche auftreten als auch als feiner, vom Wind transportierter oder glazial erodierter Silt. Korngröße, Kornform und Grad der Zurundung (rund bis angular beziehungsweise eckig) sind unbestimmt. Durch Lawinen auf der Gletscheroberfläche abgelagerte Baum- und Pflanzenrelikte oder Überbleibsel menschlicher Aktivitäten müssen konsequenterweise ebenfalls als Debris bezeichnet werden.

Debris ist an Gletschern nie gleich verteilt. Sein jeweiliger Ursprung und die Eisflusslinien verursachen dies. Deutlich wird das vor allem auf der Gletscheroberfläche, wo sich supraglazialer Debris oft in linearen und wallartigen Strukturen konzentriert, den supraglazialen Moränen. Debris kann auch in disperser Verteilung auftreten und beispielsweise einzelne Gletschertische oder Ablationskegel bilden (▶ 3.20). Im Fall starken supraglazialen Debriszutrages kommt es vor, dass die komplette Gletscheroberfläche im Ablationsgebiet von einer geschlossenen Debrisdecke bedeckt wird, sodass kein Eis mehr zu erkennen ist

(▶ 8.5). Auch innerhalb des Gletschers konzentriert sich der englaziale Debris. Neben debrisreichen Eisschichten direkt an der Gletscherbasis – der basalen Transportzone – beziehungsweise den dazu parallelen Debrisbändern des *low-level*-englazialen Transportweges entsteht an der Konfluenz (dem Zusammenfluss) zweier Gletscher an deren „Nahtstelle" aus den ursprünglich gletscherbettparallelen Schichten ein mit Debris angereichertes Septum (Scheidewand) im Gletschereis. Scherungsflächen werden häufig erst durch Debrisbänder, die gleichfalls ehemalige debrisreiche Eisschichten parallel zum Gletscherbett darstellen, sichtbar gemacht. Die Verteilung von Debris innerhalb des Gletschers ist Resultat eines komplizierten Zusammenspiels aus den Eisflussvektoren und den Ursprungsquellen des Debris, zum Beispiel Hindernissen im Gletscherbett oder Gletscherbrüche.

Supraglaziale Moränen

Supraglaziale Moränen besitzen unter den Moränen eine Sonderstellung. Grund ist ihr temporärer Charakter, denn die aus supraglazialem Debris bestehenden, wallartigen Formen auf der Gletscheroberfläche werden noch aktiv transportiert. Dies unterscheidet sie von anderen Moränentypen (🗋 12), die entweder bereits endgültig am Eisrand beziehungsweise unter dem Gletscher abgelagert wurden oder sich im Fall von *ablation moraines* (Ablationsmoränen) auf inaktivem Stagnant- oder Toteis befinden. Supraglaziale Moränen erreichen Kammhöhen von mehreren Metern (selten bis zu wenigen Dekametern) über der sie umgebenden Gletscheroberfläche. Der typisch lang gestreckte Grundriss liegt parallel zu den Eisströmungslinien. Die bemerkenswerte Kammhöhe zahlreicher

EXKURS **Die Problematik des Begriffes „Moräne" in der deutschen Terminologie**

Die in der deutschsprachigen Literatur zu Gletschern konventionell angewendete Terminologie ist nicht problemfrei. Ein Beispiel dafür ist der Begriff „Moräne", der mehrdeutig verwendet wird. Dies kann zu Unklarheiten und Missverständnissen führen. So werden (1) morphologische Formen genauso als Moräne bezeichnet wie (2) glaziale Sedimente oder (3) durch den Gletscher transportiertes Material. Im Vergleich dazu ist in der englischen Terminologie mit (1) *moraine*, (2) *till* und (3) *debris* eine eindeutige Unterscheidung möglich. Aus zahlreichen Gründen, die im Verlauf der nachfolgenden glazialmorphologischen Ausführungen deutlich werden, ist eine eindeutige begriffliche Unterscheidung analog dazu auch für die deutsche Nomenklatur sinnvoll. Als modernisierte Terminologie gilt deshalb: (1) „Moräne" bezieht sich ausschließlich auf morphologische Formen, (2) „Moränenmaterial" steht in Anlehnung an skandinavische Vorbilder für glaziale Sedimente und (3) „Debris" ist das vom Gletscher transportierte und noch nicht endgültig abgelagerte Material.

Da das Moränenmaterial zusätzlich nach genetischen, chronologischen und sedimentologischen Kriterien weiter differenziert werden kann (🗋 10), sorgt die vorgenommene Einschränkung des Begriffes Moräne für ausreichende Klarheit.

In einem weiteren Punkt ist die hier verwendete Terminologie internationalem Standard angepasst worden: dem Verzicht auf eine Unterscheidung von „glazial" und „glaziär". Während dabei der Begriff „glazial" ausschließlich in chronologischer Bedeutung verwendet wird, beispielsweise zur Kennzeichnung eiszeitlicher Sedimente, findet „glaziär" in genetischer beziehungsweise prozessualer Bedeutung Anwendung. Eine vergleichbare begriffliche Unterscheidung ist jedoch international unbekannt und bisweilen auch nicht praktikabel. Als Konsequenz wird hier der Terminus „glaziär" vermieden und werden alternativ zeitliche Aspekte des glazialen Prozess-Systems durch eine direkte Zeitansprache (quartär, weichselglazial, holozän und so weiter) kenntlich gemacht.

▸ 8.5
Die Gletscheroberfläche des
Tasman Glacier (Southern Alps,
Neuseeland) ist im unteren
Zungenabschnitt fast komplett
von supraglazialem Debris bedeckt (oben). In der Debrisdecke sind durch die Eisbewegung verursachte Strukturen
gut zu erkennen, beispielsweise die Konfluenz mit dem tributären Ball Glacier (im Bild
von links einmündend). Die im
Vordergrund zu erkennende
(proximale) Erosionskante der
Lateralmoräne ist über 100 m
hoch, die starke Produktion
von Verwitterungs- und Hangschutt als Hauptursache für
die mächtige Debrisdecke offensichtlich. Die bewegungs-
induzierten Strukturen im
supraglazialen Debris des tributären Dixon Glacier (Southern Alps, Neuseeland; unten)
zeigen deutlich, wie der Gletscher sich aktuell auf die weitgehend stagnante Gletscherzunge des Hauptgletschers
(Murchison Glacier) schiebt
(Aufnahmen: März 2006, Februar 2008).

supraglazialer Moränen ist Resultat eines Eiskerns.
Der supraglaziale Debris kann ab Mächtigkeiten von
2 – 3 m die darunterliegende Gletscheroberfläche iso-
lieren und vor Ablation schützen – dasselbe Phänomen wie bei Gletschertischen (🗋 3). Sichtbar wird der
Eiskern supraglazialer Moränen manchmal an der
Gletscherfront, wo er an temperierten Hochgebirgsgletschern meist schnell abtaut (▸ 8.6). Im Gletschervorfeld lassen sich ehemalige supraglaziale Moränen

nur an auffällig linearen Konzentrationen von gro-
ben, angularen Blöcken verfolgen und treten morphologisch nicht in Erscheinung.

Da der supraglaziale Moränen aufbauende Debris
zumindest temporär in Form der Moränenwälle abgelagert wird, gilt er als Spezialtyp von Moränenmaterial, als sogenannter *supraglacial morainic till*.
Supraglaziale Moränen entstehen nur, wenn größere
Mengen supraglazialen Debris vorhanden sind. Diese

Grundvoraussetzung ist an Hochgebirgsgletschern im Regelfall erfüllt, weshalb sie für diese Gletscher als typisch gelten. Sie fehlen dagegen meist an den Outlets von Plateaugletschern, da es dort neben vereinzelten Nunatakkern keine potenziellen Lieferquellen für Debris gibt. Der Debris der supraglazialen Moränen gelangt entweder erst unterhalb der Gleichgewichtslinie auf den Gletscher, oder er taut als englazialer Debris unterhalb der Gleichgewichtslinie sukzessive aus. Supraglaziale Moränen treten daher fast ausschließlich unterhalb der Gleichgewichtslinie auf und besitzen oft einen ausgeprägten „Ansatz". Infolge des sukzessiven Austauens englazialen Debris steigen Kammhöhe und Basisbreite der supraglazialen Moränenrücken gletscherabwärts zunächst an. Auch die über längere Zeit erfolgende Isolation wirkt hierbei mit. Näher zur Gletscherfront hin kann Debris leicht vom Moränenwall abgleiten und zur charakteristischen Verbreiterung supraglazialer Moränen beitragen.

Supraglaziale Moränen werden anhand ihrer Position unterschieden. Den randlichen supraglazialen Lateralmoränen („Seitenmoränen") stehen supraglaziale Medialmoränen („Mittelmoränen") gegenüber (▶ 8.7).

▲ 8.6
Supraglaziale Medialmoräne auf der unteren Gletscherzunge des Hochjochferner (Ötztaler Alpen). Es ist gut zu erkennen, wie sich die Moräne im Gletschervorfeld jenseits der Gletschergrenzen „auflöst" – Folge des raschen Abtauens ihres Eiskerns, der somit allein für die imposante Kammhöhe verantwortlich ist (Aufnahme: Juli 1994).

▲ 8.7
Im Abschnitt der Konfluenz von Murchison und Mannering Glacier (Southern Alps, Neuseeland) sind die unterschiedlichen Typen supraglazialer Moränen gut zu erkennen (Aufnahme: März 2007).

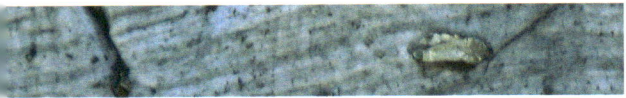

▲ 8.8

▲ 8.8
Neben supraglazialen Moränen ist unterhalb der Einmündung des Darwin Glacier (Southern Alps, Neuseeland) in die Gletscherzunge des Tasman Glacier der Übergang zwischen supraglazialer Lateralmoräne und der bereits abgelagerten Lateralmoräne an der seitlichen Gletschergrenze gut zu erkennen (Aufnahme: April 2008).

Supraglaziale Lateralmoränen bilden sich bei stärkerem Debriszutrag von den umgebenden Talflanken durch den unterhalb der Gleichgewichtslinie von der Eisströmungslinie nach außen gerichteten Eisbewegungssinn (▶ 3.7). Der Übergang der eisunterlagerten supraglazialen Lateralmoräne zur marginal abgelagerten Lateralmoräne ist nahtlos und bisweilen schwer zu erkennen (▶ 8.8), da eine enge genetische Verkettung besteht (◻ 12). Supraglaziale Medialmoränen, die auch in Gruppen parallel auf der Gletscheroberfläche auftreten können, können nach Position des Moränenansatzes im Verhältnis zur Gleichgewichtslinie, nach Herkunft beziehungsweise Eigenschaften des Debris und nach der Morphologie des Moränenrückens weiter differenziert werden. Eyles & Rogerson (1978) unterscheiden zwei übergeordnete Typen. Moränen des *ablation dominant model* oder AD-Typs bestehen hauptsächlich aus sukzessive austauendem englazialen Debris und treten im Ablationsgebiet auf. Supraglaziale Medial- oder Lateralmoränen des *ice-stream interaction model* bilden sich an der Konfluenz zweier Gletscher durch Vereinigung ihrer supraglazialen Lateralmoränen. Sonderfall ohne einheitliches Muster ist das *avalanche model* als Ablagerung eines einmaligen Ereignisses (Felssturz, Bergsturz und so weiter). Der AD-Typ wird in Abhängigkeit vom Ursprung des Debris weiter ausdifferenziert:

- AD-1 bei Aufnahme des Debris unterhalb der Gleichgewichtslinie
- AD-2 bei seiner Aufnahme oberhalb der Gleichgewichtslinie
- AD-3 bei Debrisursprung an einem subglazialen Felshindernis im Gletscherbett

9

Glaziale Erosionsprozesse

Aufpressung einer Endmoräne, Fox Glacier, Southern Alps, Neuseeland (Aufnahme: März 2008).

Voraussetzung für Erosion durch Gletscher

D ie glaziologischen Eigenschaften der Gletscher sind Voraussetzung für deren erodierende (abtragende) Wirkung. Hervorzuheben sind insbesondere das thermale Regime der Gletscherbasis und der auftretende Eisbewegungsmodus, aber auch die Mächtigkeit des Eises, die Geometrie des Gletschers beziehungsweise die Höhe der Eisgeschwindigkeit. Ein anderer wichtiger Faktor ist die Beschaffenheit des Gletscherbettes, das heißt, ob jenes aus Festgestein oder Lockersediment (gefroren/ungefroren) besteht. Bedeutende Unterschiede hinsichtlich des Auftretens einzelner Erosionsprozesse, aber auch deren Effektivität und Wirksamkeit werden maßgeblich durch die Oberflächenrauigkeit und das Relief des Gletscher-

bettes beeinflusst. Die Gesteinshärte der im Gletscher transportierten Partikel im Vergleich zu derjenigen des Gletscherbettes muss zusätzlich Beachtung finden. Neben der in der Literatur überwiegenden Darstellung der glazialen Erosion auf einem Gletscherbett aus Festgestein sollten die erosive Wirkung der Gletscher auf Lockersedimenten und Auswirkungen der subglazialen Deformation nicht vernachlässigt werden. Schmelzwasser an der Gletscherbasis, welches bei zahlreichen Erosionsprozessen eine Rolle spielt, darf in seinem Elnfluss nicht unterschätzt werden.

Abrasion

Voraussetzung für den als *abrasion* bezeichneten Erosionsprozess ist eine basale Gleitbewegung. Daher tritt er nur an warmbasalen Gletschern auf und entspricht in etwa der „Detersion" (von lat. *detergere* = abwischen) der traditionellen Nomenklatur. *Abrasion* umfasst zwei Einzelprozesse: *striation* und *polishing*. In der Traktionszone der basalen Transportzone festgefrorener subglazialer Debris leistet im Kontakt zum Gletscherbett Erosion. Durch dieses *striation* entstehen Schrammen im Festgestein (□ 11). Feinere Gesteinspartikel (zum Beispiel Sand) können daneben zwischen Gletschersohle und Gletscherbett transportiert werden (▸ 9.1). So kommt es zum „Polieren" von Gesteinsoberflächen (*polishing*), allgemeines Kennzeichen glazial überformter Felspartien. Gesteinspartikel mit Korngrößendurchmessern von weniger als 0,2 mm sind erosiv unwirksam, da sie durch den an warmbasalen Gletschern vorhandenen Schmelzwasserfilm abtransportiert werden. *Abrasion* kann auf Festgestein wie auch auf größeren Blöcken in Lockersediment große Wirksamkeit entfalten. Das ist theoretisch und experimentell eindeutig bestätigt worden. Gleichwohl existieren unterschiedliche Vorstellungen über die Bewertung der dabei wirksamen physikalischen Kräfte.

Das Modell von Boulton (1979) für die physikalischen Kräfte an der Kontaktfläche Gletscherbasis/Gletscherbett orientiert sich am Coulomb'schen Gesetz für die Grenzscherspannung. Demnach ist die Wirkungskraft des *abrasion* abhängig von der Höhe des effektiven Normaldruckes. Jener ergibt sich aus der Differenz des Normaldruckes des überlagernden Eises und des entgegenwirkenden hydrostatischen Druckes des Schmelzwasserfilmes an der Gletscherbasis. Ein hoher effektiver Normaldruck durch große Eismächtigkeit soll wirksame Erosion verursachen. Die Konzentration subglazialen Debris an der Gletscherbasis nimmt hierauf mit Einfluss. Bei ansteigender Debriskonzentration steigt die Effektivität von *abrasion* zunächst an als Folge einer größeren Anzahl erosiv wirksamer Gesteinspartikel. Bei zu hoher Debriskonzentration sinkt dagegen infolge zunehmender Friktion sowohl die Geschwindigkeit der Gletscherbasis als auch der darin

eingefrorenen Partikel. Die Erosionsleistung nimmt ab und die Partikel werden zuletzt subglazial akkumuliert (□ 10, *lodgement*). Es existiert ein Kontinuum zwischen *abrasion* und *lodgement*. Dem Modell folgend ist die Eisgeschwindigkeit eine steuernde Größe. Je höher die Eis-Partikel-Geschwindigkeit, desto höher die Effektivität des *abrasion*. Beobachtungen hoher Erosionsraten an schnell fließenden Gletschern bestätigen diesen Zusammenhang.

Nach Hallet (1979), Iverson (1990) und anderen ist jenes Modell nur bedingt wirksam. Hauptgrund sei die plastische Reaktion des Eises und der durch dessen Deformationsfähigkeit von allen Seiten auf Partikel einwirkende Druck. Allerdings sind luft- und wassergefüllte Hohlräume um beziehungsweise unter Partikeln der basalen Transportzone schon beobachtet worden. Nach Schweizer & Iken (1992) können auch frisch erodierte Partikel zunächst noch nicht vollständig vom Eis umschlossen sein. Als Fazit bleibt das Modell von Boulton in den Fällen anwendbar, in denen das basale Eis debrisreich ist und eine geringere Viskosität besitzt. Für debrisarmes Eis erscheint das Modell von Hallet zutreffender, bei welchem die Friktion des in der Gletscherbasis transportierten Partikels und die Wirksamkeit des *abrasion* unabhängig vom effektiven Normaldruck sind. Die Begründung liefert der vollständige Einschluss des Partikels im Eis. Stattdessen wirkt die auf die Gletscherbasis ausgerichtete Bewegungskomponente des Partikels. Druckschmelzen an der Basis würde dementsprechend die Effektivität des *abrasion* erhöhen. Somit erlangt die Eismächtigkeit auch in diesem alternativen Modell eine entscheidende Bedeutung, wenngleich nicht über den effektiven Normaldruck. Während beim Modell von Boulton der Normaldruck direkte Wirkung entfaltet, beeinflusst er im Modell von Hallet die Erosionsraten indirekt über die Stärke des Druckschmelzens. Schließlich tritt bei großer Eismächtigkeit und hohem Druck verstärkt Druckschmelzen auf, beispielsweise an der Stoßseite von Gletscherbetthindernissen. Ein drittes Modell beschreiben Benn & Evans (1998) als „Sandpapier-Friktions-Modell", welches eine modifizierte Version des Boulton'schen Modells darstellt. Der Normaldruck des Eises auf die subglazial transportierten Debrispartikel und die Fläche der wassergefüllten Hohlräume an der Basis spielen hierbei die Hauptrolle.

Trotz der Unterschiede kristallisieren sich bei allen Modellen einige Gemeinsamkeiten bezüglich der Wirksamkeit des *abrasion* heraus. Mit zunehmender Größe der subglazial transportierten Debrispartikel steigt parallel die für ihre Erosionskraft mitentscheidende Friktion. Bei Steigerung des Druckschmelzens verstärkt sich der gegen das Gletscherbett gerichtete Bewegungssinn, der ebenfalls die Friktion ansteigen lässt. An Gletscherbetthindernissen ist die Friktion an der Stoßseite am höchsten. Das Modell von Hallet erklärt dies durch den zur Gletscherbasis gerichteten Eisbewegungssinn, das Modell von Boulton mit gesteigertem effektiven Normaldruck. Kleine subglaziale

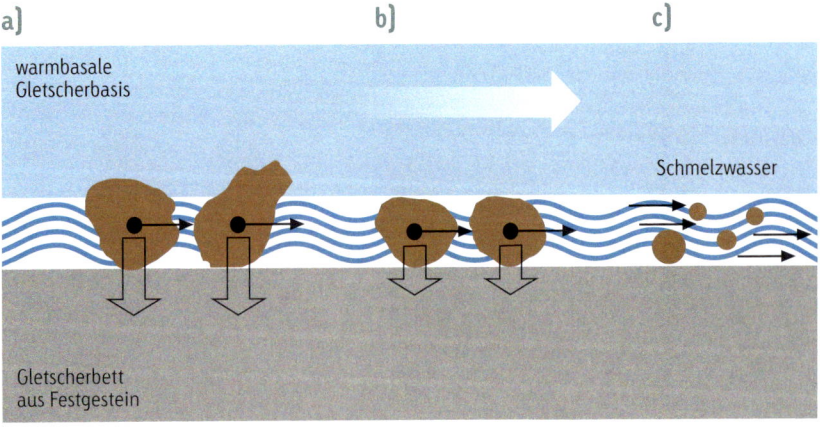

▲ **9.1**
Abhängigkeit von *abrasion* als subglazialer Erosionsprozess von der Korngröße. Bei (a) tritt *striation*, bei (b) primär *polishing* auf. Das Material < 0,2 mm wird durch das an warmbasalen Gletschern vorhandene subglaziale Schmelzwasser abtransportiert (c).

Hohlräume an und unter den Partikeln können durch niedrigen Normaldruck die Friktion erhöhen. Sind die übrigen Faktoren konstant, verzeichnet die Friktion bei hoher Debriskonzentration bis zu einer gewissen Schwelle ansteigende Werte. Zugerundete, teilweise rollende Partikel haben eine geringere Reibung als eckige, angulare, ausschließlich gleitende Partikel. Letztgenannte besitzen daher eine höhere Erosionswirkung. Bei unterschiedlicher Wirkungsweise verhält sich bei allen Modellen die Erosionsrate parallel zum effektiven Normaldruck. Allgemein gilt, dass je höher Eisgeschwindigkeit und Eismächtigkeit sind, desto wirksamer die glaziale Erosion durch *abrasion* ist. Voraussetzung für diesen Erosionsprozess ist die Verfügbarkeit von Gesteinspartikeln als „Werkzeuge". Sie können in die basale Transportzone gelangte supraglaziale Gesteinsfragmente darstellen, hauptsächlich handelt es sich aber um durch subglaziale Erosion erzeugte Gesteinsfragmente oder angefrorenes Lockermaterial. Wichtig für effektives *abrasion* ist, dass die entstandenen Erosionsprodukte durch Schmelzwasser abtransportiert werden können, vor allem das erosiv unwirksame Feinmaterial mit weniger als 0,2 mm Partikeldurchmesser (Feinsand und Silt). Ist die Konzentration feinen Debris an der Gletscherbasis zu hoch, würde dies die Friktion herabsetzen.

Während *striation* zur Entstehung von Mikroerosionsformen führt (11), werden durch *polishing* kleinere Oberflächenrauigkeiten des Gletscherbettes eingeebnet. Die Spannungskräfte sind dort extrem hoch. *Polishing* ist in seiner Konsequenz von großer Bedeutung. Bei glazialerosiv überformtem Festgestein nehmen die „polierten" Oberflächenpartien ein erheblich größeres Areal ein als die Mikroerosionsformen. Im Prozessablauf sind beide Prozesse jedoch nicht voneinander zu trennen. Nach Benn & Evans (1998) tritt *polishing* primär dort auf, wo Gesteinspartikel und Gletscherbett eine identische Gesteinshärte besitzen. Haben die subglazialen Debrispartikel eine größere Gesteinshärte als das Gletscherbett, tritt vermehrt *striation* auf. Im Widerspruch dazu soll laut Lehrmeinung primär die Größe der Debrispartikel den Ausschlag gehen. Für *polishing* wären demnach vor allem kleinere Partikel (zum Beispiel Grob- und Mittelsand) in der basalen Transportzone beziehungsweise zwischen Gletscherbasis und Gletscherbett verantwortlich; größere Partikel (Steine, Blöcke) würden *striation* bewirken. Das durch Zerkleinerung eines größeren subglazialen Debrispartikels entstandene Feinmaterial soll nach Modellrechnungen durch nachfolgendes *polishing* eine deutlich höhere Erosionswirkung als zuvor der große Partikel selbst (durch *striation*) erzielen können.

Plucking

Ein zweiter subglazialer Erosionsprozess, der nur auf Festgestein auftritt, ist das *plucking* (synonym: *quarrying*). Eine Gleichsetzung mit dem traditionellen Begriff „Detraktion" (von lat. *detrahere* = herausziehen)

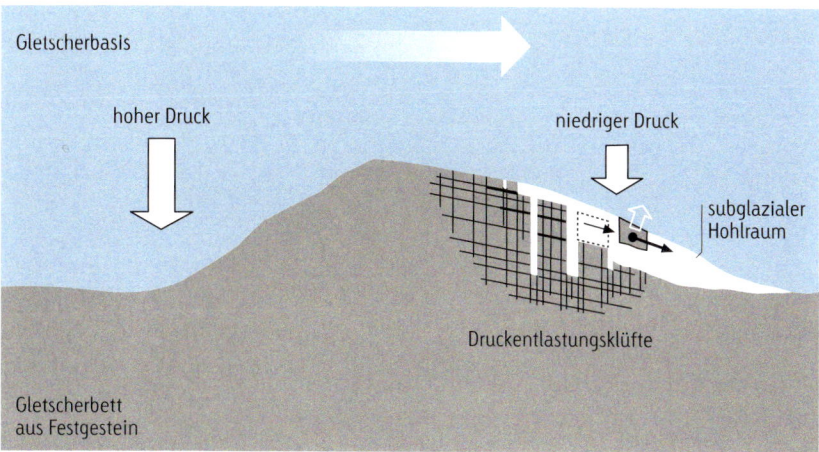

▲ 9.2
Schematische Darstellung von *plucking* an einem Hindernis des Gletscherbettes.

sollte unbedingt vermieden werden. Dieser induziert vom Wortursprung und seiner Definition her ein aktives „Herausbrechen" von Gesteinsfragmenten ausschließlich durch die Kraft des Gletschers. Ein solcher Prozess existiert allerdings nach aktuellem Wissensstand gar nicht, sodass der Begriff per se aufgegeben werden sollte. Im Kontrast dazu ist *plucking* als Prozess subglazialer Zerrüttung von Festgestein durch eisinduzierte mechanische Spannungen definiert (Hallet 1996). Er besteht im Wesentlichen aus drei einzelnen Schritten (▶ 9.2):

- Entstehung von Rissen und Klüften im Festgestein des Gletscherbettes
- Lockerung von Gesteinsfragmenten
- Abtransport der gelockerten Gesteinsfragmente durch Anfrieren an der Gletscherbasis

Wichtig für das Verständnis seiner Wirkungsweise ist, dass bei den ersten beiden Schritten der Gletscher nur partiell aktiv Wirkung entfaltet und nichtglaziologische Faktoren beziehungsweise Prozesse entscheidende Bedeutung erlangen.

Die Entstehung von Rissen und Klüften im Zuge des *plucking* ist auf Spannungsunterschiede zurückzuführen. Verursacht werden sie durch unterschiedlichen effektiven Normaldruck auf das Gletscherbett, zum Beispiel durch Schwankungen der Eismächtigkeit. Besonders starke Druckgegensätze treten an Gletscherbetthindernissen auf. Während an der gletscherzugewandten Stoßseite hoher Druck auftritt, ist der Druck auf der Leeseite wesentlich geringer, sodass sich auch subglaziale Hohlräume bilden können. Dort kann der Druck sogar auf normalen Atmosphärendruck absinken. Durch die auf das Festgestein einwirkenden Druckunterschiede entstehen Spannungen; es bilden sich Risse und Klüfte. Jene entsprechen bei Massengesteinen wie Graniten oder Gneisen den Druckentlastungs- oder Dilatationsklüften. Während die Spannungsunterschiede infolge unterschiedlichen Normaldruckes ursächlich auf den Gletscher (Eismächtigkeit, Eisbewegung) zurückzuführen sind, erwächst durch die Bedeutung der Druckentlastung (Dilatation) dem gletscherunabhängigen Faktor

„Gesteinseigenschaften" großes Gewicht. Der Einfluss des Gesteinstyps auf die Ausgestaltung glazialer Erosionslandschaften wird bislang meist unterschätzt.

Spannungsunterschiede und Druckentlastung sorgen nahezu ausschließlich für die Entstehung initialer Risse im Festgestein, dem ersten Schritt des *plucking*. Beim zweiten Schritt, der Lockerung von Gesteinsfragmenten, wird von der Mitwirkung der Frostverwitterung ausgegangen. Voraussetzung ist die Verfügbarkeit freien Schmelzwassers, das beispielsweise durch Druckschmelzen und Wiedergefrieren innerhalb des Regelationsprozesses entsteht (▶ 3.4) und in die entstandenen Risse und Klüfte eindringt. Durch Druckabnahme auf der Leeseite von Gletscherbetthindernissen gefriert es im Bereich subglazialer Hohlräume. Da dort jedoch nicht von beständigen Frostwechseln oder Druck- und Temperaturschwankungen auszugehen ist, darf die Wirkung der Frostverwitterung auch nicht überschätzt werden. Entscheidender Faktor für die Zerrüttung des Festgesteins ist sie vermutlich nicht.

Ein geringer basaler Eisdruck in Kombination mit hoher Eisgeschwindigkeit begünstigt *plucking*, da in solchen Fällen bevorzugt subglaziale Hohlräume entstehen (Hallet 1996). Deren Auftreten wird als bedeutender eingeschätzt im Vergleich zur Höhe des absoluten Eisdruckes (der Eismächtigkeit). Speziell an den Eis/Fels-Kontaktflächen am Rande subglazialer Hohlräume wird eine starke Spannung erzeugt, was zu Spannungsrissen führt. Diese Begründung steht mit der starken Erosion schnell fließender Gletscher in Einklang. Eine augenfällige Beziehung zwischen Auftreten subglazialer Hohlräume und Effektivität des *plucking* belegen die während *glacier surges* gemessenen gesteigerten Erosionsraten (Benn & Evans 1998). Während *surges* wird das subglaziale System von Hohlräumen erheblich ausgeweitet. Die Verteilung von Spannungs- beziehungsweise Druckunterschieden im Eis und Festgestein des Gletscherbettes sind normalerweise nicht identisch (Iverson 1991). Dies ist entscheidend, denn bei zusammenfallenden Zonen würden aufgrund geringerer Spannungsresistenz jene Risse im Eis entstehen, nicht im Festgestein.

Ohne den finalen und dritten Schritt wäre *plucking* schwerlich als „glazialer" Erosionsprozess aufzufassen. Die zerrütteten und gelockerten Gesteinsfragmente werden durch Anfrieren an die Gletscherbasis abtransportiert und in das Gletschertransportsystem eingebunden. Hierzu bestehen mehrere Modelle, beispielsweise das Anfrieren im Übergangsbereich von warm- zu kaltbasalem Eis. Gelockerte Fragmente können auch durch plastisches Eis teilweise oder vollständig umflossen werden. Zuletzt ist die Zugkraft des Eises so groß, dass schon ein teilweises Anfrieren zur Aufnahme in die basale Transportzone ausreicht. Jener Vorgang ist auch bei warmbasaler Gletscherbasis vorstellbar. An geringmächtigen temperierten Gletschern können die Eistemperaturen der Basis durch Winterfrost bis unter den Druckschmelzpunkt absin-

ken und gelockerte Fragmente anfrieren. Verändern sich die Eisflusslinien und schließt sich ein subglazialer Hohlraum, frieren die dort vorhandenen gelockerten Gesteinsfragmente an. Regelation ist ein verbreiteter Prozess im Lee von Hindernissen, der das Anfrieren gelockerter Partikel ermöglicht. Bei der Vielzahl möglicher Vorgänge muss lediglich betont werden, dass es sich in keinem Fall um ein aktives „Herausbrechen" durch den Gletscher handelt. Ein Anfrieren von Gesteinsfragmenten an Zonen kalten Eises würde das Vorhandensein größerer Schwächezonen, wie beispielsweise bei stark geklüfteten Gesteinstypen, voraussetzen (Morland & Boulton 1975). Im Gegensatz dazu wurden die für das Verständnis von *plucking* notwendigen Spannungsgradienten an den Leeseiten von Gesteinshindernissen durch empirische Messungen in subglazialen Tunneln bereits eindeutig bestätigt, ebenso durch aufwendige Modellierungen. Somit ist auch bei primär kluftarmen Massengesteinen von einer hohen Wirksamkeit des *plucking* auszugehen.

Plucking kann auch unter geringmächtigem Eis effektive Erosion bewirken, wohingegen *abrasion* hauptsächlich bei größerer Eismächtigkeit effektive Erosion leistet. Im Gegensatz zu *plucking* setzt *abrasion* einen permanenten Kontakt zwischen Eis und Gletscherbett voraus; ausgedehnte subglaziale Hohlräume verringern seine Wirksamkeit. Eine abschließende Bewertung der Gewichtung von *plucking* gegenüber *abrasion* als glazialer Erosionsprozess ist nicht möglich, zudem zahlreiche nichtglaziologische Faktoren (vor allem die Gesteinseigenschaften) Einfluss ausüben. Der Umstand, dass durch *plucking* „frische" Gesteinsfragmente an der Gletscherbasis produziert werden, welche ihrerseits später wirkungsvolles *abrasion* verrichten können, zeigt, wie eng beide Prozesse verknüpft sind. Glazialerosive Formen wie beispielsweise Rundhöcker (🗋 11) zeugen vom engen räumlichen Nebeneinander beider Prozesse. Im Charakter der Überformung des Gletscherbettes zeigen beide Prozesse aber eine unterschiedliche Tendenz. *Abrasion* modelliert tendenziell das Gletscherbett und ebnet Gletscherbettunebenheiten ein. *Plucking* hingegen kann seine „Rauigkeit" steigern. Einige Wissenschaftler gehen davon aus, dass in Sonderfällen *plucking* und subglaziale Erosion generell auch unter kaltbasalen Gletschern auftreten können (Atkins et al. 2002), was im deutlichen Kontrast zur Mehrheitsmeinung in der Glazialmorphologie steht.

Erosion von Lockersediment

Abrasion tritt beinahe ausschließlich, *plucking* ausnahmslos auf Festgestein auf. Heute und auch in den pleistozänen Vereisungsperioden lagen große Gletscherflächen jedoch auf einem Gletscherbett, welches aus Lockersedimenten bestand. Dort kann Erosion dadurch auftreten, dass einzelne Partikel oder größere, gegebenenfalls gefrorene Komplexe aus Lockersediment

Druckentlastung

Das Phänomen der Druckentlastung ist für den glazialen Erosionsprozess des *plucking* und die Ausgestaltung glazial überformter Landschaften von großer Wichtigkeit. Es ist gesteinsabhängig und führt zur Entstehung von Rissen und Klüften, die parallel zur Gesteinsoberfläche angeordnet sind. Druckentlastungsklüfte treten bei Gesteinen auf, welche unter hohem Umgebungsdruck entstanden sind. Dazu zählen die tief in der Erdkruste erstarrten Plutonite, zum Beispiel Granit, oder mittel-/hochgradige Metamorphite, zum Beispiel Gneise. Gelangen solche Gesteine durch Erosion überlagernder Schichten und/oder tektonische Hebung an die Erdoberfläche, bilden sich unter niedrigem Atmosphärendruck zunächst Risse, später Klüfte. Ihre Orientierung ist parallel zur „Entlastung" und damit parallel zur Gesteinsoberfläche. Druckentlastungsklüfte sind für die an den Flanken glazialer Täler häufig zu beobachtende Exfoliation verantwortlich (▶ 9.3). Große oberflächenparallele Platten lösen sich hierbei im Zuge der Gesteinsverwitterung ab. Auch in subglazialen Hohlräumen betrachtet man Druckentlastung als einen zu berücksichtigenden Faktor, der gesteins- und nicht gletscherabhängig ist. Das Phänomen der Ausbildung von Druckentlastungsklüften tritt auch in Steinbrüchen auf, was die Bezeichnung *quarrying* (engl. *quarry* = Steinbruch) erklärt.

▶ **9·3**
Exfoliation an der Talflanke des Kjøsnesfjord (westliches Südnorwegen, Aufnahme: September 1998). Das anstehende Gestein ist hochmetamorpher Gneis. Die Region ist während der pleistozänen Vereisungsphasen mehrfach stark glazial überformt worden. Die Exfoliation trägt dazu bei, den glazial überprägten Charakter des Reliefs zu „konservieren".

an der Gletscherbasis anfrieren. Ungefähr entspricht dies dem traditionellen Begriff „Exaration" (lat. *exarare* = herauspflügen). Dieser ist in seiner ursprünglichen Bedeutung eng mit der Entstehung der Zungenbecken des Alpenvorlandes verknüpft (🗎 12). Das Gletscherbett bestand dort überwiegend nicht aus Festgestein und man stellte sich den Gletscher als „ausschürfende" Kraft vor. Später wurde der Begriff allgemein auf die Erosion von Lockersediment ausgeweitet. Abgesehen von der aktuellen Erklärung der Genese der Zungenbecken und vergleichbarer Depressionen primär durch Glazitektonik beziehungsweise Deformation wird Lockersediment überwiegend durch Anfrieren an der Gletscherbasis abgetragen (▶ 9.4). Die Beschreibung „Herauspflügen" ist somit wenig zutreffend. Gänzlich falsch ist in diesem Zusammenhang, beispielsweise Skandinavien als „Exarationsgebiet" zu bezeichnen. Während der pleistozänen Vereisungsphasen überwog die Erosion auf Festgestein, und „glaziales Erosionsgebiet" wäre somit stattdessen ein korrekter Ausdruck.

Lockersediment kann im Zuge der Regelation an der Gletscherbasis anfrieren. Eine andere Möglichkeit ist durch Schmelzwasser gegeben, welches subglazial an der Grenze von warm- zu kaltbasaler Gletschersohle gefriert. In beiden Fällen findet Erosion durch Anfrieren von Partikeln an der Gletscherbasis statt (*net adfreezing*). Daneben können auch größere Lockersedimentschollen anfrieren, was im Regelfall voraussetzt, dass jener Komplex gefroren ist (Permafrost). Die Übergänge zur Dislozierung großer Materialkomplexe im Rahmen glazitektonischer Prozesse sind somit fließend. Erosion durch Anfrieren von Lockermaterial wird als wichtiger subglazialer Erosionsprozess bewertet. Detailstudien sind aber selten und die Einschätzung der Wirkungskraft im Vergleich zu anderen Prozessen praktisch unmöglich.

Deformation und Glazitektonik

Deformation und Glazitektonik sind bei der Entstehung von Moränen (🗎 12) maßgeblich beteiligt. Obwohl selten als „Erosionsprozesse" separat aufgeführt, tritt während jener komplexen Entstehungsprozesse auch meist eine Erosionskomponente auf. Grund-

▲ 9.4

An der Gletscherbasis des Fåbergstølsbre (westliches Südnorwegen) angefrorenes Lockersediment. Da das Sediment nahe an der Gletscherfront auftrat und der Gletscher warmbasal ist, war starker Winterfrost oder gefrierendes Schmelzwasser Ursache des lokalen Anfrierens (Aufnahme: August 1992).

legender Unterschied zwischen beiden ist, dass Deformation bei Lockersedimenten im ungefrorenen Zustand auftritt; glazitektonische Prozesse dagegen sind an Permafrost und gefrorenes Material gebunden. Das Auftreten von Deformation wurde schon Mitte des 19. Jahrhunderts an Gletscherablagerungen nachgewiesen, der Begriff Glazitektonik stammt dagegen aus den 1920er-Jahren (Aber et al. 1989). Glazitektonik kann als glazial induzierte, strukturelle Deformation von Sedimentgestein oder von Lockersediment im Gletscherbett in direkter Folge der Bewegung des Gletschereises beziehungsweise der Eisauflast definiert werden. „Tektonik" als Begriffsbestandteil wurde gewählt, weil sich speziell bei gefrorenen Sedimentschollen strukturelle Vergleiche mit tektonischen Strukturen (Verwerfungen, Überschiebungen, Faltungen) aufdrängen (▸ 12.2).

Deformation und Glazitektonik treten als Erosionsprozesse meist räumlich eng begrenzt in Erscheinung, hauptsächlich in Verbindung mit Moränengenese an einer Gletscherfront. Eine Deformation des Lockersedimentes im Gletscherbett setzt ein, wenn die Scherfestigkeit des Sedimentes, das heißt der Widerstand gegen Verformung, geringer als die Scherspannung ist, welche aus Bewegung und Druck des überlagernden Eises resultiert. Die Scherspannung ist dabei von Eismächtigkeit und Eisbewegung abhängig,

die Scherfestigkeit des subglazialen Sedimentes von seinen Eigenschaften hinsichtlich Korngröße, Sortierung, Kornform, Schichtungsstrukturen, Wassergehalt (Porenwasserdruck) und so weiter. Wassergesättigte, feinmaterialreiche Sedimente lassen sich leichter deformieren als beispielsweise unsortierte, grobe Ablagerungen. Die Deformation erfasst nur die obersten Bereiche des subglazialen Sedimentes. Die Mächtigkeit der durch Deformation erfassten Sedimentschicht ergibt sich durch das Zusammenspiel von Scherfestigkeit und -spannung.

Scherfestigkeit und -spannung sind auch für die unter dem Begriff Glazitektonik zusammengefassten Prozesse entscheidende Größen. Das Sediment ist hierbei gefroren (Permafrost) und die Gletscherbasis kaltbasal. Das Sediment in gefrorenem Zustand verhält sich ähnlich wie Festgestein. Die durch Eisauflast und interne Deformation des Gletschereises erzeugte Scherspannung reicht aus, ganze gefrorene Sedimentschollen zu dislozieren. Die dabei entstehenden Formen gleichen vom Prinzip her tektonischen Verwerfungen und Überschiebungen. Glazitektonik war in den marginalen Zonen der ehemaligen pleistozänen Eisschilde infolge vergleichsweise großer Eismächtigkeit und Permafrost weit verbreitet. Bekannteste Beispiele sind die glazitektonisch dislozierten Kreideschollen auf Rügen oder der dänischen Insel Møn.

Glazifluviale Erosion

Die glazifluvialen Erosionsprozesse, die proglazial im Gletschervorfeld auftreten, unterscheiden sich nicht vom fluvialen Prozess-System. Im Fall subglazialer glazifluvialer Erosion unterscheidet man zwischen mechanischer und chemischer Erosion. Chemische glazifluviale Erosion setzt das Vorhandensein durch Lösungs- oder Carbonatverwitterung angreifbarer Gesteine, zum Beispiel Carbonatite, voraus. Bedeutender ist die mechanische glazifluviale Erosion. Deren Wirksamkeit hängt unter anderem von den Gesteinseigenschaften des Gletscherbettes – beispielsweise ob es sich um Festgestein oder Lockermaterial handelt – oder dessen Permeabilität ab. Entscheidend sind die Abflussverhältnisse des subglazialen Schmelzwassers, im Detail dessen Fließgeschwindigkeit, Abflussmenge, Grad an Turbulenz, Sedimentfracht und der von der Mächtigkeit des überlagernden Eises abhängige hydrostatische Druck (🗋 6). An warmbasalen Gletschern ist Schmelzwasser an der Gletscherbasis stets präsent. Die differenten Rahmenbedingungen unterscheiden die subglaziale glazifluviale Erosion vom fluvialen Prozess-System. Insbesondere der höhere hydrostatische Druck infolge Eisauflast und die allseitig geschlossenen Schmelzwasserkanäle sind im Vergleich zu den offenen Gerinnebetten normaler Flüsse hervorzuheben. Glazifluviale Erosion orientiert sich häufig an Schwächezonen des Gesteins im Gletscherbett.

Die Konzentration der Sedimentfracht des Schmelzwassers beeinflusst die Effektivität subglazialer glazifluvialer Erosion in entscheidendem Maße. Je höher die Sedimentfracht, desto stärker die Erosion durch glazifluviale Abrasion (Korrasion). Zu beachten ist hierbei die Gesteinshärte der Sedimentfracht in Vergleich zum Festgestein des Gletscherbettes. Zwar erodiert die grobkörnige Grundfracht am stärksten; in Abhängigkeit von den Partikeleigenschaften kann aber auch die Suspensionsfracht Wirkung entfalten. Hohe Abflussgeschwindigkeiten steigern die Raten fluvialer Abrasion, ebenso die Stärke der Turbulenz, da es bei turbulentem Fließverhalten häufiger zum Kontakt zwischen Sedimentfracht und dem Gerinnebett kommt. Je schärfer und häufiger Knicke im Grundriss eines subglazialen Gerinnes auftreten, desto stärker ist die glazifluviale Abrasion. Übersteigt die Abflussgeschwindigkeit einen Wert von 12 m/s und ist das Fließverhalten turbulent, tritt neben Abrasion die glazifluviale Kavitation auf. In unebenen Gerinnebetten entstehen hierbei zuerst kleine Areale niedrigen Druckes, vergleichbar mit denjenigen im Lee von Gletscherbetthindernissen. Je stärker die Turbulenz, desto stärker ist der Druckabfall, bis zuletzt bei Unterdruck eine wasserdampfgefüllte Blase entsteht, da Wasser infolge des Unterdruckes verdampft ist. Diese Blasen sind nicht ortsfest, sondern können sich mit der Strömung verlagern. Sie kollabieren dann aber schlagartig, wenn sich das Fließverhalten verändert oder sich der Druck erhöht. Die dabei auf die Wände des Gerinnebettes einwirkenden Kräfte verursachen die Bildung von Rissen. Tritt dieser Vorgang wiederholt an gleicher Stelle auf, weiten sich die Risse aus und Gesteinsfragmente lösen sich.

10

Ablagerungsprozesse und Sedimente an Gletschern

Moränenmaterial und austauender englazialer Debris, Austerdalsbreen, westliches Südnorwegen (Aufnahme: August 2007).

Übersicht über die glaziale Akkumulation

Die glaziale Akkumulation (Sedimentation, Ablagerung) umfasst mehrere einzelne Prozesse. Eine Möglichkeit der Unterscheidung besteht zwischen glazialen Prozessen, bei denen die Akkumulation hauptsächlich oder ausschließlich durch den Gletscher abläuft, und den glazifluvialen Prozessen des Schmelzwassers. An warmbasalen Gletschern ist Schmelzwasser während bestimmter Akkumulationsprozesse ständig präsent, was Einfluss auf das entstehende Sediment haben kann. Bei den hier als „glazial" bezeichneten Prozessen ist der Schmelzwassereinfluss jedoch lediglich von untergeordneter Bedeutung.

Glaziale Akkumulationsprozesse treten sowohl subglazial an der Gletscherbasis als auch marginal (rand-

lich) an den frontalen, laterofrontalen oder lateralen Gletschergrenzen auf, das heißt proglazial. Die supraglaziale Akkumulation auf der Gletscheroberfläche in Form von supraglazialen Moränen ist ein Sonderfall der rein temporären Ablagerung auf dem noch aktiven Gletscher (🗅 8). Bei supraglazialer Akkumulation auf Stagnant- oder Toteis muss zunächst das unterlagernde Eis abtauen, bevor der Debris endgültig abgelagert wird. Dabei verändert sich meist die ursprüngliche Orientierung und Schichtung des Debris. Wird bereits zuvor auf der Gletscheroberfläche temporär abgelagerter Debris später marginal an den Gletschergrenzen abgelagert, spricht man bisweilen von „Resedimentation". Damit soll der Charakter einer „zweiten" Sedimentation ausgedrückt werden.

Die Unterscheidung zwischen aktiver und passiver glazialer Akkumulation stützt sich auf die glazialdy-

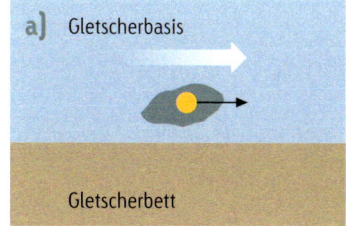 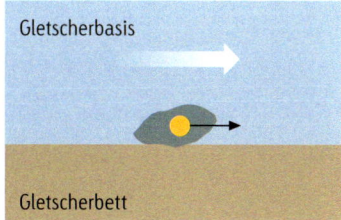 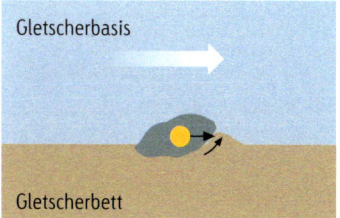 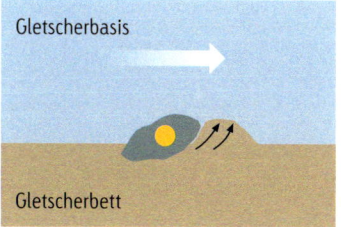

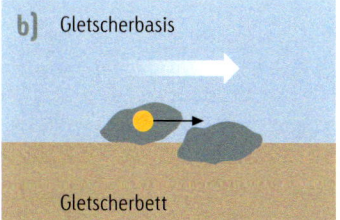 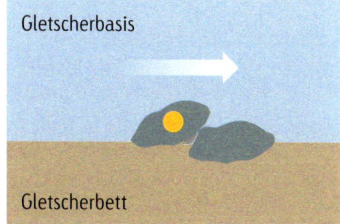

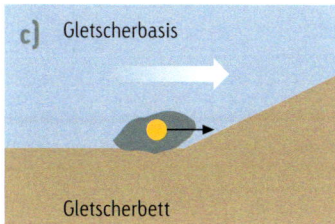 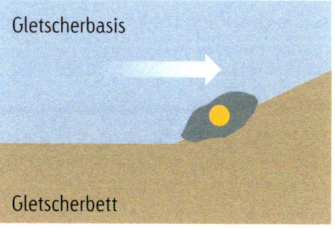

namischen Bedingungen während des jeweiligen Prozesses. Aktive glaziale Akkumulation findet nur subglazial unter aktivem Gletschereis statt, der Gletscher ist aktiver Hauptträger des Sedimentationsprozesses. Andere Prozesse müssen als mehr oder weniger passiv betrachtet werden, wenn es sich um ein reines Ausschmelzen von Debris in sub- oder supraglazialer Position handelt. Dies ist insbesondere bei Stagnant- oder Toteis der Fall.

Eine große Anzahl insbesondere marginaler glazialer Akkumulationsformen, zum Beispiel Moränen, kann in ihrer Genese nicht allein den „konventionellen" glazialen Akkumulationsprozessen zugeschrieben werden. Bestimmte Formen entstehen erst durch glazitektonische Prozesse oder Deformation. Diese werden teilweise nicht durch „neu" (im Zuge ihrer Entstehung) abgelagerte Sedimente aufgebaut, sondern setzen sich aus aufgepressten oder -gestauchten prä-existenten Lockersedimenten zusammen. Diese können grundsätzlich natürlich glazialen beziehungsweise glazifluvialen Ursprunges sein, wurden aber zeitlich zum Teil weit vor dem aktuellen Entstehungsprozess dort abgelagert. Passive glaziale Akkumulation an den Gletschergrenzen zeigt streng genommen häufig nur geringen direkten Einfluss durch den Gletscher und muss mit gravitativen oder denudativen geomorphologischen Prozessen verglichen werden. Um diesen Umständen Rechnung zu tragen, werden hier nur die glazialen und glazifluvialen Akkumulationsprozesse im engeren Sinne vorgestellt, während die komplexeren Akkumulations- und Deformationsprozesse im Kontext der Entstehung zum Beispiel von Moränen erläutert werden (🗎 12).

Lodgement als aktive subglaziale Akkumulation

Lodgement (selten: *plastering*, deutsche Übersetzung: das Absetzen) steht für die subglaziale Akkumulation glazialen Debris an der Basis aktiver, basal gleitender – das heißt warmbasaler – Gletscher. Es tritt in einem Gletscherbett aus Festgestein oder Lockersediment auf. Letztgenanntes sollte wenig bis gar nicht deformierbar sein und eine hohe Scher- beziehungsweise Schubfestigkeit besitzen (Dreimanis 1989). Übersteigt die Friktion eines Partikels in der basalen Transportzone im Kontakt zum Gletscherbett seine Bewegungsenergie, verringert sich die Partikelge-

schwindigkeit gegenüber der Eisgeschwindigkeit. Ist sie bis auf Null abgesunken, kommt es zur Ablagerung des Partikels (▸ 10.1). Nach Boulton (1974) resultiert daraus der kontinuierliche Übergang von subglazialer Erosion (*abrasion*) zu *lodgement*. Dem folgend muss der Normaldruck die Bewegungsenergie übersteigen, womit Faktoren wie Zunahme der Eismächtigkeit, Abnahme des hydrostatischen Druckes des Schmelzwasserfilmes an der Gletschersohle oder Abnahme der Eisgeschwindigkeit zu verstärktem *lodgement* führen können. Hallet (1979) betrachtet dagegen *abrasion* und *lodgement* als voneinander unabhängige Prozesse, da anstelle des Normaldruckes in erster Linie hohe basale Schmelzraten, neben einer Verringerung der Eisgeschwindigkeit, der steuernde Faktor sein sollen. Nach Bennett & Glasser (1996) sollen *abrasion* und *lodgement* gleichzeitig auftreten können. Aufgrund einer bei hohem Normaldruck eigentlich zu erwartenden subglazialen Erosion wird dem Modell von Hallet mehrheitlich der Vorzug eingeräumt (Benn & Evans 1998). Die sedimentologischen Charakteristika des durch *lodgement* abgelagerten Moränenmaterials (*lodgement till*) deuten allerdings eindeutig auf eine syn- und postsedimentäre Überformung durch aktives Eis hin. Dieses Faktum passt wiederum besser zum Modell von Boulton mit dessen Betonung des Normaldruckes. Dass in Zonen der Eismächtigkeitszunahme trotz gesteigerten Normaldruckes starke subglaziale Erosion stattfinden kann, zum Beispiel in glazial überformten Tälern und Fjorden, ist durch das gleichzeitige Auftreten hohen hydrostatischen

▲ **10.1**
Darstellung von *lodgement* durch Entstehung eines Wulstes vor dem Partikel (a), Kontakt zu einem bereits abgelagerten Partikel (b) beziehungsweise durch gegensätzliches Gefälle des Gletscherbettes (c).

Druckes und hoher Eisgeschwindigkeiten kein Widerspruch. Beide Modelle eignen sich zur Erklärung des verstärkten Auftretens von *lodgement* an der Stoßseite von Gletscherbetthindernissen. Nach Boulton ist dafür der gesteigerte Normaldruck verantwortlich, nach Hallet die Zunahme des basalen Schmelzens (Druckschmelzens). Keines der Modelle kann letztlich als allein gültig bezeichnet werden.

Zu *lodgement* kann es in verschiedenen Situationen kommen (▶ 10.1). Besteht das Gletscherbett aus Festgestein, wird die Akkumulation von Gesteinsfragmenten ausschließlich durch Steigerung der Friktion an der Grenzfläche Partikel/Gletscherbett verursacht. Bei ungefrorenem Gletscherbett aus deformierbaren Lockersedimenten kann es durch eine „pflügende" Wirkung des subglazialen Debrispartikels und den von ihm ausgeübten Druck zum Aufpressen eines kleinen Wulstes kommen. Die Friktion erhöht sich und der zunehmende Widerstand gegen die Partikelbewegung resultiert zuletzt in dessen Akkumulation. Gegensätzliches Gefälle des Gletscherbettes erhöht ebenfalls die Friktion und begünstigt *lodgement*. Bereits abgelagerte größere Partikel wirken als Gletscherbetthindernisse und beschleunigen die Ablagerung weiterer Partikel. Dies wurde in *lodgement till* schon beobachtet. Da die Korngröße der in der Gletscherbasis transportierten Partikel durch deren Druck und Auflagefläche Einfluss auf die Friktion hat, kann es beim *lodgement* zu gewissen Sortierungseffekten kommen. Diese dürfen aber in keiner Weise mit der Effektivität der Sortie-

rung bei fluvialen oder äolischen Akkumulationsprozessen verglichen werden. *Lodgement* ist oft in Kombination mit Deformationsprozessen zu finden.

Sub- und supraglaziales *melt-out*

Im Gegensatz zu *lodgement* ist das sowohl sub- als auch supraglazial auftretende *melt-out* (Ausschmelzen) ein Akkumulationsprozess von passiver Natur (▶ 10.2). Subglaziales *melt-out* findet nur an Stagnant- und Toteis oder an sehr langsam fließenden Gletschern statt (Benn & Evans 1998). Der Gletscher ist hier, anders als bei *lodgement*, kein aktiver Prozessträger. Die subglazial aus der Gletscherbasis ausschmelzenden Partikel werden nicht mehr durch die Eisbewegung überformt. Die für subglaziales *melt-out* erforderliche Wärmeenergie wird hauptsächlich durch den geothermalen Wärmefluss geliefert. Weder Friktions- noch interne Deformationswärme durch die Eisbewegung treten in Erscheinung – ein weiterer Unterschied zum *lodgement*. Subglaziales *melt-out* soll seltener als *lodgement* auftreten (Bennett & Glasser 1996). Beim *melt-out* (sub- wie supraglazial) ist Schmelzwasser immer vorhanden, sodass es bereits während des Sedimentationsprozesses zur Überformung des abgelagerten Materials durch Schmelzwasser kommen kann, beispielsweise zur Auswaschung von Feinmaterial. Durch *melt-out* abgelagerte glaziale Sedimente sind dadurch ein gutes Beispiel für die Problematik des Begriffes „glazigen". Eine Spezialform von subglazialem *melt-out* findet sich im glazimarinen und glazilimnischen Sedimentationsmilieu. Dort wird die erforderliche Wärmeenergie nicht durch den geothermalen Wärmefluss geliefert, sondern durch die Wärmekapazität des Wassers.

Taut Debris an der Gletscheroberfläche aus, bezeichnet man dies als supraglaziales *melt-out*. Dieser Prozess ist unter anderem für die Entstehung supraglazialer Moränen verantwortlich. Bei Niedertauen des unterlagernden Eises kann dieser Debris ohne Einwirkung weiterer Prozesse endgültig abgelagert werden (▶ 10.2). Im Regelfall folgt allerdings auf das supraglaziale *melt-out*

◀ **10.2**

Schematische Darstellung von *melt-out* durch basales Schmelzen von Stagnanteis (a), Ausschmelzen von Debris aus der Decke eines subglazialen Hohlraumes (b) beziehungsweise durch Niedertauen des unterlagernden Eises (c).

a]

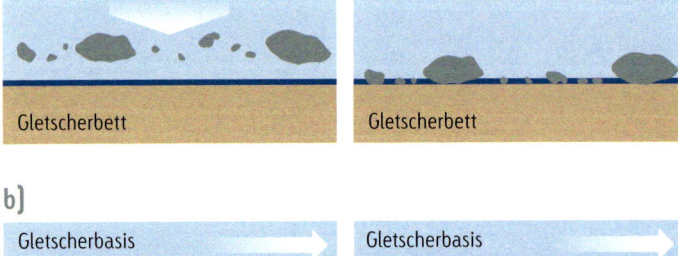

b]

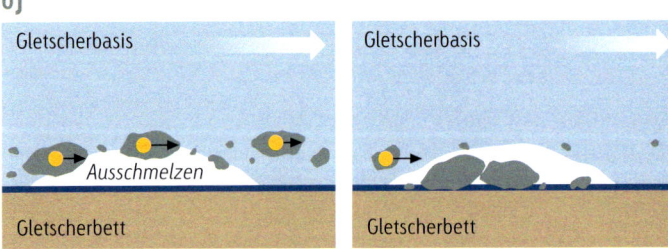

c]

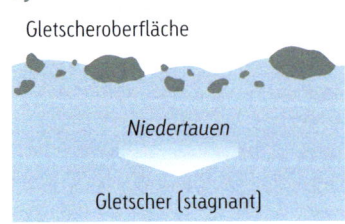
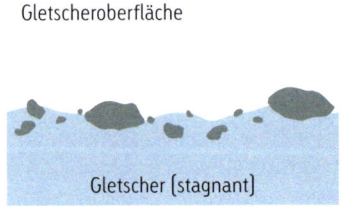
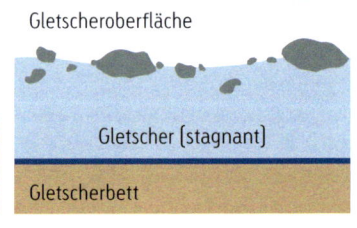

Flow till und die Schwierigkeit der Definition „glazigener" Ablagerungen

Flow till (Fließmoränenmaterial) ist als supraglaziales Moränenmaterial durch einen speziellen Sedimentationsprozess gekennzeichnet. Als Produkt eines Resedimentationsprozesses entsteht es, wenn feinmaterialreicher supraglazialer Debris durch Schmelzwasser in einen stark wassergesättigten Zustand versetzt wird. Durch Massenbewegungsprozesse wird *flow till* dann von der Gletscheroberfläche im Gletschervorfeld abgelagert (▶ 10.3). Je nach Grad der Wassersättigung des Debris existiert ein breites Spektrum von einem beinahe fluidalen Abfluss über muränliche Abgänge bis hin zu langsamen Kriechbewegungen. In Bezug auf diesen Sedimentationsprozess wird immer wieder diskutiert, ob *flow till* überhaupt als Moränenmaterial bezeichnet werden darf oder nicht besser als sekundäres Produkt von Massenbewegungsprozessen beziehungsweise als glazifluviales Sediment.

Flow till ist an kaltbasalen polaren und subpolaren Gletschern von großer Bedeutung innerhalb des Sedimentationsmilieus. Durch das kaltbasale thermale Regime der Gletscherbasis kann dort kein *lodgement* oder subglaziales *melt-out* stattfinden. Im Bereich der äußeren Gletscherzunge bilden sich durch die kaltbasale Gletscherbasis Scherungsflächen aus, an denen Debris an die Gletscheroberfläche gelangen kann. Durch Regelation bei gleichzeitiger Abwesenheit basalen Schmelzens können an polaren Gletschern zudem mächtige sub- und englaziale Debrisbänder entstehen. Sie stellen die Quellen des auf der Gletscheroberfläche austauenden Debris dar. Da das in den marginalen Bereichen polarer und subpolarer Gletscher entstehende Schmelzwasser auf der Gletscheroberfläche abfließt, kommt die erforderliche Wassersättigung des *flow till* einfach zustande.

Der in Zusammenhang mit Prozessen, Formen und Sedimenten an Gletschern häufig verwendete Begriff „glazigen" induziert, dass ein Gletscher ohne jedwede Einwirkung von Schmelzwasser tätig wird. Er ist auch als Wortpaar mit glazifluvial (veraltet: fluvioglazial) in Gebrauch. Insbesondere an temperierten Gletschern ist seine Anwendung nicht unproblematisch. Bei der Mehrzahl auftretender Prozesse, sei es bei der Entstehung von morphologischen Formen oder der Akkumulation von Sediment, ist Schmelzwasser wenigstens in geringem Umfang vorhanden. Fallweise ist die Präsenz von Schmelzwasser sogar untrennbar mit den Prozessen verknüpft. Die Forderung nach der Ausschließlichkeit der Wirkung von Gletschereis, wie es der Ausdruck „glazigen" beinhaltet, ist in der Realität häufig nicht gegeben. Es erscheint daher sinnvoll, stattdessen den Begriff „glazial" zu bevorzugen und ihn per Definition auf diejenigen Formen, Prozesse und Sedimente einzuschränken, welche wenigstens überwiegend durch die Wirkung von Gletschereis entstanden sind. Die bloße Präsenz von Schmelzwasser oder die untergeordnete Mitwirkung ist somit nicht ausgeschlossen. Glazifluviale Formen, Prozesse und Sedimente sind dagegen konsequent an die ausschließliche Wirkung von Schmelzwasser gekoppelt.

▼ 10.3
Abgleiten von *flow till* von der Gletscheroberfläche über ein marginales Schneefeld ins Gletschervorfeld am Austerdalsbreen (westliches Südnorwegen). Der als *flow till* abgleitende, ursprünglich englaziale Debris ist entlang von Scherungsflächen nahe der Gletscherfront an die Eisoberfläche transportiert worden (Aufnahme: August 1993).

ein quasi als Resedimentation zu bezeichnender zweiter Akkumulationsprozess: das *dumping*.

In subglazialen Hohlräumen herrschen unterschiedliche, teils komplexe Akkumulationsprozesse vor. Auch subglaziales *melt-out* kann daran beteiligt sein, beispielsweise in Form von Debris, der aus der Gletscherbasis an der Hohlraumdecke ausschmilzt. Auch das „Einpressen" (*squeezing*) von wassergesättigtem, deformierbarem, subglazialem Debris, welcher zwischen Gletscherbasis und Gletscherbett transportiert wurde, ist beobachtet worden. Trennt sich das debrisreiche Eis der basalen Transportzone durch Scherungsflächen von den überlagernden Eislagen, kann es im Hohlraum abgelagert werden und abschmelzen, was jedoch selten auftritt. Blöcke im basalen Eis können durch den fehlenden Gegendruck hinausgepresst und im Hohlraum akkumuliert werden. Wie generell an der gesamten Gletscherbasis warmbasaler Gletscher ist auch in subglazialen Hohlräumen glazifluviale Akkumulation möglich.

Abgesehen von *lodgement* und *melt-out* gibt es noch andere glaziale Akkumulationsprozesse, die es von den als Resedimentation zu charakterisierenden Prozessen zu unterscheiden gilt. Während der komplexen Prozessabläufe im Rahmen von Deformation und Glazitektonik werden lokal erodierte Sedimentkomplexe wieder akkumuliert. Akkumulation infolge direkter Sublimation des Gletschereises ist auf polare Gletscher beschränkt und an temperierten Gletschern ohne Bedeutung.

Dumping an den Gletschergrenzen

Neben *melt-out* kann supraglazialer Debris auch durch nichtglaziale Prozesse wie Steinschlag, Muren oder Felsstürze auf die Gletscheroberfläche gelangen (🗂 8). Die Akkumulation dort ist jedoch nur temporär, beispielsweise in Form supraglazialer Moränen oder diffus als supraglaziale Debrisdecke. Anschließend wird der Debris entweder durch Niedertauen des Eises abgelagert (▶ 10.2), oder er wird durch die Eisbewegung in die Marginalbereiche des Gletschers transportiert. Erst dort erfolgt seine endgültige Ablagerung im Gletschervorfeld (frontal, laterofrontal oder lateral), indem die Partikel von der Gletscheroberfläche stürzen, rollen beziehungsweise abgleiten. Unterschiedliche gravitative und denudative Prozesse sind daran beteiligt. Diesen bezüglich der Beteiligung des Gletschers passiven – streng genommen sogar nichtglazialen – Vorgang bezeichnet man zusammenfassend als *dumping*. Er entspricht einer Resedimentation des zuvor auf der Gletscheroberfläche abgelagerten Materials.

Das *dumping* großer Blöcke vollzieht sich zumeist rein gravitativ. Durch das auf der Gletscheroberfläche vorhandene Schmelzwasser kann feinerer Debris stark wassergesättigt sein. Es tritt dann ein mit kleinen Muren vergleichbares Abgleiten des sogenannten *flow till* auf, was einige Autoren schon als Übergang zu glazifluvialer Sedimentation betrachten.

Moränenmaterial und seine Eigenschaften

Glaziale Sedimente stellen eine äußerst heterogene Gruppe aus unzähligen differenten Einzeltypen dar. Hauptursache sind neben den unterschiedlichen Erosions- und Akkumulationsprozessen die zahlreichen existierenden Sedimentationsmilieus, welche

von Gletschergröße beziehungsweise -typ, thermalem Regime der Gletscherbasis, Charakteristik des Gletscherbettes, klimatischen Verhältnissen im proglazialen Ablagerungsraum, dem Auftreten von Permafrost oder aquatischen Gletscherfronten und so weiter geprägt werden. Als wäre diese natürliche Vielfalt nicht schon erschwerend genug, wird die Ansprache und Klassifikation glazialer Sedimente durch eine unübersichtliche und in Teilen widersprüchliche beziehungsweise uneinheitliche Terminologie unnötigerweise verkompliziert.

Um eine Systematik für die Vielzahl unterschiedlicher glazialer Sedimente zu entwickeln, muss zunächst zwischen glazialen Sedimenten im engeren Sinne und glazifluvialen Sedimenten differenziert werden. Von den terrestrischen glazialen Sedimenten sollten als spezielle Untergruppen noch glazilimnische (synonym: glazilakustrine) Sedimente an Gletscherfronten in Binnenseen beziehungsweise glazimarine (synonym: glaziomarine) Sedimente an kalbenden oder gründigen Gletscherfronten im Meer unterschieden werden. Bei terrestrischen glazialen Sedimenten im engeren Sinne handelt es sich um Moränenmaterial, für welches es zahlreiche alternative Bezeichnungen gibt. Es besitzt einige allgemeine Charakteristika.

Moränenmaterial ist ein Sediment, dessen Bestandteile durch die direkte Wirkung von Gletschereis zusammengebracht und abgelagert wurden und welches nachfolgend trotz eventueller postsedimentärer Deformation oder Überformung keine Resedimentation mit Auflösung des Materialverbandes erfahren hat (Boulton 1976, Goldthwait & Matsch 1989, Brodzikowski & Van Loon 1991, Benn & Evans 1998). Diese weit gefasste Definition besitzt den Vorteil, dass Schmelzwasser als Hauptprozessträger zwar explizit ausgeschlossen wird, den komplexen glazialen Sedimentationsprozessen und dem oftmals präsenten Schmelzwasser, sofern es keine allzu starke Überformung verursacht, aber gleichzeitig Rechnung getragen werden kann. Obwohl keine der in der Literatur vorliegenden Definitionen alle existierenden speziellen Typen von Moränenmaterial abzudecken vermag, herrscht weitgehende Übereinstimmung darin, dass weder ein begrenzter Einfluss von Schmelzwasser, noch eine begrenzte Deformation während oder nach der Ablagerung eine Ansprache als Moränenmaterial ausschließen. Drei Grundkriterien muss nach Dreimanis (1989) jedes Moränenmaterial erfüllen:

- gletschertransportierter Debris ist Hauptbestandteil
- der Sedimentationsprozess steht in enger räumlicher Beziehung zum Gletscher
- keine oder nur minimale Sortierung durch glazifluviale Prozesse

Die charakteristischen Eigenschaften von Moränenmaterial werden besonders in der Abgrenzung zu glazifluvialen Sedimenten offensichtlich. Moränenmaterial besitzt eine heterogene Korngrößenzusammensetzung (▶ 10.4). Es fehlt eine Sortierung nach der Korngröße, wie sie bei glazifluvialen und fluvialen,

▾ 10.4
Durch den Schmelzwasserbach geschaffener Aufschluss im Moränenmaterial des Gletschervorfeldes des Hochjochferner (Ötztaler Alpen, Aufnahme: Juli 1994). Das Auftreten unterschiedlichster Korngrößen lässt sich auf den ersten Blick gut erkennen.

aber auch äolischen oder marinen Sedimenten typisch ist. Ursache hierfür ist der Umstand, dass Partikelgröße und -form für den Transportprozess durch Gletschereis praktisch ohne Bedeutung sind. Einmal in das Gletschertransportsystem aufgenommener Debris wird ohne Rücksicht auf dessen Größe mit einer Geschwindigkeit transportiert, die mit der Eisgeschwindigkeit identisch ist. Weder bei dessen Aufnahme, noch bei dessen Ablagerung wirken bis auf wenige Ausnahmen Kräfte, welche zu einer Sortierung des Debris führen könnten. Moränenmaterial setzt sich typischerweise deshalb aus allen unterschiedlichen Korngrößen von hausgroßen Blöcken über Kies und Sand bis hin zu Feinmaterial wie Silt und Ton zusammen.

Moränenmaterial besteht häufig aus relativ angularen (kantigen) Partikeln. Es existieren dabei deutliche Unterschiede zwischen den einzelnen genetischen Typen. Ausschließlich supraglazial transportierter Debris ist überwiegend angular; subglaziales Moränenmaterial weist dagegen durch den erosiven Kontakt der Partikel mit dem Gletscherbett und deren resultierender Überformung auch zugerundete Komponenten auf. Stärkerer glazifluvialer Einfluss lässt den Prozentsatz zugerundeter Komponenten im Moränenmaterial ebenfalls ansteigen. Moränenmaterial ist durchschnittlich aber stets angularer und geringer zugerundet als glazifluviales Sediment. Es ist daneben zumeist regellos, das heißt, es fehlen ausgeprägte sedimentäre Schichtungsstrukturen wie beispielsweise typische glazifluviale Schrägschichtungen. Finden sich bei subglazialem Moränenmaterial (*lodgement*) solche Strukturen, sind sie als Ergebnis von Deformationsprozessen zu betrachten und leicht von glazifluvialer Schichtung zu unterscheiden.

Zieht man den Sedimentationsprozess als Basis einer genetischen Klassifikation von Moränenmaterial heran, entsteht vereinzelt das Problem, dass jener besonders bei älterem Moränenmaterial nicht immer eindeutig identifiziert werden kann. Schuld sind die Komplexität und Mehrphasigkeit glazialer Akkumulation. So kann zwischen primärer Sedimentation durch glaziale Prozesse im engeren Sinne (einschließlich Deformation) und sekundärer Sedimentation durch Überformung beziehungsweise Aufarbeitung infolge nichtglazialer Prozesse (zum Beispiel gravitativer beziehungsweise denudativer Massenbewegungen oder glazifluvialer Prozesse) differenziert werden (Lawson 1995, Benn & Evans 1998). Die Grenzen zwischen primärer und sekundärer Sedimentation sind in der Praxis jedoch verschwommen, denn eine zweifelsfreie Ausweisung von Resedimentation oder postsedimentärer Überformung ist nicht immer möglich. So übt beispielsweise das an warmbasalen Gletschern vorhandene Schmelzwasser während des *melt-out* immer einen unterschiedlich starken Einfluss auf das abgelagerte Moränenmaterial aus.

Bekannteste Vertreter glazialer Sedimente dürften die volkstümlich als „Findlinge" bezeichneten Erratika sein (▶ 10.5), welche in der Erforschung der pleistozä-

▲ 10.5
Saaleglazialer Findling (der „Butterstein") aus schwedischem Granit nördlich von Osnabrück (Aufnahme: Susanne Bühn).

nen Eiszeiten eine große Rolle gespielt haben. Erratika (lat. *errare* = irren) bestehen aus ortsfremden Gesteinen, im Falle Norddeutschlands aus Gesteinen des skandinavisch-baltischen Raumes. Bevor die mehrfache Vereisung Skandinaviens und das Vordringen des Eises bis nach Norddeutschland erkannt worden waren, existierten verschiedene Theorien über die Frage, wie sie nach Norddeutschland gelangt sein könnten. Der in alten Lehrbüchern zu findende Begriff „*glacial drift*" für Moränenmaterial geht im Übrigen auf die Drifttheorie zurück, welche vom Transport der Findlinge durch Eisschollen in einem kalten Flachmeer ausging. Erratika haben großen Nutzen für die Rekonstruktion der maximalen Eisausdehnung und der Fließrichtung ehemaliger Gletscher (Hesemann 1975, Skupin et al. 1993).

Genetische Typen von Moränenmaterial

Für den Überblick über die unterschiedlichen genetischen Typen von Moränenmaterial bietet sich zunächst eine grobe Unterscheidung in subglazial (basal) abgelagertes Moränenmaterial und Moränenmaterial supraglazialen Ursprunges an. Der Ort der Sedimentation ist zusammen mit dem durchlaufenen Weg innerhalb des Gletschertransportsystems hauptverantwortlich für die charakteristischen sedimentologischen Eigenschaften des Moränenmaterials.

Lodgement till (*lodgement*-Moränenmaterial) ist subglazial durch den namensgebenden aktiven Sedimentationsprozess entstanden. Durch Ablagerung unter aktivem Gletschereis, welches im Regelfall zunächst weiterhin einer Bewegung unterliegt, wirkt durch Eisauflast und Bewegungsenergie ein starker

Druck auf das Moränenmaterial. Bei *lodgement till* ist eine sekundäre Deformation und Überformung daher zu erwarten. Zusammen mit dem aktiven Charakter des *lodgement* resultieren daraus spezielle sedimentologische Kennzeichen:

- kompakter, „überkonsolidierter" Status des Moränenmaterials durch die Auflast des oft noch mächtigen Eises (eventuell durch Deformation modifiziert)
- feines Riss- beziehungsweise Spaltensystem durch Druckentlastung nach Abschmelzen des überlagernden Eises
- in Klüfte und Hohlräume des unterlagernden Festgesteins hineingepresstes Material
- vergleichsweise hoher Gehalt an Feinmaterial (Silt), entstanden durch subglaziale Erosion
- mehr Feinmaterial als supraglaziales Moränenmaterial, sofern das Feinmaterial nicht durch glazifluviale Erosion an der Gletscherbasis ausgewaschen wurde (gilt für subglaziales Moränenmaterial im Allgemeinen und *lodgement till* im Besonderen)
- visuelles Erscheinungsbild einer feinkörnigen Matrix mit eingebetteten gröberen Komponenten (Blöcken, Steinen)
- höherer Anteil an kantengerundeten oder zugerundeten Komponenten als bei supraglazialem Moränenmaterial (gilt für subglaziales Moränenmaterial generell)

▲ 10.6
Durch glaziale Erosion umgestalteter Block in *lodgement till* am Fåbergstølsbreen (westliches Südnorwegen, Aufnahme: August 2007). Auf der Blockoberfläche sind Gletscherschrammen und andere Mikroerosionsformen ausgebildet. Durch *lodgement* abgelagerte Blöcke werden im Zuge der noch vorhandenen aktiven Gletscherbewegung häufig umgestaltet und sind somit ein typisches Kennzeichen dieses genetischen Typs von Moränenmaterial.

- länglich geformte Partikel zeigen in ihrer Längsachse eine konsequente eisbewegungsparallele Orientierung durch Sedimentation unter aktivem Eis
- durch postsedimentäre glazialerosive Überformung analog zu Rundhöckern (🗅 12) umgestaltete Blöcke (▶ 10.6)
- glazialerosive Mikroformen, zum Beispiel Kritzungen (🗅 12), auf gröberen Komponenten als Zeugnis subglazialen Transports und/oder postsedimentärer Überformung
- in der feinen Matrix des Moränenmaterials eingebettete Blöcke können durch das „Hineinfurchen" während des *lodgement* lang gestreckte, eisbewegungsparallele Depression gletscheraufwärts und Presskeile gletscherabwärts zeigen (▶ 10.1)
- in der Gesteinszusammensetzung dominiert oft die lokale Petrographie, das heißt, die durchschnittliche Transportentfernung ist geringer als bei anderen Typen von Moränenmaterial
- *fluted moraines*, Drumlins und andere Akkumulationsformen (🗅 12) beschränken ihr Auftreten auf *lodgement till*

Uneinigkeit herrscht bezüglich des Auftretens von Linsen aus sortiertem und geschichtetem glazifluvialen Sediment innerhalb von *lodgement till*. Während Krüger (1979) ihr Auftreten als ein typisches Kennzeichen für diesen Moränenmaterialtyp ansieht, weisen andere Autoren dies zurück. Muller (1983) betont das Auspressen von Porenwasser bei *lodgement till*, wohingegen Benn & Evans (1998) entsprechende Sedimentstrukturen als Kennzeichen einer Druckentlastung deuten. Fließende Übergänge existieren zu subglazialem *melt-out till*, wobei Letztgenannter einem stärkeren Einfluss von Schmelzwasser ausgesetzt ist. Die für *lodgement till* typische Kritzung auf größeren Partikeln soll auch im Zuge subglazialer Deformationsprozesse entstehen können (Evans 1989). *Lodgement till* ist der wichtigste und am weitesten verbreitete Typ subglazialen Moränenmaterials. Wird der mehrdeutige Begriff „Grundmoräne" (🗅 12) auf Moränenmaterial bezogen, ist üblicherweise *lodgement till* gemeint.

Ein weiterer Typ subglazialen Moränenmaterials ist subglazialer *melt-out till* (Ausschmelzmoränenmaterial). Im Unterschied zu *lodgement till* wird es passiv durch *melt-out* an der Gletscherbasis vor allem von Stagnant- oder Toteis abgelagert. Seine Verbreitung ist geringer als früher angenommen wurde und soll sich primär auf debrisreiches Stagnanteis, wie es beispielsweise an den Gletscherzungen sich zurückziehender Hochgebirgsgletscher auftritt, beschränken (Bennett & Glasser 1996). Obwohl auch subglazialer *melt-out till* aus in der Gletscherbasis transportiertem Debris entsteht, ergeben sich durch den passiven Sedimentationsprozess bezüglich seiner sedimentologischen Charakteristika Unterschiede im Vergleich zu *lodgement till*:

- Kritzungen grober Komponenten und andere Kennzeichen subglazialen Transportes treten seltener auf.

- Glazialerosiv überformte Blöcke fehlen, da sich das Eis während und nach der Sedimentation von *melt-out till* nicht mehr aktiv bewegt.
- Die Korngrößenverteilung ist zumeist identisch mit derjenigen von *lodgement till*, sie besitzt jedoch eine höhere Variabilität.
- Das Moränenmaterial ist durch den normalerweise geringeren Druck des überlagernden Eises weniger kompakt.
- Infolge des Auftretens von Schmelzwasser während des *melt-out* können einzelne geschichtete beziehungsweise sortierte Sedimentlagen – glazifluvialen Ursprungs oder mit starker glazifluvialer Überprägung – innerhalb oder in Wechsellagerung mit *melt-out till* auftreten.
- Die ursprüngliche Orientierung länglicher Komponenten im subglazialen Debris geht während des *melt-out* meist verloren.
- Spuren von Deformation sind aufgrund der passiven Sedimentation unter Stagnant- beziehungsweise Toteis nicht zu finden.
- Eine glazifluviale Auswaschung von Feinmaterial ist bei *melt-out till* weitaus häufiger.

Unter die zahlreichen anderen Typen subglazialen Moränenmaterials fällt *deformation till*. Er stellt subglaziales Lockersediment dar, welches durch die Einwirkung von Glazitektonik oder Deformation überprägt wurde. Außer einem möglicherweise aufgetretenen lokalen Anfrieren an der Gletscherbasis fehlt ein Transport über lange Distanzen. Elson (1989) unterscheidet zusätzlich *comminution till*, ein extrem dichtes, kompaktes Moränenmaterial als Resultat von *abrasion* und einer Mischung aus fragmentierten Gesteinspartikeln und feinem Silt. Benn & Evans (1998) und andere Autoren folgen diesen Definitionen nur bedingt und weisen darauf hin, dass die Klassifikation von im Zuge glazitektonischer Prozesse und Deformation entstandenen Moränenmaterials sehr schwierig ist. Wird wassergesättigtes subglaziales Moränenmaterial in subglazialen Hohlräumen oder Klüften des anstehenden Festgesteins abgelagert, entsteht *pressure till* beziehungsweise *squeeze till*. So unterschiedlich die sedimentologischen Eigenschaften jener Spezialtypen subglazialen Moränenmaterials auch sein mögen, entscheidende Prägung erlangen sie durch die Eigenschaften des subglazialen Debris und des Gletscherbettes.

Supraglazialer *melt-out till* wird in der deutschen Literatur häufig mit dem Begriff „Ablationsmoräne" übersetzt. Dies ist irreführend und sollte vermieden werden, da die Gefahr der Verwechslung mit gleichnamigen morphologischen Formen besteht (🗋 12). Supraglazialer *melt-out till* ist als Überbegriff zu betrachten, denn zwei Phänomene erschweren die eindeutige Beschreibung. Eines davon ist die häufig auftretende Umlagerung im Zuge von Resedimentation. Diese tritt lediglich dann nicht in Erscheinung, wenn der supraglaziale Debris durch Niedertauen des unterlagernden Eises abgelagert wird. Zweites Phänomen

sind die temporär existierenden supraglazialen Moränen mit ihrem *supraglacial morainic till* (🗋 8). Da jene Bezeichnung durch den stattfindenden aktiven Transport (eigentlich also Debris!) einen gewissen Widerspruch darstellt, sollte *supraglacial morainic till* als spezieller Untertyp von supraglazialem *melt-out till* betrachtet werden.

Diesen Einschränkungen zum Trotz ist supraglazialer *melt-out till* der bedeutendste Typ supraglazialen Moränenmaterials. In der Praxis wird auch marginal durch *dumping* abgelagertes Sediment zu ihm gerechnet und lediglich *flow till* als Spezialfall ausgeklammert. Folgende sedimentologische Merkmale gelten als seine Kennzeichen:
- eine oft gröbere Korngrößenzusammensetzung, selbst wenn durchaus feinkörniges Material, zum Beispiel durch Scherungsflächen an die Gletscheroberfläche transportierter sub- und englazialer Debris, auftreten kann; neben dem ursprünglich gröberen Debris, beispielsweise Hang- und Verwitterungsschutt, wird das an der Gletscheroberfläche in der Ablationssaison vorhandene Schmelzwasser vorhandenes Feinmaterial ausspülen
- grobe Komponenten sind oft angular, zugerundete Komponenten selten (▶ 10.7)
- auf großen Blöcken fehlen Kritzungen oder glazialerosive Mikroformen
- das Korngrößenspektrum ist durch die häufige Abwesenheit von Feinmaterial im Regelfall enger als bei subglazialem Moränenmaterial
- ist, was selten der Fall ist, supraglaziales Moränenmaterial feinkörniger, kann sich der Einfluss von Schmelzwasser in geschichteten, sortierten Sedimentlagen äußern
- supraglazialer *melt-out till* ist weniger kompakt als subglaziales Moränenmaterial infolge der Abwesenheit des Druckes durch überlagerndes Eis
- die Orientierung länglicher Komponenten ist weit weniger deutlich als zum Beispiel bei *lodgement till*
- falls eine Orientierung auftritt, ist sie nicht zwangsweise eisbewegungsparallel, da zum Beispiel an der Basis von Gletscherbrüchen der Debris in seinen Längsachsen quer zur Eisbewegung ausgerichtet ist
- die Lithologie (Gesteinszusammensetzung) ist weniger lokal geprägt und kann sehr variabel sein

Flow till zeigt durch sein Abgleiten dagegen eine deutliche Orientierung und Fließstrukturen. Da er zumeist nicht sehr kompakt ist und auf den angularen Komponenten ebenfalls Spuren glazialerosiver Überformung fehlen, gestaltet sich die Unterscheidung zu supraglazialem *melt-out till* in Aufschlüssen nicht immer als einfach.

In Ergänzung der aufgezählten Moränenmaterialtypen gibt es noch viele Spezialfälle (Goldthwait & Matsch 1989, Benn & Evans 1998). Diese sind meist von besonderen Lokalitäten abgeleitet und spielen lediglich regional, selten allgemein eine große Rolle. An

kleinen Kargletschern bildet sich *protalus till* (Warren 1989), der sich aus Material zusammensetzt, welches durch Gleiten oder Rollen über die Gletscheroberfläche gravitativ vor der Gletscherfront abgelagert wird. *Protalus till* fällt somit in den problematischen Grenzbereich zwischen glazialen und nivalen Formen. *Sublimation till* entsteht durch direkte Sublimation des den Debris umgebenden Eises an polaren, kaltbasalen Gletschern. An kalbenden Gletscherfronten wird Moränenmaterial im aquatischen Milieu sedimentiert. Es bildet sich sogenannter *waterlain till* (subaquatisches Moränenmaterial).

Glazifluviale Sedimente

Glazifluviale Erosions- und Akkumulationsprozesse sind an warmbasalen Gletschern weit verbreitet. Neben der Beteiligung von Schmelzwasser an den zuvor geschilderten glazialen Akkumulationsprozessen kommt es deshalb zu glazifluvialer Akkumulation. Diese findet sowohl subglazial als auch englazial und supraglazial statt. Teilweise ist sie zunächst nur temporär, wenn das in en- und supraglazialen Schmelzwasserkanälen (▶ 6.1) abgelagerte glazifluviale Sediment erst nach komplettem Niedertauen des Eises endgültig sedimentiert wird. Von prägendem Einfluss in beinahe allen unterschiedlichen Sedimentationsmilieus heutiger wie ehemaliger Gletscher ist die proglaziale glazifluviale Akkumulation. Sowohl in den rezenten Gletschervorfeldern der Hochgebirgsgletscher als auch in den von pleistozänen Inlandeisen geprägten weiten Akkumulationsgebieten (zum Beispiel Norddeutsches Tiefland, Alpenvorland oder Nordamerika) treten großflächig glazifluviale Sedimente auf. Bis auf einige spezifische Unterschiede, welche überwiegend bei der subglazialen glazifluvialen Sedimentation Einfluss ausüben (vor allem hoher hydrostatischer Druck durch das überlagernde Eis), entsprechen die glazifluvialen Sedimentationsprozesse weitgehend denjenigen des fluvialen Prozess-Systems. Quantitativ gilt die (temporäre) englaziale glazifluviale Akkumulation als unbedeutend. Im Kontrast dazu kann die subglaziale und proglaziale glazifluviale Sedimentation einen Anteil von bis zu 90% an der gesamten Akkumulationsleistung eines Gletschers haben (Gurnell & Clark 1987).

Glazifluviale Sedimente unterscheiden sich bezüglich ihrer sedimentologischen Charakteristika in mehreren Punkten eindeutig von Moränenmaterial.

Begriffsvielfalt bei glazialen Sedimenten

Auf jeden Einsteiger wirkt die Nomenklatur und Klassifikation glazialer Sedimente abschreckend. Nicht zu Unrecht, denn leider ist deren Terminologie nicht nur kompliziert, sondern in manchen Fällen auch widersprüchlich, bisweilen sogar unlogisch und verwirrend. Vielfältige Gründe sind neben der natürlichen Variationsbreite glazialer Sedimente für diesen Umstand anzuführen. Die lange Wissenschaftsgeschichte der Erforschung von Gletschern und ihren Ablagerungen ist einer davon. So hält sich zum Beispiel der englische Begriff *glacial drift* für Moränenmaterial noch immer in geologischen Abhandlungen, obwohl die bei dessen Einführung existierende Drifttheorie schon seit mehr als 150 Jahren widerlegt ist. Daneben gibt es ähnlich den glazialen Erosionsprozessen (🗎 9) Fälle, in denen die ursprüngliche Theorie der Entstehung bestimmter Sedimente heute nicht mehr aufrechterhalten werden kann. Sich von solchen Theorien ableitende Begriffe sollten konsequenterweise vermieden werden. Ein Beispiel aus dem deutschen Sprachraum ist die hauptsächlich auf grobes Moränenmaterial und erratische Blöcke angewendete Bezeichnung „Geschiebe". Er stammt aus der Zeit, als die verschiedenen Transportmodi glazialen Debris noch weitgehend unbekannt waren und die

Vorstellung herrschte, Gletscher würden das in Moränen abgelagerte Material „vor sich herschieben". Angesichts der heutigen Erkenntnisse zum Gletschertransportsystem und der Moränengenese sollte auf diesen Begriff verzichtet werden, zumal gerade in der breiten Öffentlichkeit die unzutreffende Vorstellung des „Vor-sich-Herschiebens" noch weit verbreitet ist. Deshalb sollte auch das streng genommen lediglich lokal in Norddeutschland einzusetzende Begriffspaar „Geschiebemergel"/„Geschiebelehm", das von Pedologen und Geologen immer noch verwendet wird, aus dem Gebrauch verschwinden. Mit modernisierten und an internationale Standards angepassten Alternativen (konkret: carbonathaltiges beziehungsweise weitgehend carbonatfreies, lehmiges Moränenmaterial) lässt sich ohne die Gefahr möglicher Missverständnisse bezüglich des glazialen Transportprozesses weitaus besser operieren. Der im Moränenmaterial Norddeutschlands ursprünglich enthaltene Carbonatanteil stammt im Übrigen aus mesozoischen Sedimentgesteinsfolgen des heute überfluteten Ostseebeckens, welche nur in den glazitektonisch verstellten Kreideschollen im südlichen Ostseeraum (zum Beispiel auf Rügen) aufgeschlossen sind.

Die Einteilung von Moränenmaterial kann anhand genetischer Geschichtspunkte erfolgen, das heißt anhand des Ablagerungsortes und des dominierenden Sedimentationsprozesses. In der Quartärgeologie wird Moränenmaterial zusätzlich nach chronologischen Gesichtspunkten unterschieden, zum Beispiel weichselglaziales oder holozänes Moränenmaterial. Zusätzlich ist eine Differenzierung nach sedimentologischen Eigenschaften möglich: siltreiches Moränenmaterial, sandig-kiesiges Moränenmaterial und so weiter. Aus der allgemeinen Sedimentologie stammt auch der auf Moränenmaterial angewendete Ausdruck Diamikt (*diamicton*). Definiert wird Diamikt als Sediment mit inhomogener Korngrößenverteilung oder zwei deutlich voneinander getrennten Maxima in der Verteilung auf die einzelnen Korngrößenklassen. Sedimentologisch trifft dies auf Moränenmaterial weitgehend zu. Nachteil ist jedoch der sehr allgemeine Charakter der Definition, die sich nicht allein auf glaziale Ablagerungen beschränken lässt. Der spezifisch glaziale Begriff „Moränenmaterial" erscheint deshalb geeigneter.

Aufgrund des Abhängigkeitsverhältnisses zwischen Fließgeschwindigkeit, Abflussmenge und Korngröße der transportierten Partikel sind glazifluviale Sedimente gut sortiert. Sedimentationsstrukturen, welche zum Beispiel aus einer häufigen Verlagerung der aktiven Abflusskanäle und aus der variierenden Fließgeschwindigkeit resultieren, sind für glazifluviale Sedimente typisch. Infolge der kausalen Verkettung mit Fließgeschwindigkeit und Abflussmenge werden grobe Korngrößen (Kies) vorwiegend nahe der Schmelzwasseraustritte an der Gletscherfront sedimentiert, feinkörnigere Partikel (Sand, Silt) erst in größerer Distanz (▶ 10.8). Die speziellen Charakteristika des glazifluvialen Sedimentationsmilieus, beispielsweise die saisonal stark schwankende Schmelzwasserführung, eine Sedimentation im direkten Einflussbereich des Gletschers (sub-, en- oder supraglazial) oder die auf Fließgeschwindigkeit und Gerinnemorphologie Auswirkung zeigenden Veränderungen der Gletscherfrontposition, sorgen dafür, dass jene generellen Aussagen zu einem gewissen Grad zu relativieren sind. So kann trotz allgemein guter Sortierung das Korngrößenspektrum glazifluvialer Sedimente kleinräumig recht variabel sein. Grobe und feine Sedimente können, vor allem wenn sie nicht zeitgleich abgelagert wurden, in unmittelbarer Nachbarschaft auftreten. Zwar ist die Zurundung der einzelnen Komponenten sehr hoch; bei nur sehr kurzen zurückgelegten

Transportwegen in den Zentralbereichen der Hochgebirge kann sie auch einmal weniger deutlich ausgeprägt sein (▶ 10.9). Dennoch bleibt sie eindeutiges Unterscheidungskriterium zu Moränenmaterial. Die markantesten Unterschiede zu fluvialen Sedimenten existieren bei subglazialen (eingeschränkt englazialen) glazifluvialen Sedimenten, da der hohe hydrostatische Druck zu Besonderheiten in Korngrößenspektrum, Sortierung und Schichtungsstrukturen führen kann.

Durch die kleinräumige Verzahnung mit Moränenmaterial und den überaus variablen glazifluvialen Sedimentationsmilieus konnte eine allgemein akzeptierte Klassifikation glazifluvialer Sedimente noch nicht aufgestellt werden. In der quartärgeologischen Terminologie existieren einige primär chronologisch fokussierte Begriffe. Beispielsweise werden im Vorfeld eines Gletschers während eines Vorstoßes abgelagerte und später überfahrene glazifluviale Sedimente als „Vorschüttschotter" beziehungsweise „Vorschüttsande" („Vorstoßschotter") bezeichnet. Analog existieren die Begriffe „Nachschüttschotter" oder „Nachschüttsande", welche zum Beispiel in der regionalen Stratigraphie des Alpenvorlandes Anwendung finden. Dort können einzelne Vereisungsphasen teilweise lediglich anhand glazifluvialer Sedimente (Schotterterrassen) ausgewiesen werden. Jene Begriffe stellen aber keine genetische Typisierung dar.

▲ **10.8**

Proglazialer See des Hooker Glacier (Southern Alps, Neuseeland). Die Trübung und graue Farbe des Wassers rühren von einer hohen Suspensionsfracht an Silt, der durch glaziale Erosion entstanden ist. Der volkstümliche Begriff „Gletschermilch" für Gletscherschmelzwasser mit hoher Suspensionsfracht leitet sich von jener Trübung ab. Bei sinkender Konzentration der Suspensionsfracht nimmt das Wasser in größerer Entfernung von der Sedimentquelle das klassische Türkis als charakteristische Farbe an. Jene gilt als eindeutiges Indiz von Flüssen und Seen mit Gletschern im Einzugsgebiet (Aufnahmen: April 2007).

Bei glazimarinen und -limnischen Sedimenten handelt es sich bis auf wenige Ausnahmen vom Ursprung her um glazifluviale Sedimente, die im Meer respektive einem Binnensee abgelagert werden, im Regelfall nicht weit von der Gletscherfront entfernt. Sie treten an kalbenden Outletgletschern heutiger Eisschilde (Grønland, Antarktis) und an Eisschelfen auf, sind gleichzeitig aber auch für ehemalige pleistozäne Inlandeise als typisch zu bezeichnen. Während deren Eisrückzuges standen die marginalen Gletscherbereiche oft im Kontakt zu großen Binnenseen – entstanden als Eisstauseen durch Blockade des präglazialen Abflusses – oder dem Meer. Die abgelagerten Sedimente ähneln in ihren Eigenschaften feinkörnigen glazifluvialen Sedimenten, sieht man vom Auftreten mariner Fossilien wie Muscheln oder planktonischer Organismen ab. Unterschiedlich ist das verbreitete Auftreten von Ton im Korngrößenspektrum und die Eingliederung von Salzkristallen aus dem Meerwasser in den glazimarinen Feinsedimenten.

Bänder- oder Warventone sind vielleicht die bekanntesten glazilimnischen und -marinen Sedimente. Sie spielen in der Erforschung des Eisrückzuges der letzten Vereisungsperiode in Nordeuropa eine große Rolle. Bei Warventon (auch Silt und Feinsand kann enthalten sein) handelt es sich um saisonal geschichtete, lagige Feinmaterialakkumulationen im glazimarinen oder glazilimnischen Milieu. Sie besitzen Warven (Jahreschichten), das heißt aus saisonalen Schwankungen in den Sedimentationsraten und Korngrößen resultierende, rhythmische Sedimentlagen. Die Winterlagen sind geringmächtiger als die Sommerlagen, da während des Winters Schmelzwasserabfluss und Sedimentfracht niedrig sind. Im Sommer erreicht der Abfluss seinen saisonalen Höhepunkt und vor allem am Beginn der Hauptabflussperiode sind die Werte der Sedimentfracht am höchsten. Die geringmächtigen, feinkörnigen Winterlagen, in denen Ton dominiert und daneben etwas Silt vorhanden ist, wechseln sich mit den mächtigeren und im Korngrößenspektrum gröberen Sommerlagen ab. Der Gehalt an organischem Material ist in den Winterlagen relativ gesehen höher als in den minerogenen Sommerlagen. Von Bändertonen spricht man, wenn der saisonale beziehungsweise jährliche Charakter der sich abwechselnden Schichten nicht eindeutig geklärt ist.

Spezielle glazimarine Feinmaterialablagerungen sind thixotrope Tone oder Quicktone. Sie können sich bei mechanischer Beanspruchung (Erschüttung im Zuge von Baumaßnahmen, Erdbeben und so weiter) ohne besondere Wasserzugabe „verflüssigen", das heißt von einem festen in einen „breiähnlichen" Zustand übergehen. In bewohnten Gegenden kann dies katastrophale Auswirkungen haben, zum Beispiel in der Region Trøndelag bei Trondheim in Norwegen oder in Alaska. Neben einer speziellen Korngrößenverteilung ist entscheidend, dass durch die Ablagerung im Salzwassermilieu ursprünglich Salzkristalle in den Ablagerungen vorhanden waren. Werden jene im Laufe der Zeit durch Niederschlag und Grundwasser gelöst und ausgewaschen, verändert sich der Sedimentverband zunächst nicht. Bei bestimmten Beanspruchungen wird er aber instabil und thixotrop reagieren. Dieses Gefährdungspotenzial ist noch nicht vollständig beherrschbar.

Große Blöcke und Steine, die zunächst in Eisbergen eingefroren sind und während deren Abtauens auf den Grund des Meeres oder eines Binnensees sinken, nennt man *dropstones*. Sie sind dabei in glazimarinen oder -limnischen Feinsedimentlagen eingebettet. Als Überbegriff für durch Eisberge verfrachteten Debris gibt es die Bezeichnung *ice-rafted debris* (IRD). IRD spielt in der Quartärgeologie eine wichtige Rolle, da man durch sein Auftreten in marinen Sedimentkernen Vereisungsperioden nachweisen kann.

▲ 10.9
Aufschluss in glazifluvialem Sediment des Talsanders am Franz Josef Glacier (Southern Alps, Neuseeland). Obwohl Schichtungsstrukturen und eine gute Zurundung der Partikel im Ansatz zu erkennen sind, sind durch geringe Transportdistanz (die Gletscherfront lag im April 2008 nur etwa 1 000 m entfernt) die sedimentologischen Charakteristika glazifluvialer Sedimente lediglich eingeschränkt ausgeprägt.

11

Zeugnisse glazialer Erosion

Das Krundal im westlichen Südnorwegen (Aufnahme: Juli 2008).

Einführung

Eine Einteilung glazialer Erosionsformen auf Grundlage der beteiligten Prozesse ist nicht möglich, da meist mehrere glaziale Erosionsprozesse gleichzeitig oder in zeitlicher Abfolge an deren Genese und Ausgestaltung beteiligt sind. Einige Zeugnisse glazialer Erosion entstehen sogar erst durch das Zusammenwirken mehrerer Einzelprozesse. Daher bietet sich zur Strukturierung der nachfolgenden Ausführungen eine Gliederung nach Größenordnung dieser Formen an. Mikroformen besitzen Dimensionen von wenigen Millimetern bis etwa 1 m (Gletscherschrammen und so weiter), Mesoformen können dagegen wenige Meter bis einige Hundert Meter groß sein (zum Beispiel Rundhöcker). Makroformen wie glaziale Täler oder Kare haben Basisgrößen von mindestens einigen Hundert Metern. Separat werden lediglich Erosionsformen rein glazifluvialen Ursprungs betrachtet.

Infolge des Einflusses des thermalen Regimes der Gletscherbasis (warm-/kaltbasal) auf Auftreten und Wirkungskraft glazialer Erosionsprozesse ist eine Zonierung der Intensität glazialer Erosionsprozesse möglich. Beispielsweise lässt sich für ehemalige pleistozäne Eisschilde eine Zonierung aus den vorhandenen glazialen Erosionsformen ableiten und das ehemalige thermale Regime der Gletscherbasis rekonstruieren. Bei kaltbasaler Gletscherbasis in Teilbereichen eines Eisschildes kann praktisch keine Erosion stattfinden. Falls nicht während bestimmter Zeitabschnitte im Eisaufbau oder -abbau der betroffene Bereich eine warmbasale Gletscherbasis besessen hat, existieren dort keine deutlichen Spuren glazialer Erosion. Die Rekonstruktion der vertikalen Eisausdehnung in einem Gebirgsrelief kann dadurch verkompliziert werden, dass oberhalb eindeutiger glazialer Erosionsspuren auf Hochflächen theoretisch erosiv unwirksames, kaltbasales Eis vorhanden gewesen sein könnte. Unter warmbasalem Eis findet dagegen im Normalfall immer Erosion statt, abhängig von Faktoren wie Eisgeschwindigkeit und Eismächtigkeit (⌂ 9). Besonders effektiv sind Erosionsprozesse an der Grenze von warm- zu kaltbasalem Eis.

Gletscherschrammen und polierte Gesteinsoberflächen

Die bekanntesten glazialen Mikroerosionsformen sind die eisbewegungsparallelen Gletscherschrammen (*striae*). Zieht man den Flächenanteil als Entscheidungskriterium heran, sind allerdings großflächig glatt geschliffene Felsoberflächen (Gletscherschliff, *polished surface*) die bedeutenderen Produkte glazialer Erosion. Sie entstehen durch das *polishing* (*abrasion*). Dass dieser Umstand nur selten wahrgenommen wird, hängt damit zusammen, dass es schwierig fällt, jene weitläufigen polierten Gesteinsoberflächen überhaupt als „Mikroformen" anzusprechen. Dabei stellen sie geradezu das Kennzeichen eines durch glaziale Erosion gestalteten Reliefs dar. Die übrigen glazialen Mikroformen können zumeist erst als solche erkannt werden, wenn sie innerhalb einer glatt geschliffenen Felsoberfläche auftreten.

Gletscherschrammen (▸ 11.1) sind das Resultat von *striation*. Die als Furchen, Rillen oder Kritzungen zu beschreibenden Gletscherschrammen sind selten tiefer als wenige Millimeter in das Festgestein hineinerodiert. Sie können Längen von bis zu mehreren Metern aufweisen. Gletscherschrammen treten stets vergesellschaftet in größerer Anzahl auf, sind im Normalfall parallel angeordnet und finden sich auch in Nachbarschaft zu anderen Mikroformen. Bis auf wenige Ausnahmen beschränkt sich ihre Genese auf temperierte Gletscher. Jene Ausnahmen stehen in Zusammenhang mit subglazialen Deformationsprozessen, bei denen Gesteinsfragmente miteinander in Kontakt geraten können, sodass es zu *striation* kommt. Quantitativ sind diese Ausnahmen und andere Spezialfälle unbedeutend. Die genetische Verknüpfung von Gletscherschrammen mit *abrasion* ist sowohl durch subglaziale Beobachtungen als auch durch experimentelle Untersuchungen eindeutig belegt. Per Definition spricht man nur bei einem Gletscherbett aus anstehendem Festgestein von Gletscherschrammen. Wenn durch *striation* analoge Erosionsformen auf Blöcken in Lockermaterial entstehen, bezeichnet man dies als Kritzung. Die Begründung für die begriffliche Unterscheidung ist, dass Kritzungen im Gegensatz zu Gletscherschrammen nicht als Indikatoren für die Eisbe-

▼ 11.1

Gletscherschrammen in den Gletschervorfeldern von Bødalsbreen (westliches Südnorwegen), Austerdalsisen (Nordnorwegen) und Vernagtferner (Ötztaler Alpen; von links nach rechts; Aufnahmen: September 1996, Juli 1998 und September 2006).

wegungsrichtung herangezogen werden können. Die im Moränenmaterial eingebetteten gekritzten Blöcke können postsedimentär bewegt worden oder die Kritzung kann schon vor der Ablagerung entstanden sein.

Gletscherschrammen treten in unterschiedlicher Ausprägung auf. Die maßgeblichen Faktoren während des *abrasion*-Prozesses wie Eisgeschwindigkeit, Normaldruck des überlagernden Eises, Oberflächenrauigkeit und Gesteinstyp des Gletscherbettes sind für die unterschiedliche Ausbildung verantwortlich. Die Tiefe von Gletscherschrammen nimmt gletscherabwärts zu. Nur in seltenen Fällen kann sie sich durch Abnahme des Druckes auf die erodierenden Partikel auch verringern. Weiten sich Gletscherschrammen durch zunehmende Erosionskraft des erodierenden Partikels als Folge basalen Schmelzens oder höheren Normaldruckes gletscherabwärts sukzessive in ihrem Querprofil auf, spricht man von *wedge striae* (keilförmigen Gletscherschrammen). Erfolgt die Ausweitung abrupt, bezeichnet man dies als *nail-head striae* (Nagelkopf-Gletscherschrammen). Das klar markierte Ende beider Formen wird entweder durch die (temporäre) Ablagerung des erodierenden Partikels verursacht oder dessen teilweise beziehungsweise komplette Zerstörung. Zusätzliche Alternative ist die schlagartige Abnahme der Wirkungskraft von *abrasion*. Die vergesellschafteten Gletscherschrammen enden nicht selten nahe am Ansatz anderer Gletscherschrammen (*en-échelon-*

Muster). Dies rührt von der „Abnutzung" einer Kante des erodierenden Partikels oder dessen Rotation her, wodurch ein anderer Partikelteil in Kontakt zum Gletscherbett gerät.

Gletscherschrammen gelten als klare Indikatoren einer ehemaligen Vereisung und waren als Belege einer Vereisung Norddeutschlands und anderer Gebiete von entscheidender Bedeutung. Aufgrund ihrer Orientierung parallel zum basalen Eisfluss lässt sich mit ihrer Hilfe die Fließrichtung ehemaliger Eisschilde rekonstruieren. Finden sich auf einer Gesteinspartie zwei oder mehrere klar voneinander zu unterscheidende Orientierungen von Gletscherschrammen, deutet dies auf ein unterschiedliches Alter und die Zugehörigkeit zu verschiedenen Generationen von Gletscherschrammen hin. Durch den unterschiedlichen Grad der oberflächlichen Verwitterung lässt sich eine Altersabfolge festlegen und die Veränderung der Fließrichtung des Eises rekonstruieren. In Zonen eines unruhigen Gletscherbettes oder starken Reliefs (Hochgebirge) ist diese Rekonstruktion nicht immer einfach, denn der Eisfluss an der Basis des Gletschers entspricht nicht zwangsläufig der Bewegungsrichtung der Eisoberfläche. Beispiel ist das Umfließen eines Gletscherbetthindernisses oder der Einfluss eines Tales unter einem Eisschild auf den Eisabfluss. In solchen Fällen löst ein komplexeres Muster die sonst typische Parallelität ab.

Durch *abrasion* entstanden sind die mit Gletscherschrammen verwandten, eisbewegungsparallelen *rat tails* („Rattenschwänze") oder *mini crag-and-tails* (engl. *crag* = Felsklippe). Im Unterschied zu Gletscherschrammen zeigen diese kleine Rücken Höhen von maximal 1 cm. Sie entstehen nur bei besonderen Strukturen im anstehenden Gestein. Ihre gletscherzugewandte Seite stellt eine kleine Erhebung dar, welche in einer erosionsresistenteren Gesteinspartie ausgebildet ist. Gletscherabwärts wird eine Art „Schwanz" geformt (analog zu den gleichnamigen Mesoformen).

Weitere Mikroerosionsformen

Gletscherschrammen können in ihrer Genese eindeutig mit *striation* in Verbindung gebracht werden. Dies ist bei den mit dem Überbegriff *friction cracks* (Reibungsrissen) bezeichneten Formen nicht der Fall. Unterschiedliche Einzelprozesse können beteiligt sein. Zur Entstehung von Gletscherschrammen muss ein in der Gletscherbasis festgefrorener Partikel über eine gewisse Distanz in erosivem Kontakt zum Gletscherbett stehen. Bei *friction cracks* reicht zum Teil ein punktueller Kontakt des Partikels. Einige Modelle gehen ferner von einer Entstehung in zwei Schritten aus. Im ersten Schritt entsteht durch mechanische Beanspruchung ein Riss im Festgestein. Während des nachfolgenden zweiten Schrittes folgt das Herausbrechen als Folge primär nichtglazialer Zerrüttung (Druckentlastung) analog zum *plucking*. Alternativ existiert die Ansicht, dass der Hauptunterschied zwi-

► 11.2
Als *lunate fracture* bezeichnete glaziale Mikroerosionsform am Nigardsbreen (westliches Südnorwegen, Aufnahme: August 1997). Der Gletscher bewegte sich von rechts nach links.

▲ 11.3

Sichelbrüche auf einem glatt polierten Rundhöcker im Gletschervorfeld des Nigardsbre (westliches Südnorwegen, Aufnahme: Juni 2006). Der Gletscher floss ehemals von links nach rechts.

schen Gletscherschrammen und *friction cracks* lediglich die ruckartige Bewegung des basalen Eises beziehungsweise des transportierten Partikels sei. Möglich ist auch eine vom Gleiten abweichende, „rollende" Partikelbewegung. Mehrheitlich werden Schwankungen im vom Gletscher beziehungsweise dem transportierten Partikel auf den Felsuntergrund ausgeübten Druck für die Entstehung der Risse verantwortlich gemacht. Folglich kann bei der Entstehung von *friction cracks* tatsächlich von mit *plucking* vergleichbaren Vorgängen ausgegangen werden.

Friction cracks werden analog zu Gletscherschrammen als Indikatoren für die Eisbewegungsrichtung herangezogen. Durch unterschiedliche morphologische Typen ist eine eindeutige Aussage aber deutlich schwieriger. *Lunate fractures* (es gibt hierfür keinen synonymen deutschen Begriff) zeigen eine dem Gletscher abgewandte, sichelförmige Öffnung und enden in einer steilen Kante (▶ 11.2). Ein Teil des Festgesteines ist herausgebrochen. Auch bei Sichelbrüchen (*crescentic gouges*) sind Fragmente des Festgesteines erodiert worden (▶ 11.3). Bei ihnen zeigt die Öffnung jedoch zum Gletscher. Sie enden ebenfalls in einer steilen Kante und gelten als vergleichsweise häufig zu findende Formen. Selten sind reverse Sichelbrüche, die bei gleichem Grundriss wie *lunate fractures* ihre steile Kante am Ansatz zeigen. Bei allen diesen Formen liefert ein einmaliger Kontakt eines Partikels

mit dem Gletscherbett eine plausible Erklärung für die Entstehung eines Risses und den späteren Abtransport des Fragmentes. Anders verhält sich dies bei Parabelrissen (*crescentic fractures*). Das Modell einer ruckhaften Bewegung des Partikels ist hier glaubwürdiger, weil Parabelrisse stets in größerer Anzahl und paralleler Anordnung ausgebildet sind. Die Öffnungen von Parabelrissen sind dem Gletscher abgewandt, und zumeist sind nur minimale Fragmente des Festgesteines herausgebrochen worden. Auch reverse Parabelrisse (Öffnung dem Gletscher zugewandt) sollen existieren. Muschelbrüche (*conchoidal fractures*) besitzen konkave Bruchflächen und können nicht eindeutig einer Eisbewegungsrichtung zugeordnet werden. Der im Englischen verwendete Begriff „*muschelbrüche*" entspricht nicht diesen Muschelbrüchen, sondern stellt wie Sichelwannen eine Form dar, welche in den glazifluvialen Formungsbereich fällt. Die in Entstehung und Orientierung mit Parabelrissen zu vergleichenden *chattermarks* (Reibungsnarben) sind auf einen weitgehend kontinuierlichen, wenngleich ruckartigen Transport eines Partikels über das Gletscherbett zurückzuführen. Man kann sie als Übergangsstufe zu Gletscherschrammen betrachten.

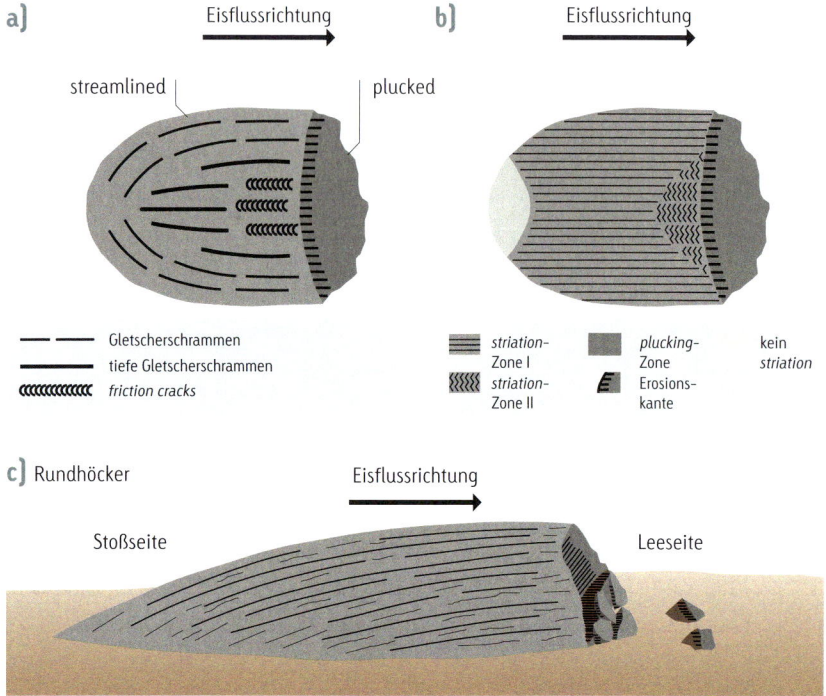

a)

Eisflussrichtung →

streamlined | plucked

— — — Gletscherschrammen
——— tiefe Gletscherschrammen
ᴄᴄᴄᴄᴄᴄᴄᴄᴄᴄᴄᴄ *friction cracks*

b)

Eisflussrichtung →

▤ *striation*-
Zone I
▩ *striation*-
Zone II
▦ *plucking*-
Zone
◪ Erosions-
kante
kein
striation

c) Rundhöcker

Eisflussrichtung →

Stoßseite   Leeseite

◄ 11.4
Schematische Darstellung der Morphologie eines Rundhöckers (c) beziehungsweise der auf ihm anzutreffenden glazialerosiven Mikroformen (a) und Erosionszonen (b, verändert nach Bennett & Glasser 1996 sowie Kristiansen & Sollid 1988).

Die unterschiedlichen Stoß- und Leeseiten der Rundhöcker sind auf eine kombinierte Wirkung von *abrasion* mit *plucking* zurückzuführen. Die Stoßseite ist hohem Druck durch das überlagernde und sich bewegende, warmbasale Eis ausgesetzt. Effektives *abrasion* findet statt. Zeugnisse davon liefern die *striation* entstammenden Mikroformen und glatt polierte Felspartien, die *polishing* entstammen (► 11.5). Da der Druck auf der Leeseite rapide absinkt und in der Zone niedrigen Druckes subglaziale Hohlräume auftreten, wirkt hier *plucking* und gestaltet die zerklüftete Leeseite des Gletscherbetthindernisses. Die bei diesem Vorgang notwendige Druckentlastung ist Ursache für die bevorzugte Ausbildung von Rundhöckern in Massengesteinen. Es wird immer wieder diskutiert, inwiefern präglaziale Vorformen für die Entstehung von Rundhöckern notwendig sind. Auch wenn unzweifelhaft in weiten Arealen flächenhafter glazialer Erosion mit begrenzter Gesamterosionsleistung (zum Beispiel in Teilen Nordkanadas oder Finnlands) riesige Rundhöckerareale vorkommen, wird die glaziale Entstehung nicht ernsthaft infrage gestellt. Die vergesellschafteten Rundhöcker entstehen nur unter warmbasalen Gletschern und können als Eisflussrichtungsindikatoren fungieren. In Hochgebirgen befinden sie sich häufig auf Talschwellen oder Pässen.

Trotz Namensverwandtschaft dürfen Felsdrumlins (*rock drumlins*) nicht mit den aus Lockermaterial bestehenden Akkumulationsformen (Drumlins, 🗋 12) verwechselt werden. Wie bei Rundhöckern handelt es sich bei Felsdrumlins um glazialerosive Mesoformen in Festgestein. Im Unterschied zu Erstgenannten besitzen sie eine steile Stoß- und eine flache, stromlinienförmig ausgestaltete Leeseite (► 11.6 und 11.7). Weder Stoß- noch Leeseite zeigen eine Zerklüftung. Dies ist ein Indiz dafür, dass *plucking* bei deren Genese zurücktritt und *abrasion* die führende Rolle spielt. So sind auf Stoß- und Leeseite Mikroformen in der glatt geschliffenen Felsoberfläche ausgebildet. Das Fehlen der bei Rundhöckern typischen Leeseite wird dem Fehlen subglazialer Hohlräume zugeschrieben, da *plucking* so keine Wirkung entfalten kann (Evans 1996). Die in ihrem Profil asymmetrischen Felsdrumlins sollen entstehen, wenn auf der steileren Luvsei-

Rundhöcker und Felsdrumlins

Die Ausbildung und das Vorkommen von Rundhöckern (*roches moutonnées*) ist in weit stärkerem Maße von den Gesteinsverhältnissen abhängig, als früher angenommen wurde. Die in Festgestein ausgebildeten Mesoformen besitzen eine stromlinienförmig umgestaltete, gletscherzugewandte Stoß- und eine steile, zerklüftete Leeseite (► 11.4). Auf der Stoßseite treten Gletscherschrammen und andere glazialerosive Mikroformen auf. Jene typische Ausbildung findet sich vorwiegend in massigen plutonitischen und hochgradig metamorphen Gesteinstypen.

◄ 11.5
Rundhöcker im Gletschervorfeld des Tuftebre (westliches Südnorwegen, Aufnahme: Juli 2008). Der in Gneis ausgebildete Rundhöcker liegt wenige Hundert Meter vor der aktuellen Gletscherfront. Die Eis floss während seiner Entstehung von links nach rechts

te der Druck für effektives *abrasion* einerseits zu gering ist, um symmetrische *whalebacks* entstehen zu lassen, andererseits der Druck im Lee zu stark ist, als dass ein subglazialer Hohlraum oder größere Druckschwankungen auftreten können.

Es existieren einige Erklärungen für den Unterschied im lokalen Auftreten von Rundhöckern und Felsdrumlins. Auch wenn sie in enger Nachbarschaft zu finden sind, dominiert meist eine der beiden Formen. Als Ursachen dafür werden unter anderem der Einfluss präglazialer Formen (Lindstrøm 1988), eine mögliche Umformung von Rundhöckern zu Felsdrumlins (oder umgekehrt) durch Änderungen der Eisflussrichtung (Anundsen 1990) oder ein Einfluss der glazifluvialen Erosion (Kor et al. 1991) beschrieben. Hauptfaktor und empirisch belegt ist jedoch der Einfluss des Gesteines, seiner Klüftung und strukturellen Ausbildung (Bennett & Glasser 1996, Winkler 1996). Sind dominante Sedimentstrukturen oder gesteinsbedingte Schwächezonen im Gestein vorhanden, beeinflussen diese die glazialen Erosionsprozesse, welche dort bevorzugt ansetzen. Der Faktor „Gestein" erlangt so ein höheres Gewicht gegenüber den für eine typische Ausbildung verantwortlichen rein „glazialen" Faktoren wie zum Beispiel Druck oder Eisgeschwindigkeit. Bei Massengesteinen können sich aufgrund der vergleichsweise homogenen Struktur die glazialen Erosionsprozesse frei entfalten, die vorhandene Klüftung zeigt aber Einfluss auf die Entstehung von Rundhöckern oder Felsdrumlins. Zwischen den beiden Mesoformen existieren vielfältige Übergangsformen.

▲ **11.6**
Kleiner Felsdrumlin am Fåbergstølsbreen (westliches Südnorwegen, Aufnahme: August 1993), ausgebildet in Gneis. Der Gletscher fließt nach links ab. Als Besonderheit ist hier eine geringe Zerklüftung der Leeseite ausgebildet, die normalerweise bei Felsdrumlins nicht auftritt. Die Form ist ein gutes Beispiel für die fließenden Übergänge zwischen Rundhöckern und Felsdrumlins.

▼ **11.7**
Felsdrumlins im Festgesteinsareal an der Gletscherfront des Nigardsbre (westliches Südnorwegen, Aufnahme: August 2007), die unmittelbar links des Bildausschnitts liegt.

Entscheidend für die Entstehung der als *crag-and-tail* (synonymer deutscher Begriff fehlt) bezeichneten seltenen Mesoformen sind Variationen in der Erosionsresistenz des anstehenden Gesteines. Die Stoßseite (*crag*) besteht aus resistentem Gestein und wirkt als Gletscherbetthindernis, um welches das Eis strömen muss. Sie wird durch *abrasion* stark überformt. Die lang gestreckte Leeseite (*tail*) ist in weniger erosionsresistentem Gestein oder Lockermaterial ausgebildet, welches im „Erosionsschatten" liegt und durch den umgelenkten Eisfluss vor allzu starker Erosion geschützt wird. Das funktioniert besonders in Fällen schnell fließenden Eises. *Whalebacks* (übersetzt: Walrücken) sind symmetrisch ausgebildet. Ihnen fehlt eine durch *plucking* umgestaltete Leeseite, da *abrasion* der entscheidende Prozess bei ihrer Entstehung ist. Di-

mensionen von mehreren Hundert Metern sind keine Seltenheit, womit sie die größten Mesoformen darstellen. Zu ihnen zählen auch die *flyggberger* Schwedens mit bis zu 3 km Länge und 350 m Höhe. Glazialerosive Mikroformen prägen ihre Oberfläche.

Kare und Karlinge

Die Interpretation des glazialen Großreliefs und seiner Makroformen erfordert einige Vorüberlegungen. Bei glazialen Tälern, Karen und assoziierten Formen spielt neben dem anstehenden Gesteinstyp das Ausgangsrelief, also die präglazialen Oberflächenformen, eine wichtige Rolle. Die Begründung hierfür liefert die charakteristische Tendenz glazialer Erosionsprozesse, bestehende Reliefunterschiede zu akzentuieren. Typische glaziale Makroformen beschränken sich deshalb weitgehend auf Gebirgsregionen. Sie sind überwiegend in Festgestein ausgebildet, auch wenn es bedeutende glaziale Erosion ebenso in Lockermaterial mit resultierenden Formen wie zum Beispiel Zungenbecken gibt. Da primär Deformation und Glazitektonik für die Entstehung Letztgenannter verantwortlich sind, sind die Grenzen zwischen Erosion und Akkumulation bisweilen nur schwer zu ziehen.

Kare (*cirques*) sind amphitheaterförmige Hohlformen an Berggipfeln und Talflanken in ehemals oder aktuell vergletscherten Gebirgsregionen (▸ 11.8). Sie gelten als die charakteristischen Zeugnisse einer Hochgebirgsvereisung beziehungsweise alpinen Vereisung. Ihre Entstehung ist an das Auftreten von Kargletschern gekoppelt (▸ 7.12). Morphologisch zeichnen sich Kare durch eine Übertiefung ihres zentralen Bereiches, des sogenannten Karbodens, aus. Karrückwand und seitliche Flanken sind im Regelfall sehr steil, wogegen das Gelände vom Karboden her zur Öffnung des Kars typischerweise ansteigt. Diese Karschwelle ist die Grenze des Kars. Ist der Kargletscher abgeschmolzen, wird sich die vorhandene Übertiefung im Karboden mit Wasser füllen. Die so entstandenen Karseen sind weit verbreitet. Die Übertiefung der Kare ist morphologisch wie genetisch mit der Treppung glazialer Täler zu vergleichen. Die Durchmesser von Karen liegen zumeist zwischen einigen Hundert Metern und wenigen Kilometern.

Analog zu glazialen Tälern ist die Entstehung eines Kars ohne eine geeignete präglaziale Vorform kaum vorstellbar. Bevor sich bei entsprechenden Klimabedingungen über einen längeren Zeitraum hinweg genügend Schnee für die nachfolgende Bildung eines Kargletschers akkumulieren kann, muss an Berggipfel oder Talflanke eine geeignete Hohlform existieren. Im Zuge der Karentwicklung wird jene Hohlform durch die von den Eisbewegungslinien des Gletschers geleitete glaziale Erosion weiter übertieft. Durch den im Akkumulationsgebiet zur Gletscherbasis hin gerichteten Bewegungssinn (Submergenz) und den infolge zunehmender Eismächtigkeit ansteigenden Druck

▲ 11.8
Kare, Kargletscher und Karlinge in der Hochgebirgslandschaft der Ötztaler Alpen (oben: Blick auf Kreuz-, Senn- und Seikogel im südlichen Rofental mit dem Similaun im Hintergrund). Das Bild unten zeigt den Blick auf die Kare der Skautbreane im östlichen zentralen Jotunheimen (Südnorwegen). Die beiden Bilder sollen beispielhaft zeigen, dass Kare im Detail sehr unterschiedliche Größen und eine differente Morphologie aufweisen können (Aufnahmen: Juli 1992 und August 1994).

geraten sukzessive immer mehr erodierend wirkende Debrispartikel mit der Gletscherbasis in Kontakt. Im Bereich der Gleichgewichtslinie ist daneben die Eisgeschwindigkeit an der Gletscherbasis im Normalfall am höchsten, somit auch die Effektivität der Erosion. Im Ablationsgebiet sinken durch Emergenz beziehungsweise abnehmende Eismächtigkeit und -geschwindigkeit die Erosionsraten. Je stärker die Übertiefung eines Kars bereits ausgeprägt ist, umso deutlicher wird sie sich durch Selbstverstärkung ausprägen, da die theoretisch mögliche Mächtigkeit des Kargletschers proportional zum Grad der Übertiefung ansteigt.

An der Karrückwand und den seitlichen Flanken des Kars sorgt die Frostverwitterung für eine weitere Übersteilung. Insbesondere an der Grenze Eis/Fels findet infolge hohen Feuchtigkeitsangebotes und besonderer mikroklimatischer Bedingungen eine wirksame Verwitterung statt. Auf der Karschwelle ist nicht selten eine Moräne abgelagert worden, da sie eine Art natürlicher Grenze darstellt, die nur bei sehr starker Mächtigkeitszunahme und bedeutendem Vorstoß der Gletscherfront durch den Kargletscher überwunden werden kann.

Es existieren Kare, welche in einer Art Reihe angeordnet sind. Für sie wurde der Begriff Kartreppe eingeführt. Extrem lang gestreckte Kare, welche bereits den Übergang zu einem kurzen Tal darstellen, werden manchmal als Kartal bezeichnet. Die morphologischen Charakteristika aller Kare, also zum Beispiel Karschwelle, übertiefter Karboden und steile Karrückwand, finden sich dort ebenfalls. Kare als Formen einer alpinen Vereisung dürfen nicht in Zusammenhang mit den großen pleistozänen Eisstromnetzen oder Inlandeisen betrachtet werden. Ihre Genese ist ursächlich an die Existenz von Kargletschern gekoppelt, sodass sie entweder zeitlich vor oder aber nach den großen pleistozänen Vereisungsperioden angelegt wurden. Alternativ ist natürlich eine Bildung oberhalb jener Eismassen in Nunatakker-Arealen und außerhalb der Gebirgsvereisungen in den Hügelketten und vorgelagerten Gipfeln des Vorlandes möglich. Solche Fälle sind aber als Ausnahmen zu betrachten, selbst wenn Kare bei einer Überformung durch ein Inlandeis oder Eisstromnetz nicht sofort zerstört werden. Aus dem südlichen Norwegen werden morphologisch mit Karen zu verwechselnde, aber komplett subglazial unter den pleistozänen Eisschilden entstandene Formen beschrieben („*Hom*": Kristiansen & Sollid 1988). Kare in verschiedenen deutschen Mittelgebirgen, zum Beispiel im Schwarzwald und im Bayerischen Wald, liefern eindeutige Zeugnisse einer lokalen Vergletscherung während der pleistozänen Vereisungsperioden.

Mit Karen sind andere glazialerosive Makroformen assoziiert. Sogenannte Karlinge entstehen, wenn sich auf mehreren Flanken eines Berggipfels Kare bilden und durch Erosion weiterentwickeln. Mit fortschreitender Erosion der Kare wird der Berggipfel pyramidenförmig „zugeschärft" (▶ 11.9). Das englische

▲ 11.9
Die Talleitspitze (oben, bei Vent im Ötztal) ist ein typischer Karling innerhalb eines klassischen Hochgebirgsreliefs (Aufnahme: September 2007). Die beiden Aufnahmen aus dem Gebiet des Hauptkammes der Southern Alps auf Neuseeland (Mitte und unten) zeigen neben Karlingen die analog durch Entwicklung von Karen „zugeschärften" Grate, welche man als *arêtes* bezeichnet (Aufnahmen: März 2007). Karlinge und *arêtes* waren während der pleistozänen Vereisungsperioden komplett oder wenigstens über lange Zeit Nunatakker.

▲ 11.10

Sowohl das Rofental in den Ötztaler Alpen (oben, Aufnahme: September 2007) als auch das Supphelledal bei Fjærland (Sognefjorden, westliches Südnorwegen; unten; Aufnahme: September 1995) sind während der pleistozänen Vereisungsperioden mehrfach glazial überformt worden. Wie die Mehrzahl der Täler in pleistozän oder aktuell vergletscherten Hochgebirgen zeigen sie nicht den üblicherweise in Lehrbüchern dargestellten trogförmigen Talquerschnitt.

Synonym für Karling ist *horn* und verrät den wohl bekanntesten Vertreter: das Matterhorn. Analog zu Karen treten Karlinge nur oberhalb beziehungsweise außerhalb großer Eisstromnetze und Inlandeise auf. Sie gelten daher als eindeutiges morphologisches Indiz zur Ausweisung eines Nunatak. Nach einem Ausdruck der grönländischen Inuit für einen aus der Eismasse herausragenden Berggipfel wird in der Quartärgeologie dieser Begriff sinnverwandt für diejenigen Gipfel und Areale verwendet, die nachweislich komplett oder wenigstens während langer Phasen der pleistozänen Vereisungsperioden über das Inlandeis oder die alpinen Eisstromnetze hinausgeragt haben. Viele Nunatakker wurden durch die Möglichkeit der Entstehung individueller Kargletscher oberhalb der Eismassen zu Karlingen umgestaltet, weswegen beide Begriffe oft synonym verwendet werden.

Glaziale Täler

Als Fazit der bisherigen Vorstellung glazialerosiver Mikro-, Meso- und Makroformen wurde deutlich, dass hauptsächlich die Faktoren:

- Druck des überlagernden Eises auf das Gletscherbett,
- Eisgeschwindigkeit an der Gletscherbasis und
- Art des thermalen basalen Regimes

entscheidend für die Wirkungskraft glazialer Erosion sind. Aus der Kopplung dieser Faktoren an die vorhandene Eismächtigkeit folgt als direkte Konsequenz die Stärke der Überformung eines Ausgangsreliefs. Da in vorhandenen Tiefenlinien durch Konzentration des Eisabflusses Eismächtigkeit und Eisgeschwindigkeit am höchsten sind, findet dort die effektivste Erosion statt. Dort wird sich ferner am ehesten eine warmbasale Gletscherbasis ausbilden. Diese kausale Verkettung erklärt, wieso Gletscher vorhandene Verebnungsflächen schwerlich zerstören können. Im Gegenteil, sie werden gewissermaßen konserviert, da die Gletscher entweder infolge geringer Eismächtigkeit bei niedrigen Umgebungstemperaturen kaltbasal und am Untergrund festgefroren sind oder allenfalls eine geringe flächenhafte Erosion verrichten, welche lediglich den Charakter einer Überformung und Akzentuierung des bestehenden Reliefs zur Folge hat. Die Bildung eines glazialen Tales ohne „Talvorläufer" (das heißt ohne ein präglaziales Tal) ist nicht vorstellbar. Die notwendige Konzentration auf einen linearen Eisabfluss setzt voraus, dass bereits eine Zertalung des Ausgangsreliefs vorhanden ist. Das ist der Schlüssel zum Verständnis der Entstehung der „Landschaften linearer glazialer Erosion" (Sugden & John 1976), also der am stärksten glazial überprägten Gebiete. Zu jenen Landschaften zählen die Hochgebirge mit dem bekannten glazialen Formenschatz. In „Landschaften flächenhafter glazialer Erosion" ist dagegen die Gesamterosionsleistung des Eises trotz glazial umgestalteter Oberfläche wesentlich geringer. Trotz glatt polierter Festgesteinspartien und verbreiteter Rundhöcker beziehungsweise anderer Mesoformen darf sie nicht überschätzt werden. Daher sollten jene Gebiete besser als „Landschaften flächenhafter glazialer Überprägung" bezeichnet werden, zumal der Grundcharakter einer ebenen oder sanftwelligen Landoberfläche vom präglazialen Relief vorgegeben wurde und folglich nichtglazialen Ursprunges ist!

Gletscher können wegen der für eine effektive glaziale Erosion fehlenden Voraussetzungen in bestehende Verebnungsflächen normalerweise keine Täler eintiefen. Stattdessen überformen und akzentuieren sie bestehende Tiefenlinien. Dies sind in der Praxis meist fluvialgenetische Täler, welche als Leitlinien effektiver linearer glazialer Erosion fungieren. Relikte dieser Talvorläufer an den Talflanken und ein den ursprünglichen Flussnetzen entsprechender Grundriss glazialer Talsysteme liefern Belege für diese Argumentation auf Basis der Erkenntnisse zur Wirkungsweise glazialer Erosion. Daher ist der Begriff „glazial überprägtes Tal" ein passender Ersatz für den immer noch verwendeten, unzutreffenden und missdeutlichen Terminus „glazialgenetisches Tal". Der neutrale Ausdruck „glaziales Tal" bietet sich als akzeptabler Kompromiss an. Die einzige Möglichkeit einer eigenständigen Talbildung im weit gefassten glazialen Prozessbereich ohne zwingend vorhandene präglaziale Vorform bietet dagegen die glazifluviale Erosion. Sie kann analog zu fluvialgenetischen Tälern neue Talformen durch lineare glazifluviale Tiefenerosion erschaffen, wozu Gletschereis allein nicht fähig ist.

Zu den glazialen Talformen zählen Trogtäler (*glacial troughs*), Fjorde und Fjordtäler. Trogtäler sind charakteristische glaziale Täler in ehemals oder aktuell vergletscherten Gebirgsregionen (▶ 11.10). Fjorde als enge, steile Meeresbuchten an ehemals oder rezent vergletscherten Küsten gebirgigen Charakters treten auf Nord- wie Südhemisphäre auf (▶ 11.11). Fjorde als submarine beziehungsweise „ertrunkene" Trogtäler zu bezeichnen, ist wenig sinnvoll. Zwar ist die Genese der Fjorde weitgehend identisch zu derjenigen von Trogtälern abgelaufen, ihr heutiges Erscheinungsbild kann sich jedoch durch während und nach der Deglaziation abgelagerte Sedimente grundlegend unterscheiden. Die Sedimente selbst sind genetisch und hinsichtlich ihrer sedimentologischen Eigenschaften recht unterschiedlich. Die Existenz subaërischer (landfester) Fjordtäler erklärt sich durch das Phänomen der Glaziisostasie, der postglazialen Hebung der Landoberfläche nach dem Rückzug beziehungsweise dem Abschmelzen der eiszeitlichen Gletscher. Durch den verzögerten Beginn der glaziisostatischen Hebung wurden einige glaziale Täler, welche zunächst am Ende der Vereisungsphase Fjorde waren, so stark gehoben, dass sie den Kontakt zum Meer verloren. In ihren übertieften Becken befinden sich häufig Fjordseen, das heißt Binnenseen, die morphologisch bis auf den fehlenden Zugang zum Meer mit Fjorden identisch sind (▶ 11.12). Da die ehemalige Existenz als Fjord im Fall der Fjordtäler auf Grundlage glazimariner Sedimente eindeutig bewiesen werden kann, werden sie als Sondertyp glazialer Täler und nicht als „normale" Trogtäler ausgewiesen.

▶ **11.11**
Beispiele für Fjorde beziehungsweise Fjordlandschaften: Coast Mountains in British Columbia (Kanada, oben, Aufnahme: September 2002), Aurlandsfjorden/Sognefjorden (westliches Südnorwegen, Mitte, Aufnahme: Juni 1999) und Milford Sound (Neuseeland, unten, Aufnahme: März 2007).

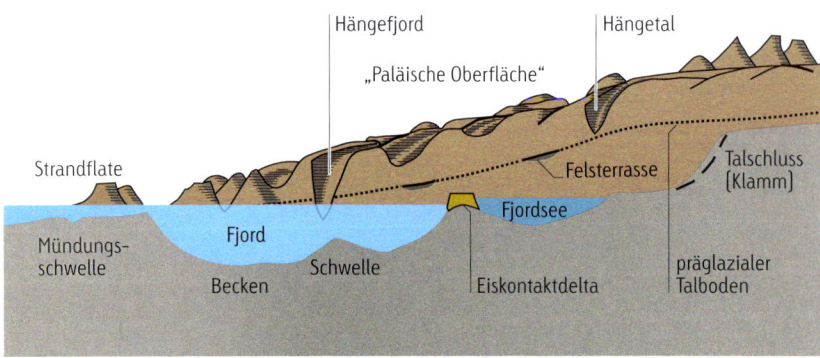

Hängefjord

Hängetal

„Paläische Oberfläche"

Strandflate

Felsterrasse

Talschluss
(Klamm)

Fjordsee

Mündungs-
schwelle

Fjord

Becken

Schwelle

präglazialer
Talboden

Eiskontaktdelta

▲ 11.12
Schematische Darstellung der
morphologischen Charakteristika eines Fjordes in Westnorwegen (verändert nach Gjessing 1978).

▼ 11.13
Glazialerosiv geprägtes Relief am Tysfjorden (Nordnorwegen, Aufnahme: Juli 2000). Kare, glazial umgestaltete Berggipfel und (auf dem Bild nicht zu erkennende) Meso- beziehungsweise Mikroerosionsformen sind in typischer Weise ausgebildet, was zu einem großen Teil auf den Einfluss des Gesteines
(Plutonite: Granite und Granodiorite) zurückgeführt werden kann. Eine derartige Formgebung wäre in
Sedimentgesteinen durch den Einfluss von Schichtungsstrukturen nicht möglich, sondern beschränkt
sich auf Massengesteine.

Morphologische Kennzeichen glazialer Täler und
Unterscheidungskriterien gegenüber fluvialgenetischen Tälern sind neben einem abrupten, steilen Talschluss (Talkopf) sowohl das parabelförmige Quer- als
auch das getreppte Längsprofil. Während fluvialgenetische Talformen im Idealfall ein gestrecktes Längsprofil ausgerichtet auf eine lokale Erosionsbasis oder
das Meer ausgebildet haben, zeigen glaziale Täler eine
Treppung, das heißt eine Abfolge von einzelnen Becken (Wannen) und Schwellen (Riegeln). In diesem
Zusammenhang ist die Übertiefung der Becken ein
wichtiges Kennzeichen. Sie kann bis weit unter die

Erosionsbasis beziehungsweise den Meeresspiegel reichen. Besonders eindrucksvoll ist die Übertiefung an
Fjorden (▸ 11.17). Das tiefste Fjordbecken des west-
norwegischen Sognefjord erreicht beispielsweise eine
Tiefe von 1 300 m unter dem Meeresspiegel, bei Nichtberücksichtigung der postglazialen Sedimentverfüllung sogar von 1 600 m. Auch aus anderen Fjordre-
gionen in Nord- und Südamerika, Grønland, in der
Antarktis oder beispielsweise auf Neuseeland sind
diese enormen Übertiefungen bekannt. Diese wirken
noch eindrucksvoller, berücksichtigt man, dass die
Tiefe an der Fjordmündungsschwelle oft nur gering
ist; am erwähnten Sognefjorden nur noch etwas mehr
als 100 m u. d. M. Trogtäler im Alpenraum und in anderen Hochgebirgen sind ebenfalls stark übertieft. Allerdings ist infolge mächtiger postglazialer Sedimentverfüllung dies lediglich an ihren flachen Talböden
zu erkennen. Zahlreiche tiefe und nicht postsedimentär verfüllte Becken im Verlauf von Trogtälern werden
von Seen eingenommen, den sogenannten Becken-
seen. Wie ihr Querprofil hängt das besondere Längsprofil glazialer Täler direkt mit der Wirkungsweise der
glazialen Erosionsprozesse und den Eigenschaften des
Gletschereises zusammen, wie es unter anderem die
Konfluenz-Diffluenz-Theorie beschreibt.

Bis auf wenige Ausnahmen ist der Einfluss des Gesteines auf die Ausbildung glazialer Täler bislang weitgehend unberücksichtigt geblieben. Dabei lässt sich
empirisch sehr einfach zeigen, dass idealtypisch und
gut ausgebildete Makroformen ebenso wie ihre bereits
besprochenen, kleineren glazialerosiven Verwandten
vorzugsweise in impermeablen (wasserundurchlässigen), erosionsresistenten Massengesteinen zu finden
sind (▸ 11.13). Granite und Gneise als typische Ver-

► 11.14

Der Einfluss des Gesteines auf die Ausprägung des glazialen Formenschatzes zeigt sich beim Vergleich der Coast Mountains in British Columbia (Kanada, oben, Aufnahmen: September 2002) mit den südlichen kanadischen Rocky Mountains (unten). Beide Gebirge wurden während des Pleistozäns mehrfach glazial überformt und sind heute teilweise noch vergletschert. Nur in den Coast Mountains und ihren Massengesteinen (überwiegend Plutonite, auch hochgradige Metamorphite) konnte sich jedoch ein typisches glaziales Großrelief mit Karlingen, Karen und glazialen Tälern ausbilden. In den Rocky Mountains dominieren dagegen im Großrelief – deutlich erkennbar – die geologischen und sedimentologischen Strukturen der anstehenden Sedimentgesteine.

treter für Plutonite respektive hochgradige Metamorphite besitzen keine sedimentären Schichtungsstrukturen. Ferner trat bei ihnen unter den jungtertiären und quartären Klimabedingungen der Vereisungsgebiete keine Verkarstung wie bei carbonatischen Gesteinen auf. Das massengesteinsspezifische Auftreten von Druckentlastungsklüften und Exfoliation begünstigt durch oberflächenparallele Orientierung sogar die typische Ausgestaltung glazialer Täler und Kare. Deshalb findet man beispielsweise in den Zentralalpen mit ihren dominierenden Massengesteinen den klassischen Formenschatz der glazialen Erosion, in den Nördlichen Kalkalpen oder Dolomiten dagegen kommt er nicht vor oder ist nur undeutlich ausgeprägt. Ein vergleichbares Bild bietet sich in Westkanada (► 11.14).

Die Konfluenz-Diffluenz-Theorie

Als Resultat der Suche nach einer schlüssigen Erklärung des charakteristischen getreppten Längsprofils glazialer Täler und der Vorortung von Becken beziehungsweise Schwellen wurde die Konfluenz-Diffluenz-Theorie aufgestellt. Sie liefert nicht nur auf Grundlage der Erkenntnisse zur Wirkungsweise glazialer Erosion eine befriedigende Erklärung, sondern lässt sich empirisch anhand vieler Beispiele gut nachvollziehen (► 11.17). So tritt in Zonen gesteigerter Eismächtigkeit mit resultierender Steigerung der Eisgeschwindigkeit eine verstärkte glaziale Erosion auf. Voraussetzung ist natürlich eine warmbasale Gletscherbasis. Im Längsprofil glazialer Täler existieren Zonen plötzlicher Erhöhung von Eismächtigkeit und -geschwindigkeit an Konfluenzen, wenn zwei Hauptgletscher zusammenfließen beziehungsweise einer oder mehrere tributäre Gletscher (Seitengletscher) ins Haupttal münden. Analog werden auch die steilen Talköpfe (Tal- beziehungsweise Trogschlüsse) am Ansatz glazialer Täler erklärt, da sich dort am Zusammenfluss mehrerer Gletscher die glaziale Erosionskraft plötzlich derart steigert, dass es zu einer starken Übertiefung kommt.

In Zonen verringerter Eismächtigkeit ist dieser Theorie folgend mit einer verringerten glazialen Erosionskraft zu rechnen. An diesen Stellen sind dann Schwellen im Längsprofil lokalisiert. Konkret tritt eine solche Situation bei Diffluenz auf, das heißt beim Auseinanderfließen der Eismassen im Gebirgsvorland oder auf dem Kontinentalschelf. Entsprechendes gilt für Transfluenzen, das in Hochgebirgen auftretende Überfließen von Eismassen über sogenannte Transfluenzpässe in andere Talsysteme. Nur in Ausnahmefällen kann man die Position von Schwellen und Becken glazialer Täler nicht mit der Konfluenz-Diffluenz-Theorie erklären. So führt man Schwellen vereinzelt auf das Anstehen extrem erosionsresistenter Gesteine zurück, Becken analog auf besonders leicht erodierbare Gesteinstypen. Das besondere Phänomen, dass glaziale Täler bis weit unter die Erosionsbasis erodiert werden können, erklärt sich ausschließlich mit der speziellen Eigenschaft, dass Eis gegenläufiges Gefälle überwin

Das Querprofil glazialer Täler

Folgt man den Ausführungen mancher Lehrbücher auch neueren Datums, stellt die trogförmige „U-Form" das charakteristische Querprofil eines glazialen Tales dar. Erklärt wird dieses Querprofil als Produkt lateraler Erosion im Talboden, welche die ursprünglich enge Talsohle eines fluvialgenetischen Kerbtales auszuweiten hilft. Diese verbreitete Darstellung birgt einen entscheidenden Nachteil: Sie kann weder mit bekannten Erkenntnissen zur Wirkungsweise glazialer Erosion befriedigend begründet werden, noch entspricht

sie den realen Verhältnissen in vielen ehemals oder rezent vergletscherten Hochgebirgen. Während dort die typischen trogförmigen Querprofile eher Ausnahmen darstellen, können weitaus häufiger parabelförmige Talquerschnitte beobachtet werden (▶ 11.15). Zu beachten ist dabei, dass das heute sichtbare Querprofil eines glazialen Tales nicht unbedingt seinem Querprofil im anstehenden Festgestein entspricht, da postglaziale Sedimentverfüllungen leicht den Talquerschnitt verändern können.

In der internationalen glazialmorphologischen Fachliteratur herrscht trotz vereinzelt zu findender Darstellung eines trogförmigen Querprofils (samt unterschiedlicher Versuche einer Herleitung durch Modellierungen) weitgehend Einigkeit darüber, dass das typische Querprofil glazialer Täler einer Parabelform entspricht (Sugden & John 1976, Hambrey 1994, Nesje & Whillans 1994, Benn & Evans 1998). Neben der empirisch leicht nachvollziehbaren Tatsache, dass gerade in sehr stark glazial überformten Gebirgsregionen parabelförmige Talquerprofile dominieren, unterstützt die Erkenntnis über optimale Wirksamkeit glazialer Erosionsprozesse die Theorie der Parabelform (🗋 9).

Geht man vom wahrscheinlichsten Fall aus, dass der Talvorläufer des glazialen Tales ein fluvialgenetisches Kerbtal gewesen ist, ist in der vom ehemaligen Fluss vorgegebenen

▼ 11.15

Darstellung des Talquerprofils glazialer Täler. Im Regelfall entsteht durch glazialerosive Überformung eines fluvialen Kerbtales der typische parabelförmige Talquerschnitt (a). Die zur Ausbildung der Parabelform erforderliche Erosionskraft – symbolisiert durch unterschiedliche Pfeilgrößen – entspricht der theoretisch zu erwartenden räumlichen Verteilung der Wirkungskraft glazialer Erosionsprozesse. Bei differentem Talquerprofil des fluvialen Talvorläufers (Muldental) könnte ein mehr trogförmiger Querschnitt des glazial überprägten Tales resultieren (b). Dieser tritt in der Realität seltener als die Parabelform auf. Die notwendige räumliche Verteilung der Wirksamkeit glazialer Erosion steht bei Annahme einer differenten Ausgangsform nicht grundlegend zu den Erkenntnissen der glazialen Erosion im Widerspruch. Dies ist nur bei postulierter Umformung eines Kerbtales zu einem trogförmigen Querprofil der Fall. Der tatsächliche Talquerschnitt eines glazialen Tales wird ganz wesentlich von seiner Sedimentverfüllung beeinflusst. Der flache (subaquatische) Talboden eines Fjordes (c) ist auf glazimarine oder glazifluviale Sedimente zurückzuführen. Bei geringem bis moderatem Sedimenteintrag ist der parabelförmige Talquerschnitt gut zu erkennen (d). Je stärker die Sedimentakkumulation, desto mehr nähert sich das Talquerprofil der Trogform an (e).

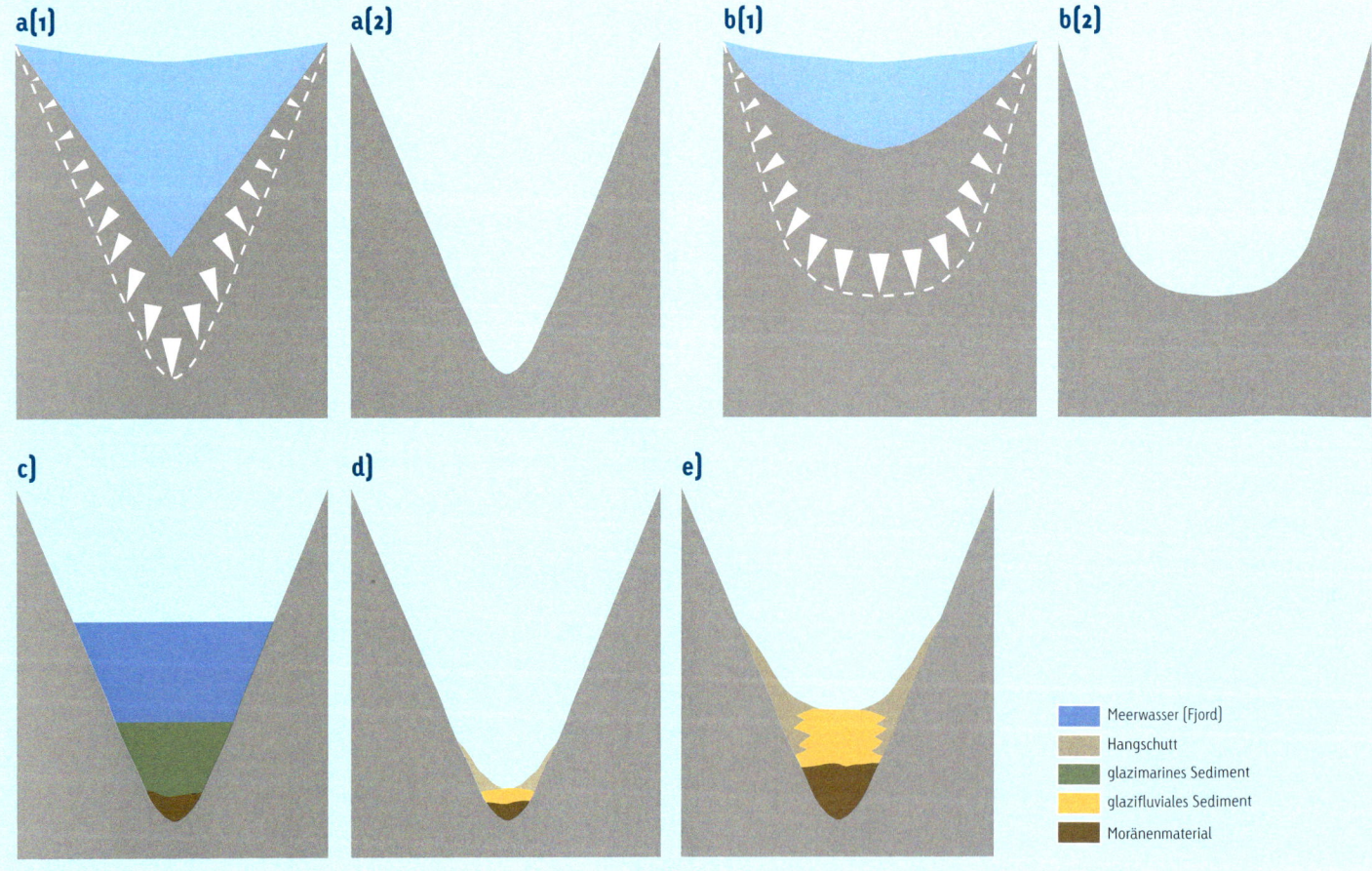

🟦	Meerwasser (Fjord)
🟫	Hangschutt
🟩	glazimarines Sediment
🟨	glazifluviales Sediment
🟤	Moränenmaterial

▲ 11.16

Schliffgrenze [*trimline*] an
der Zwerchwand im Rofental
(Ötztaler Alpen, Aufnahme:
September 2003).

Strömungslinie (dem „Taltiefsten") die größte Eismächtigkeit
zu erwarten. Dort kann die glaziale Erosion am effektivsten
Wirkung zeigen. Die Vorstellung eines trogförmigen Querprofils und einer starken lateralen Erosion würde nun aber konsequent angewendet verlangen, dass in jener zentralen Zone
eine weniger effektive Erosion auftritt, damit das Querprofil
zu einem Trog ausgeweitet und umgestaltet werden kann.
Diese Vorstellung erscheint nicht sehr logisch. Außerdem
zeigt das Längsprofil glazialer Täler durch eine kräftige Übertiefung eindrucksvoll, dass in glazialen Tälern eine erhebliche
Tiefenerosion existiert haben muss. Durch die Konzentration
linearer glazialer Erosion in den vorhandenen Tiefenlinien ist
die Aufweitung glazialer Täler im Bereich ihrer Talsohle weniger stark ausgeprägt, was in Theorie und Praxis für die Parabelform als Idealtypus glazialer Täler spricht. Zusätzlich bestehen verschiedene, in der Realität tatsächlich auftretende
mögliche Abweichungen von der Parabelform. Starke postglaziale Sedimentation kann das ursprüngliche, durch Erosion im
Festgestein angelegte parabelförmige Talquerprofil verschlei-
ern. Eine starke Talverfüllung wird zuletzt in einem ebenen
Talboden resultieren, Hangschuttkegel und Schwemmfächer
können die Talflanken weniger steil erscheinen lassen. Eine
durch Sedimente hervorgerufene Trogform tritt tatsächlich
häufiger auf. Eine zweite Möglichkeit zur Abweichung von der
Parabelform geht auf den Umstand zurück, dass der Talvorläufer nicht zwingend ein kerbtalförmiges Querprofil besessen haben muss. Im Fall eines weniger steile Flanken besitzenden Muldentales werden die aus der Eismächtigkeitsver-
teilung resultierenden Unterschiede in der Wirkungskraft
glazialer Erosionsprozesse geringer ausfallen. Der Bereich der
Haupttiefenlinie wird dann nicht derart starker Tiefenerosion
ausgesetzt, sondern der Talboden wird insgesamt tiefergelegt, das Querprofil stärker ausgeweitet. Man nimmt an, dass

die vorhandenen trogförmigen Talquerprofile im anstehenden
Festgestein ursächlich stark mit dem Talquerprofil des präglazialen Talvorläufers in Beziehung zu setzen sind. Typisch ist
und bleibt in Übereinstimmung mit den Erkenntnissen zur
glazialen Erosion jedoch ausschließlich die Parabelform, welche sich auch postglazial durch die Exfoliation nicht verändert.

In Zusammenhang mit der Betrachtung des Querprofils von
Trogtälern und deren Darstellung in der Literatur erscheinen
einige Anmerkungen notwendig. Oft ist die ehemalige Eisoberfläche im Querschnitt fehlerhaft konvex dargestellt. Da
Hochgebirge während der Vereisungsperioden eindeutig das
Gletscherakkumulationsgebiet darstellten, war die Eisoberfläche hier konkav! Eine lokale Besonderheit und weder ursächlich mit der glazialen Erosion in Verbindung stehend,
noch fester Bestandteil eines Querprofils glazialer Täler sind
die „Trogschultern". Sie sind Relikte ehemaliger Talböden und
zeugen von der schrittweisen Eintiefung des Tales. Da sie sich
aus der jeweiligen Reliefentwicklung einer Region ableiten,
sind sie wie Felsterrassen an den Talflanken nicht in allen Tälern oder Hochgebirgen ausgebildet. Als Schliffgrenze (*trimline*) bezeichnet man die Grenze von glazialerosiv überformtem Festgestein zu oberhalb gelegenen, stark durch
Frostverwitterung geprägten Hangbereichen und Gipfeln
(Nunatakkern). Sie stellt eine leicht zu erkennende Ober-
grenze glazialer Erosion dar und kann zur Rekonstruktion der
ehemaligen Gletscheroberfläche und damit der Eismächtigkeit verwendet werden (▶ 11.16). Glazialerosiv überformte
Gesteinspartien unterhalb der Schliffgrenze kann man je nach
morphologischer Ausprägung auch als „Schliffbord" oder
„Schliffkehle" bezeichnen. Beide Formen treten nur lokal auf.

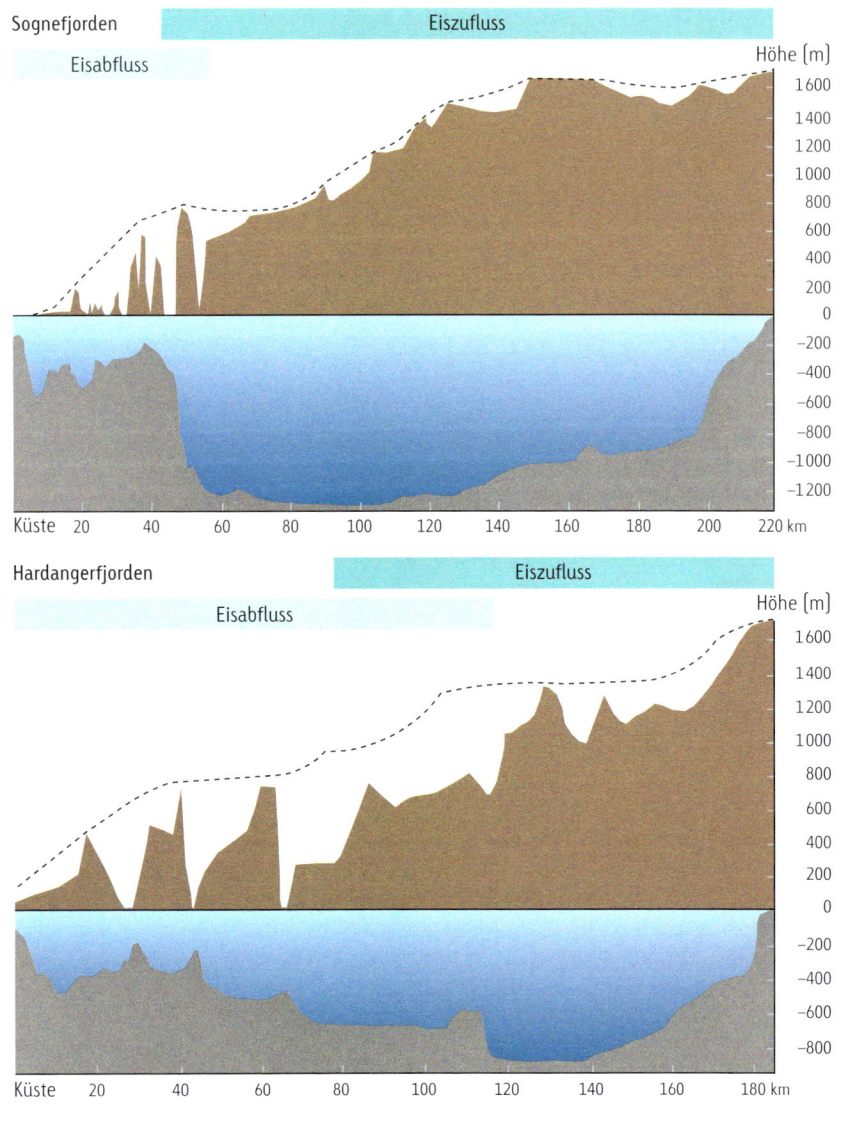

Sognefjorden

Eisabfluss

Eiszufluss

Höhe (m)
1600
1400
1200
1000
800
600
400
200
0
−200
−400
−600
−800
−1000
−1200

Küste 20 40 60 80 100 120 140 160 180 200 220 km

Hardangerfjorden

Eisabfluss

Eiszufluss

Höhe (m)
1600
1400
1200
1000
800
600
400
200
0
−200
−400
−600
−800

Küste 20 40 60 80 100 120 140 160 180 km

◄ 11.17

Längsprofile von Sognefjorden und Hardangerfjorden in Westnorwegen. Die Lage von Schwellen und Becken erklärt sich durch Eiszufluss aus tributären Tälern beziehungsweise durch Eisabfluss über Transfluenzpässe in andere Talsysteme und durch Ausbreitung als Eischelf an der Küste. Die gestrichelte Linie gibt die generelle Höhe des Reliefs entlang der Fjorde an (verändert nach Holtedahl 1967).

den und quasi „bergauf fließen" kann, solange nur die Neigung der Eisoberfläche eine entsprechende übergeordnete Fließrichtung angibt.

Ein mit dem getreppten Längsprofil in Zusammenhang stehendes Phänomen sind Hängetäler und -fjorde (► 11.18). Es handelt sich um Seitentäler, welche durch eine deutliche Stufe (die Talmündungsschwelle) vom Haupttal abgetrennt sind. Die Entstehung dieser Stufe ist auf die unterschiedliche Erosionskraft von Haupt- und Seitengletscher zurückzuführen. Diese haben sich bei der Konfluenz während der Vereisungsperioden in ihrer Eisoberfläche aufeinander eingestellt. Hierbei konnte der geringer mächtige Seitengletscher weniger stark erodieren. Bei fluvialen Tälern wäre ein Zufluss zum Vorfluter (Hauptstrom) dagegen bestrebt, sich bis auf die lokale Erosionsbasis, das heißt das Niveau des Vorfluters, einzuschneiden.

Glazifluviale Erosionsformen

Glazifluviale Erosionsformen können subglazial und proglazial entstehen. Sie treten auf einem Gletscherbett aus Festgestein oder Lockermaterial auf und können analog zu glazialen Erosionsformen auf Grundlage ihrer Größendimension klassifiziert werden. Dabei sind die Übergänge zu glazialen Erosionsformen nicht selten fließend oder undeutlich ausgeprägt, beispielsweise bei P-Formen. Dass im Regelfall glaziale und

▼ 11.18

Hängetal (links im Bild unterhalb des Mitre Peak) am Milford Sound (Neuseeland, Aufnahme: März 2002).

▼ 11.20
Felsterrassen als Relikte ehe-
maliger Talvorläufer am
Aurlandsfjorden/Sognefjorden
(westliches Südnorwegen,
Aufnahme: August 1988). Die
schrittweise Eintiefung des
Fjordes ist gut vorstellbar.

▲ 11.19
Blick auf Bøverdalen und östliches Breheimen im zentralen Südnorwegen (Aufnahme: August 1998). Dieser Teil der norwegischen
Skanden ist durch weitläufige Hochplateaus gekennzeichnet, die
man als „paläische Fläche" bezeichnet. Sie sind präglazialen Ursprunges und haben in den nachfolgenden pleistozänen Vereisungen ihren Charakter weitgehend erhalten. Möglich wurde dies –
trotz der Lage in einem der Zentren der pleistozänen Nordischen
Eisschilde – durch die Konzentration der (linearen) glazialen Erosion auf die vorhandenen Tiefenlinien. Die Hochplateaus wurden
lediglich moderat und flächenhaft überformt.

EXKURS Die Genese der westnorwegischen Fjordküste

Ein gutes Beispiel für die schrittweise „polygenetische" Entwicklung eines glazial überprägten Reliefs ist die westnorwegische Fjordküste (► 11.12).
Trotz typischen glazialen Formenschatzes wurde
während ihrer Erforschung schnell deutlich, dass
sie nicht allein das Produkt pleistozäner glazialer
Erosion sein kann (Ahlmann 1919, Holtedahl 1967,
Nesje & Sulebak 1994). Es müssen Talvorläufer in
Form fluvialgenetischer Kerbtäler existiert haben,
damit sich die glaziale Erosion so intensiv entfal-
tete. Tatsächlich begann die Entwicklung der Fjorde Westnorwegens nicht erst während der mehrfa-
chen Vereisungsperioden im Pleistozän, sondern
bereits im ausgehenden Tertiär (Andersen 2000).
Die zu diesem Zeitpunkt ganz Skandinavien ein-
nehmende flache Landoberfläche wurde durch
tektonische Prozesse großräumig angehoben. Zeitgleich änderten sich die klimatischen Rahmenbedingungen, sodass fluviale Erosion möglich wurde
und das sich langsam hebende Relief zu gestalten

begann. Schon vor den pleistozänen Vereisungsperioden existierte im Westen Skandinaviens, im
Bereich der stärksten tektonischen Hebung, ein
verhältnismäßig stark eingeschnittenes Gebirgsrelief mit zahlreichen Talsystemen. Diese Talsysteme
wurden im Quartär zu Leitbahnen des Eisabflusses
und von den mächtigen Outletgletschern des
pleistozänen Inlandeises zu den heutigen Fjorden
umgestaltet und enorm übertieft.

Zeugnis von jener mehrphasigen Entwicklung lie-
fern Relikte der alten, tertiären Landoberfläche
zwischen den tief eingeschnittenen Fjorden und
Tälern (► 11.19). Die in Abschnitten auftretenden
Felsterrassen an steilen Talflanken entstammen
ehemaligen Talvorläufern und entsprechen in ihrer
Entstehung den „Trogschultern" des Alpenraumes
(► 11.20). Sie stehen als Überbleibsel ehemaliger
Talgenerationen in keinem direkten ursächlichen
Zusammenhang zur glazialen Erosion, sieht man

davon ab, dass glaziale Täler immer einen Talvorläufer benötigen. Das wird daran deutlich, dass in
sehr jungen Gebirgen wie zum Beispiel den Southern Alps auf Neuseeland vergleichbare Felsterrassen infolge der abweichenden Reliefgenese nicht zu
finden sind. Einen weiteren Hinweis auf die Beziehung glazialer Täler zu ihren Talvorläufern liefern
die Grundrisse der Fjorde. Sie zeigen teils die für
Flussnetze typischen dendritischen (baumähnli-
chen) Grundrisse. Ist erst die schrittweise Entwicklung der glazialen Täler als Vorstellung akzeptiert,
kann auch der bisweilen als Argument gegen die
Notwendigkeit der Existenz von Talvorläufern ange-
führte Zusammenhang zwischen glazialen Tälern
und geologischen Strukturen (Tektonik, Gesteins-
grenzen und so weiter) leicht entkräftet werden.
Jener Einfluss der Geologie ist nämlich lediglich von
den präexistenten fluvialen Talsystemen „vererbt"
worden.

◀ 11.21
Kolk auf einer Schwelle im oberen Beiardalen (Nordnorwegen, Aufnahme: August 1998). Er stammt aus der Deglaziation am Ende der letzten Vereisungsperiode.

glazifluviale Erosionsformen eng benachbart auftreten, erscheint logisch, ist doch an warmbasalen Gletschern Schmelzwasser stets präsent. Da unter kaltbasalen Gletschern keine Schmelzwasserflüsse existieren und sich somit keine subglazialen glazifluvialen Erosionsformen in ihrer Folge bilden können, findet man glazifluviale Erosionsformen dort allenfalls proglazial – sofern es die allgemeinen Umgebungsbedingungen erlauben. Im Prinzip unterscheiden sich glazifluviale nicht grundlegend von fluvialen Erosionsformen. Lediglich im Fall subglazialer glazifluvialer Erosion muss durch hohen hydrostatischen Druck, vergleichsweise turbulenten Abfluss und leichte Aufnahme von Grundfracht durch Ausschmelzen en- beziehungsweise subglazialen Debris von besonders effektiver Erosion ausgegangen werden.

Glazifluviale Mesoformen liegen häufig in glatt polierten und damit wenigstens teilweise glazial mitgestalteten Festgesteinsarealen. Verbreitet sind die kreisrunden Kolke (Strudeltöpfe, *potholes*, ▶ 11.21). Sie bilden sich hauptsächlich im Bereich von Strudeln beziehungsweise Turbulenzen im Verlauf eines subglazialen Schmelzwasserkanals. Nach klassischer Lehrmeinung sind durch die Wasserstrudel bewegte Steine und Blöcke der Grundfracht für deren Entstehung verantwortlich. Heute wird stattdessen die Kavitationskorrasion (📖 9) als entscheidend eingestuft. Nach Ansicht einiger Forscher sind Kolke eng an Gletschermühlen gekoppelt und bilden sich dort, wo ein Schmelzwasserstrom direkt von der Gletscheroberfläche oder aus einem englazialen Kanal kommend auf das Gletscherbett trifft. Durch einen sich bildenden Wasserstrudel wird durch Kavitationskorrasion beziehungsweise im Kreis bewegte Grundfracht ein Kolk erodiert. Besonders häufig treten Kolke an Talschwellen auf. Da dort bevorzugt Eisbrüche und tiefe Gletscherspalten des ehemaligen Gletschers verortet waren, ist die Annahme, dass Schmelzwasser von einer Gletschermühle bis an die Gletscherbasis gelangen konnte, nicht derart unwahrscheinlich. Gleichzeitig muss an diesen Stellen von hohem hydrostatischem Druck und großer Fließ-

◀ 11.22
Sichelwanne an einer Felsschwelle am Franz Josef Glacier (Southern Alps, Neuseeland, Aufnahme: Februar 2006). Der Farbunterschied zeigt an, wo noch im Jahr 2000 das Niveau des Talsanders lag. Der Schmelzwasserfluss hat sich seitdem bis zum April 2008 um mehr als 8 m eingeschnitten und das Niveau des Talsanders tiefergelegt. Die im Hintergrund sichtbare Gletscherfront hat sich währenddessen von 1999 bis Mitte 2005 zurückgezogen und stößt seitdem wieder vor (von Februar 2006 bis Februar 2008 um etwa 110 m).

geschwindigkeit ausgegangen werden. Große Kolke mit Durchmessern von mehreren Metern gelten als Zeugnisse von subglazialer glazifluvialer Erosion unter mächtigen pleistozänen Gletschern, kleinere Formen entstanden auch proglazial beziehungsweise an holozänen Gletschern.

Neben einer ganzen Reihe schwierig zu klassifizierender, wannen-, sichel- oder muschelartiger glazifluvialerosiver Mesoformen wie zum Beispiel *muschelbrüchen* (engl., nicht identisch mit Muschelbrüchen!) oder Sichelwannen (▶ 11.22) sind Erosionsrinnen unterschiedlichen Maßstabes weit verbreitet. Ins Gletscherbett eingeschnittene glazifluviale Rinnen bezeichnet man als N- oder Nye-Kanäle (▶ 6.6 und 11.23). Unter der Bezeichnung P-Formen (*plastic sculptured forms*) wird eine Gruppe von im Festgestein ausgebildeten Formen zusammengefasst, deren Genese und Zuordnung umstritten ist. Als Ursachen für ihre Entstehung werden vor allem genannt:

- debrisreiches, basales Eis (Boulton 1974)
- wassergesättigtes, deformierbares Moränenmaterial an der Gletscherbasis (Gjessing 1966)
- glazifluviale Erosion (Shaw 1994)
- ein Gemisch aus Wasser und Eis an der Gletscherbasis (Benn & Evans 1998)

Die enge Vergesellschaftung von P-Formen mit Sichelwannen oder Kolken spricht für ihren glazifluvialen Ursprung. Allerdings treten an P-Formen auch Gletscherschrammen und andere glazialerosive Mikroformen auf, welche glaziale Erosionsprozesse bezeugen. Eine Erklärung dafür liefert die zeitliche Abfolge des Auftretens glazifluvialer und glazialer Prozesse. Neue Untersuchungen zeigen, dass Eis in subglazialen Hohlräumen sehr plastisch sein und in seiner Eigenbewegung von der generellen Eisfließrichtung abweichen kann. Wäre das beteiligte Eis stark debrishaltig oder würde in einem Hohlraum stark wassergesättigtes Moränenmaterial durch Druck in einer Art Gleitbewegung über den Felsuntergrund bewegt werden, wäre eine Entstehung von P-Formen auch ohne direkten glazifluvialen Einfluss vorstellbar.

Glazifluviale Täler unterscheiden sich morphologisch nicht von fluvialen Talformen. Die in alpinen Vereisungsbereichen verbreiteten Klammen und Schluchten (▶ 11.24) können daher sowohl subglazial als auch proglazial oder gänzlich unabhängig von Gletscherschmelzwasser, das heißt fluvial, entstanden sein. Eine genaue Festlegung ist oft nicht möglich. Wahrscheinlich fällt die Grundanlage vieler Klammen in den Alpen in die Schlussphase der letzten Vereisungsperiode. Damals standen nicht nur große Schmelzwassermassen zur Verfügung, es gab auch große Mengen an potenzieller Grundfracht (glazi-

aler Debris, Hang- und Verwitterungsschutt). Klammen sind bevorzugt an Talmündungsstufen oder im Bereich von Talschwellen entstanden, wo das Wasser den Gefällsunterschied der getreppten glazialen Täler überwinden musste. *Overflow channels* wurden beim Über- beziehungsweise Auslaufen großer Eisstauseen erodiert, teilweise in sehr kurzen Zeiträumen von nur wenigen Jahren oder Jahrzehnten. Großdimensionale glazifluviale Erosionsformen bildeten sich während der pleistozänen Vereisungsperioden subglazial in Lockermaterial in den Randbereichen der großen Inlandeise. Die durchschnittlich 5 – 15 m tiefen und mehrere Hundert Meter langen Tunneltäler zählen dazu. Oft wurden sie in einem späteren Stadium der

Glazifluviale Erosionsrinne (Nye/N-Kanal) auf einer glazialerosiv überprägten Festgesteinspartie am Brenndalsbreen (westliches Südnorwegen, Aufnahme: September 1996).

Vereisung oder während der Deglaziation mit Sedimenten verfüllt und sind daher an der Oberfläche nicht mehr zu erkennen. Die Rinnenseen in der Jungmoränenlandschaft Norddeutschlands sind die Überreste dieser subglazialen glazifluvialen Erosionsrinnen, ebenso wie ein Teil der Förden an der Ostseeküste; andere stellen ehemalige schmale Zungenbecken dar.

Die Rofenschlucht bei Vent (Ötztaler Alpen, Aufnahme: Juli 2007). Die Dimension vieler Schluchten und Klammen in den Zentralalpen legt die Vermutung nahe, dass sie hauptsächlich während der spätglazialen Deglaziation geformt wurden, als große Mengen Schmelzwasser und Grundfracht für eine effektive Erosion zur Verfügung standen. Eine Anlage als subglazialer Schmelzwasserkanal ist ebenfalls sehr wahrscheinlich. Gegen eine rein holozäne Entstehung spricht ihre Dimension im Vergleich zum aktuellen Abfluss.

12

Moränen und Gletschervorfelder von Mueller und Hooker Glacier, Southern Alps, Neuseeland (Aufnahme: März 2008).

Moränen und Formen glazialer Akkumulation

Moränen – eine Übersicht

Moränen sind eine überaus heterogene Gruppe von Landformen. Ihre Klassifikation und Terminologie ist deshalb unübersichtlich. Ursache hierfür ist unter anderem, dass Moränen durch unterschiedliche Prozesse oder Kombinationen mehrerer Prozesse entstehen. Sie sind außerdem in vielen Fällen keine reinen Akkumulationsformen, da in unterschiedlichem Umfang präexistente Lockersedimente im Zuge der Moränengenese deformiert werden. Den klimatischen, glaziologischen und sedimentologischen Rahmenbedingungen des Ablagerungsraumes, beispielsweise den Verhältnissen am Gletscherbett, wird dadurch ein entscheidender Einfluss zuteil. Die Problematik der bis heute uneinheitlichen Terminologie ist auf die charakteristische Variabilität von Moränen zurückzuführen.

In einer simplen Definition könnte man Moränen (*moraines*) als an den Gletschergrenzen entstandene, überwiegend wallförmige glaziale Akkumulationsformen bezeichnen. Allerdings existieren auch durch diese Beschreibung nicht erfasste, subglazial entstandene und ebenfalls als Moränen oder „moränenähnlich" bezeichnete Formen wie zum Beispiel *fluted moraines*. Hauptsächlich verbindet man mit dem Terminus Moräne aber tatsächlich die an den Gletscherrändern entstandenen Moränenwälle beziehungsweise Randmoränen (Marginalmoränen, *(ice-)marginal moraines*). Die charakteristische wallförmige Morphologie der Randmoränen ist ein Argument dafür, dass *ablation moraines* als Sonderformen behandelt werden sollten.

Randmoränen werden nach ihrer Position klassifiziert. An den seitlichen Gletschergrenzen befin-

den sich die Lateralmoränen (*lateral moraines*, alter Begriff: Ufermoränen), frontal die Endmoränen (Frontalmoränen, Stirnmoränen, *end moraines, frontal moraines*). Für die in einer Position zwischen Lateral- und Endmoränen sich befindenden Moränen an Hochgebirgsgletschern ist die Bezeichnung Laterofrontalmoränen (*latero-frontal/latero-terminal moraines*) in Gebrauch. In Norddeutschland existiert der Begriff Gabelmoräne für eine zwischen zwei ehemaligen großen Eisloben positionierte Moräne. Sind Moränen sukzessive zum Beispiel während mehrerer Vorstoßphasen entstanden, können sie mehrere Kämme aufweisen oder aus mehreren einzelnen Wällen zusammengesetzt sein. Für diese Fälle sind die Ausdrücke Moränensystem oder – bei speziellen Formen – Moränenkomplex in Verwendung. Von einem Moränenkranz spricht man bei ineinander übergehenden Lateral- und Endmoränen, welche als zusammenhängende Moränenwälle die ehemaligen Eisrandlagen repräsentieren (▸ 12.1).

Generell können verschiedene Prozesse zur Genese von Moränen führen. Primär sind dies:

■ Aufpressung (*ice pushing*) an der Gletscherfront
■ Aufstauchung (*thrusting*) durch Glazitektonik vor der Gletscherfront
■ *dumping* (passive Ablagerung) an den Gletschergrenzen

Außerdem kann Material durch nichtglaziale Massenbewegungsprozesse gegen oder auf die seitlichen Gletscherränder akkumulieren und bei Rückzug des Gletschers ebenfalls wallartige Formen annehmen. Dieser Vorgang tritt in Kombination mit der Genese von Lateralmoränen auf. Das Ausschmelzen von Debris an der Gletscheroberfläche führt zur Bildung von supraglazialen Moränen (🗋 8) und *ablation moraines*. Im Fall der subglazialen Akkumulationsformen spielen subglaziale Prozesse wie Deformation die Hauptrolle. Grundlage der genetischen Klassifizierung von Endmoränen sind aber die drei oben aufgeführten Hauptprozesse. Unterschiede in der Genese von Moränen resultieren im Wesentlichen aus ihrer Beziehung zur jeweiligen glazialdynamischen Situation des Gletschers (Vorstoß, Stillstand oder Rückzug der Glet-

◂ **12.1**

Beispiele für die Konfiguration von Moränen in Gletschervorfeldern im Hochgebirge. Am Rofenkarferner in den Ötztaler Alpen (oben) ist ein kompletter Moränenkranz ausgebildet (Aufnahme: Juli 1994). Die Dimension der Lateralmoränen alpinen Typs steht dabei im Kontrast zur niedrigen Endmoräne, ein vergleichsweise häufig auftretendes Phänomen. Auch das Vorfeld des stark mit Debris bedeckten Dome Glacier in den kanadischen Rocky Mountains wird durch Lateralmoränen dominiert (Mitte, Aufnahme: September 1999). Glazifluviale Sedimente bilden den Vordergrund. Im äußeren Vorfeld des Classen Glacier (Southern Alps, Neuseeland; unten) erkennt man neben einem proglazialen Moränenstausee (Kalbungsfront im Bildhintergrund) mächtige Lateralmoränen und mehrere Endmoränenwälle (Aufnahme: April 2008).

scherfront), den proglazialen Verhältnissen und der thermalen Situation der Gletscherbasis (warm- oder kaltbasal).

Die traditionelle genetische Klassifikation von Endmoränen in „Stauchendmoränen" und „Satzendmoränen" ist überholt. Es ist erforderlich, Stauchendmoränen auf Grundlage der subglazialen und proglazialen Verhältnisse weiter zu differenzieren, das heißt konkret auf Grundlage des Auftretens oder der Abwesenheit von Permafrost beziehungsweise auf Grundlage des thermalen Regimes der Gletscherbasis. Satzendmoränen treten dagegen in der Realität praktisch überhaupt nicht auf. Diese würden, ginge man streng nach Definition, bei einem langen Stillstand der Gletscherfront durch kontinuierliche passive Akkumulation entstehen. Diese Situation tritt an den frontalen Gletschergrenzen aber nur selten auf, stattdessen ist sie lateral-marginal weit verbreitet. Anstelle von Endmoränen müssen deshalb die für Hochgebirgsgletscher typischen Lateralmoränen als Satzmoränen angesprochen werden. Die vereinzelt dennoch vorkommenden Satzendmoränen bestehen zu allem Überfluss überwiegend aus glazifluvialen Sedimenten, wie beispielsweise die aus der Deglaziation stammenden Kamemoränen und Deltamoränen Nordeuropas. Dabei wird durchaus kontrovers diskutiert, ob jene Formen überhaupt als Moränen bezeichnet werden dürfen. Deltamoränen sind prinzipiell nichts anderes als während eines kurzen Wiedervorstoßes des Eises gering überformte Eiskontaktdeltas (▶ 12.31).

Moränen liefern ein gutes Beispiel dafür, dass glaziale Akkumulationsformen nicht zwangsläufig ausschließlich aus glazialen Sedimenten bestehen, die während ihrer Genese abgelagert wurden. Bei Moränen sind mit Deformation und Glazitektonik zwei spezielle Prozesskombinationen am Entstehungsprozess beteiligt, welche zur Folge haben, dass in großem Umfang (im Extremfall ausschließlich) präexistente Sedimente am Aufbau der glazialen Akkumulationsform „Moräne" beteiligt sind.

Thrust moraines

Der Begriff *push moraine* (synonym wird zumeist von Stauch[end]moräne gesprochen) war in Definition und Anwendung auf verschiedenste Typen von Endmoränen derart unspezifisch geworden, dass eine genauere Differenzierung in der aktuellen glazialmorphologischen Forschung unumgänglich schien. Zwar gibt es auch heute noch differente Ansichten über dessen Verwendung (Bennett 2001); mehrheitlich wird aber die von Benn & Evans (1998) getroffene Unterscheidung von *push moraines* und *thrust moraines* akzeptiert. Als *thrust moraines* (Stauchendmoränen im eng gefassten Sinne) werden diejenigen Endmoränen bezeichnet, welche ausschließlich durch glazitektonische Prozesse entstehen (▷ 9). Das Auftreten glazitektonischer Prozesse erfordert eine zumindest an der äuße-

▲ **12.2**

Schema der Entstehung von *thrust moraines* (verändert nach Bennett & Glasser 1996).

ren Gletscherzunge kaltbasale Gletscherbasis und Permafrost im proglazialen Areal. Nur dann verhält sich das gefrorene Lockermaterial in einer mit Festgestein vergleichbaren Weise und bilden sich die zu tektonischen Verwerfungen oder Überschiebungen analogen glazitektonischen Strukturen. Oberhalb der Überschiebungsbahn, der Grenze zwischen glazitektonisch disloziertem Sediment und ungestörtem Untergrund (*décollement surface*), entstehen durch den Druck des vorstoßenden Gletschers einzelne gefrorene Schollen der proglazialen Sedimente (▶ 12.2). Diese werden sukzessive auf andere Schollen überschoben, wobei durch den Permafrost eventuell vorhandene originäre Sedimentstrukturen, zum Beispiel Schichtungen, erhalten bleiben.

Ihre Genese erklärt, wieso sich *thrust moraines* überwiegend aus proglazialen präexistenten Lockersedimenten aufbauen, welche nicht zwangsläufig eine genetische Beziehung zum Gletschervorstoß oder dem Gletscher überhaupt haben müssen. *Thrust moraines* entstehen nur im Zuge von Vorstößen der Gletscherfront, da anderweitig der zur Initiierung und Durchführung der glazitektonischen Prozesse notwendige Druck nicht erzeugt werden kann. Der Druck des vorstoßenden Gletschers wirkt dabei auf das proglaziale Areal. Der höchste Druck tritt direkt an der Gletscherfront auf, folglich beginnt dort die Bildung der *thrust moraine*. Anschließend wird der Druck im Verlauf des Vorstoßes weiter ins Vorland geleitet und größere Bereiche können von der Moränengenese erfasst werden. Als Konsequenz präsentieren sich *thrust moraines* morphologisch als vielkämmige Moränenkomplexe. Der äußerste Moränenkamm ist dabei stets der jüngste, der innerste Kamm der älteste des ganzen Moränenkomplexes (bei anderen Moränentypen ist dies genau umgekehrt).

Die zur Entstehung von *thrust moraines* notwendigen Rahmenbedingungen führen zu deren spezifischer räumlicher Verteilung. Großdimensionale *thrust moraines* entstanden an den Rändern der großen pleistozänen Inlandeise. Aktuelle Formen sind an polaren und subpolaren Gletschern zu finden, welche zumindest im Bereich der Gletscherfront über eine

► 12.3
Endmoränengenese am Engabreen (Nordnorwegen). Während des Vorstoßes der Gletscherfront in der zweiten Hälfte der 1990er-Jahre wurde eine *push moraine* aufgepresst. Entlang der vorstoßenden Gletscherfront entstand nur in den Bereichen, in denen im proglazialen Gletschervorfeld Lockersediment vorhanden war, eine Moräne (hier: hauptsächlich glazifluviales Sediment eines kleinen Deltas, geringfügig präexistentes Moränenmaterial). In den weitläufigen Arealen, in denen die Gletscherfront zu dieser Zeit auf Festgestein lag, wurden keinerlei Moränen beobachtet (Aufnahme: Juli 2000).

► 12.4
Aktuelle Endmoräne am vorstoßenden Fox Glacier (Southern Alps, Neuseeland). Allein durch den Druck des vorstoßenden Eises wird an der Gletscherfront Material durch *bulldozing* aufgepresst. Die Ablagerung von supraglazialem Debris spielt nur eine untergeordnete Rolle, die Gletscherbasis ist weitgehend frei von subglazialem Debris. Zum Zeitpunkt der Aufnahme stieß der Fox Glacier stark vor, von März 2006 bis Februar 2007 allein um 89 m (Aufnahme: Februar 2007).

kaltbasale Basis verfügen. Häufig entstehen sie (Permafrost im Vorfeld vorausgesetzt) an *surging glaciers* während ihrer schnellen und kräftigen Vorstöße. Bei *surging glaciers* schließt sich im Übrigen nach Rückzug des Gletschers proximal (gletscherzugewandt) an den Endmoränenkomplex ein Bereich kuppiger Grundmoränen (*hummocky moraine*) an. Dieses Modell könnte in Einzelfällen auf Norddeutschland übertragen werden, hält man *surges* von Teilbereichen des Nordischen Inlandeises während der Schlussphase des Weichsel-Glazials für nicht ausgeschlossen.

Push moraines

Da der Terminus „*push moraines*" wie seine Übersetzung „Stauchendmoräne" speziell in der deutschen Fachliteratur im Regelfall auch für *thrust moraines* Anwendung findet, muss betont werden, dass hier der Definition von Benn & Evans (1998) gefolgt wird. Unter *push moraines* (Stauchendmoränen im weit gefassten Sinne) versteht man an vorstoßenden Gletscherfronten in Arealen ohne Permafrost bei generell warmbasaler Gletscherbasis entstandene Endmorä-

◄ 12.5

Die Entstehung der aktuellen
Endmoräne am Storjuvbreen
(Jotunheimen, Südnorwegen)
stellt einen Sonderfall dar.
Neben den für die Bildung von
push moraines verantwortlichen Prozessen ist quantitativ
das *dumping* supraglazialen
Debris ein wichtiger Faktor in
der Moränengenese. Dieses
wird dadurch begünstigt, dass
die Vorstoßwerte für den Gletscher vergleichsweise gering
waren (1997 bis 2003: 27 m) und
die Moräne sukzessive über
mehrere Jahre aufgebaut wurde (Aufnahme: August 2002).

nen. Durch den ungefrorenen Zustand der proglazialen Sedimente treten an der Gletscherfront Deformationsprozesse und die Aufpressung von Lockermaterial
auf, verursacht durch den Druck des vorstoßenden Eises. Den Aufpressungsprozess selbst bezeichnet man
als *ice pushing* oder *bulldozing*. Es ist ein räumlich
eng begrenzter, lokaler Vorgang. Die mit *bulldozing*
oft fälschlicherweise in Verbindung gebrachte bildliche Vorstellung eines „Vor-sich-her-Schiebens" von
Moränenmaterial über große Distanzen entspricht in
keiner Weise der Realität. Die Unterschiede in der Genese zu *thrust moraines* sind hauptsächlich im ungefrorenen und damit deformierbaren Zustand der proglazialen Sedimente begründet sowie natürlich in der
warmbasalen Basis, die lediglich im Winter marginal
in den Randbereichen des Gletschers ein Anfrieren
von geringmächtigen Sedimenten an der Gletscherbasis zulässt.

Push moraines zeigen im Detail eine große Palette von möglichen, im Rahmen der Aufpressung
beziehungsweise Deformation auftretenden Einzelprozessen. Großen Einfluss entfalten dabei die sedimentologischen Eigenschaften des präexistenten
Sedimentes, insbesondere dessen Scherfestigkeit gegenüber dem Druck des vorstoßenden Eises. Während
beispielsweise feinmaterialreiches, wassergesättigtes
Material besonders leicht aufgepresst werden kann,
besitzt grobblockiges Moränenmaterial eine deutlich größere Scherfestigkeit; die entstehenden Moränen werden im Vergleich eine geringere Dimension
und Kammhöhe aufweisen. Da primär sedimentologische Unterschiede die Dimension von Endmoränen
an einem Gletscher beeinflussen, lassen sich aus deren Größe keine Rückschlüsse auf Dauer und Magnitude des Vorstoßes ziehen (Winkler 1996). Dies wäre
lediglich bei ausschließlichem *dumping* in der Moränenentstehung der Fall, wie es bei Endmoränen nicht
auftritt. Vergleichbar mit *thrust moraines* ist die glaziale Akkumulation während des Entstehungsprozes

ses einer *push moraine* meist sehr begrenzt. Es wird
hauptsächlich präexistentes Sediment disloziert und
nur im geringen Umfang „frisches" Moränenmaterial
akkumuliert. Dominiert an der Gletscherfront *bulldozing*, existieren im Regelfall keine genetischen Unterschiede zwischen End- und Laterofrontalmoränen und
sind differente morphologische Ausbildungen auf unterschiedliche Sedimente zurückzuführen. Man könnte alternativ auch von *bulldozing moraines* sprechen
(Winkler & Nesje 1999).

Da sowohl *thrust moraines* als auch *push moraines*
ausschließlich entstehen können, wenn entsprechend
dislozierbare beziehungsweise deformierbare proglaziale Lockersedimente vorliegen, liefern sie einen
deutlichen Beleg für die Aussage, dass man die glaziale Akkumulation während der Genese von Endmoränen nicht überschätzen darf (► 12.3). Im Gegenteil,
sie ist verglichen mit glazifluvialer oder subglazialer
Akkumulation quantitativ relativ unbedeutend. *Push
moraines* selbst stellen daneben eine verhältnismäßig
heterogene Auswahl von unterschiedlichen Endmoränentypen mit vielen Spezialfällen dar (► 12.4). Neben
den präexistenten Sedimenten ist die Verbindung zur
glazialen Dynamik für diesen Umstand als Erklärung
anzuführen. Wie bei *thrust moraines* ist zur Moränengenese ein Vorstoß der Gletscherfront notwendig,
es reichen jedoch auch saisonale Vorstöße (Wintervorstöße) zur Aufpressung einer Moräne aus. Ist aufgrund ihrer hohen Anzahl oder eindeutigen Beobachtung abgesichert, dass es sich um im Zuge saisonaler
Vorstöße gebildete Moränen handelt, spricht man von
annuellen Moränen oder Wintermoränen. Treten ausreichend starke Wintervorstöße auf, können dadurch
auch an eigentlich stationären Gletschern Endmoränen entstehen. In besonderen Fällen gibt es Endmoränen, an deren Bildung auch die passive Akkumulation von supraglazialem Debris (*dumping*) beteiligt
ist und die nur bedingt reine *push moraines* darstellen (► 12.5).

Moränengenese am Briksdalsbreen

In den letzten zwei Dekaden des 20. Jahrhunderts war der Briksdalsbre, ein steiler und reaktionsschneller Outletgletscher des Jostedalsbre, am regionalen Gletschervorstoß im maritimen westlichen Südnorwegen beteiligt [□ 13]. Allein zwischen 1987 und 1996 schob sich seine Gletscherfront um 304 m vor. Im Verlauf dieses Vorstoßes konnten exemplarisch die bei der Genese von *push moraines* auftretenden Prozesse des *bulldozing* untersucht werden (Winkler & Nesje 1999).

Unterschiede in Morphologie und Dimension der in frontaler Position entstandenen Endmoränen zu den gleichzeitig gebildeten Moränen in laterofrontaler Position sind eindeutig auf Unterschiede in den sedimentologischen Eigenschaften des präexistenten Sedimentes zurückzuführen (▶ 12.6). Die zentrale untere Gletscherzunge lagerte auf wassergesättigten, feinkörnigen Sedimenten glazifluvialen und glazilimnischen Ursprunges. Diese waren zuvor in einem proglazialen See ab-

▶ **12.6**
Vergleich zwischen der im frontalen Abschnitt der Gletscherfront (oben) und laterofrontal entstandenen Endmoräne (unten) am Briksdalsbreen (westliches Südnorwegen) während seines Vorstoßes in den späten 1990er-Jahren. Die erkennbaren Unterschiede in der Morphologie sind überwiegend auf unterschiedliche sedimentologische Eigenschaften des proglazialen Lockersedimentes zurückzuführen (Winkler & Nesje 1999, Aufnahmen: September 1997].

▲ 12.7

Ein Sporn des vorstoßenden Briksdalsbre (westliches Südnorwegen) dringt in das proglaziale Lockersediment (präexistentes Moränenmaterial) ein und presst es zusammen mit dem initialen Boden und
der Vegetation zu einer Moräne auf (Aufnahme: September 1995).

gelagert worden, der im Zuge des Gletschervorstoßes vom
Gletscher komplett überfahren wurde. Da das Sediment eine
geringe Scherfestigkeit besaß, konnte es durch den Druck des
vorstoßenden Eises im ebenen Gelände leicht in bis zu 6–7 m
hohe Moränenwälle aufgepresst werden. An den laterofrontalen und lateralen Gletscherrändern überfuhr der Gletscher präexistentes, älteres Moränenmaterial, vermischt mit geringen
Anteilen an Hangschutt. Die grobkörnigen, blockreichen Sedimente hatten auf den 25–30° ansteigenden Talflanken dem
vorstoßenden Eis einen erheblich höheren Scherungswider-
stand entgegenzusetzen. Als Folge sind die entstandenen Moränenwälle hier nur durchschnittlich 1–2 m hoch. Im lateralen
Abschnitt waren die aufgetretenen Positionsveränderungen der
Gletscherfront zudem geringer als im zentralen Bereich.

Im Detail bestand der zusammengefasst als *bulldozing* zu
klassifizierende Geneseprozess aus verschiedenen Einzelprozessen. Vorsprünge des vorstoßenden Gletschereises drangen
teilweise direkt in das präexistente Lockermaterial ein und
pressten es dadurch, genau wie die vorhandene Vegetation
und Bodendecke, in einem Wall an der Gletschergrenze auf
(▶ 12.7). Jene Vorsprünge trennten sich oft im Spätsommer
vom aktiven Gletschereis während des sommerlichen Rück-
schmelzens ab, sodass in den Moränenwällen ein temporärer
Eiskern vorhanden war, der allerdings schnell abschmolz
(▶ 12.8). Glazitektonik und verwandte Prozesse anzeigende
Sedimentstrukturen wurden zu keinem Zeitpunkt in Auf-

▶ 12.8

Proximale Flanke der aktuellen
Laterofrontalmoräne am Briksdalsbreen (westliches Südnorwegen). Die Gletscherfront lag
zum Zeitpunkt der Aufnahme
(September 1997) nur wenige
Meter rechts des Bildausschnittes. Beim exponierten Eis handelt es sich um Gletschereis,
das durch das sommerliche
Rückschmelzen vom aktiven
Gletscher abgetrennt worden
war, nachdem es sich als Sporn
in das proglaziale Lockersediment vorgeschoben hatte. Man
erkennt die in die Moräne ein-
gegliederte, zerstörte Vegetation (Birken), welche sich seit
dem Rückzug des Gletschers in
den 1940er-Jahren etabliert
hatte.

schlüssen an den Moränen gefunden. Da die Lufttemperaturen selbst des niedrigsten Monatsmittels im Winter nur −0,1 °C betragen und Permafrost wie tief in den Untergrund eindringender Winterfrost damit definitiv ausgeschlossen werden können, ist eine Beteiligung von *thrusting* in jedem Fall auszuschließen. Einige große Blöcke an der Gletscherfront wurden durch direkten Kontakt mit dem Eis rotiert, andere wurden in das präexistente Lockermaterial durch rückwärtigen Schub hineingepresst (▸ 12.9). Daneben floss das Eis fallweise auch um beziehungsweise über größere Blöcke im Gletschervorfeld, ohne dass diese sichtbar disloziert wurden. Zurückzuführen ist dieses Phänomen auf die Wechselwirkung zwischen der Scherfestigkeit des Sedimentes und dem durch das vorstoßende Eis ausgeübten Druck. Das Mikrorelief im marginalen Gletscherbett beziehungsweise an den unmittelbaren Gletschergrenzen entfaltet neben den Sedimenteigenschaften hierbei großen Einfluss.

Zu keinem Zeitpunkt, auch nicht im Spätwinter und Frühjahr, wurde am Briksdalsbreen eine bedeutende Konzentration subglazialer Debris an der Gletschersohle beobachtet. Im Gegenteil, das Eis war meist komplett frei von Debris und eine basale Transportzone fehlte vollständig. Die Akkumulation subglazialen Debris ist damit zumindest in den Randbereichen des Gletschers als bedeutungslos zu betrachten. Supraglazialer Debris tritt am Gletscher nicht auf, *dumping* von supraglazialem Debris ist folglich innerhalb der Moränengenese und bei der Gestaltung des Gletschervorfeldes nicht beteiligt. Das durch den Gletscher an seiner Basis im steilen Eisfall oberhalb der unteren Gletscherzunge (▸ 5.5) erodierte Feinmaterial wird praktisch ausschließlich glazifluvial durch subglaziales Schmelzwasser abtransportiert. Während des Vorstoßes in den 1990er-Jahren wurden vom Gletscher stattdessen im Untergrund lagernde altholozäne Sedimente mitaufgepresst. Dies ist ein klarer Hinweis darauf, dass die Akkumulationskomponente bei der Genese von Endmoränen keinesfalls überschätzt werden darf.

◂ 12.9

Rotation eines großen Blockes von geschätzten 300 t Gewicht im laterofrontalen Gletschervorfeld des Briksdalsbre (westliches Südnorwegen, Aufnahmen: September 1996 und 1997). Der Block wurde im Winter 1996/Frühjahr 1997 um 90° rotiert, als sich die vorstoßende Gletscherfront wie ein Keil unter ihn schob und durch eine Art Hebelwirkung kippte (Aufnahme oben: Atle Nesje).

EXKURS Moränengenese am Styggedalsbreen

Zeitgleich zum oben geschilderten Vorstoß herrschte am Styggedalsbreen, einem kleinen Kargletscher im Hurrungane-Massiv (westliches Jotunheimen, Südnorwegen; ▸ 7.12), eine mindestens 15-jährige Phase mit stationärer Gletscherfront. Saisonale Veränderungen der Frontposition in Form von Wintervorstößen (bis zu 20 m) traten jedoch innerhalb dieses Zeitraumes auf und führten zur Entstehung einer speziellen Endmoräne (Matthews et al. 1995, Winkler 1996).

Der marginale Bereich der Gletscherzunge des Styggedalsbre ist sehr flach. Im Sommer kommt es durch die vorhandene Endmoräne zu kurzzeitiger Aufstauung des Schmelzwassers, sodass sich distal ein kleiner, flacher See ausbildet. Dort wird feinkörniges glazifluviales (quasi auch glazilimnisches) Sediment auf den äußersten Bereichen der flachen Gletscherzunge abgelagert (▸ 12.10). Auf dem Gletscher liegen zusätzlich dispers verteilte grobe Blöcke supraglazialen Debris, welche von den steilen Karrückwänden stammen. Im Winter stößt die flache Gletscherzunge vor und schiebt sich auf die proximale Flanke der existierenden Moräne. Da die Wintervorstöße nicht stark genug sind und die vorhandene Moräne ein effektives Hindernis darstellt, wird jene weder komplett überfahren noch zerstört. Im späten Frühjahr und Sommer wird der sedimentbedeckte flache Teil des Gletschers, der sich im vorausgegangenen Winter auf die proximale Flanke der Moräne geschoben hatte, vom aktiven Gletscher abgetrennt. Der flache und von Schmelzwasser überflutete Bereich zwischen Moräne und dem höher gelegenen Teil der Gletscherzunge bildet sich dann erneut, sodass es abermals zur Ablagerung glazifluvialen Sedimentes kommt. Das abgetrennte, ehemalige Gletschereis stellt nun einen Eiskern in der überformten Endmoräne dar (▶ 12.11).

Neben dem auf der Toteisoberfläche abgelagerten glazifluvialen Sediment werden auch einige der erwähnten angularen Blöcke supraglazialen Debris auf der proximalen Moränenflanke abgelagert. Durch Winterfrost an der flachen äußeren Gletscherzunge angefrorener subglazialer Debris ist ebenfalls am Aufbau der Moräne beteiligt. Dieser Vorgang, der sich im angesprochenen Zeitraum in vielen aufeinanderfolgenden Wintern wiederholen konnte und auch aktuell noch bisweilen auftritt, sorgte für eine sukzessive Weiterbildung der mehrere Meter hohen Moräne mit ihrem schichtartigen, inneren Aufbau („Sandwich"-Struktur). Da der Styggedalsbre bei Jahresmitteltemperaturen von −3 bis −2 °C nur knapp unterhalb der regionalen Untergrenze des Auftretens von Permafrost liegt, tauen die Toteiskomplexe nur verhältnismäßig langsam über mehrere Jahre ab. Dadurch kommt es zur beständigen Veränderung der Morphologie der Endmoräne.

▲ 12.10
Proximale Flanke der Endmoräne am Styggedalsbreen (Jotunheimen, Südnorwegen). Man erkennt den mächtigen Toteiskomplex, der sich an die existierende Endmoräne während des Wintervorstoßes angelagert hat. In der linken Bildhälfte sieht man das zwischen der Endmoräne und der zum Zeitpunkt der Aufnahme flachen, stationären Gletscherfront (außerhalb des Bildausschnitts) gelegene Areal glazifluvialer Sedimentation (Aufnahme: August 1995).

▲ 12.11
Blick auf die flache äußere Gletscherzunge des Styggedalsbre (Jotunheimen, Südnorwegen) und die proximale Flanke seiner Endmoräne. Es lässt sich deutlich erkennen, wie die Gletscherzunge sich auf die existierende Endmoräne geschoben hat. Sie ist von feinmaterialreichem glazifluvialem Sediment und einzelnen angularen Blöcken supraglazialen Debris bedeckt. In diesem Jahr (Aufnahme: Juli 1998) war der winterliche Vorstoß besonders stark.

Der Transport supraglazialen Debris und abgelagerter glazifluvialer Sedimente auf die existierende Endmoräne im Zuge von Wintervorstößen konnte experimentell bewiesen werden. Im Spätsommer auf der flachen Gletscheroberfläche einige Meter vor der Gletscherfront ausgelegte, markierte Blöcke wurden im nächsten Sommer auf dem Kamm beziehungsweise der proximalen Flanke der existierenden Endmoräne gefunden. Sie können nur im Zuge eines Wintervorstoßes in diese Position gelangt sein. Die Genese von Endmoränen an stationären Gletscherfronten durch vergleichbare sukzessive Ablagerung im Zuge saisonaler Positionsschwankungen ist auch an anderen Gletschern beobachtet worden. Im Kontrast zum Styggedalsbreen spielt in jenen Fällen abweichend das Anfrieren subglazialen Debris die dominierende Rolle (Krüger 1993, 1996, Evans & Twigg 2002). An stationären Gletscherfronten kann in zentraler Position in Fällen eines starken Auftretens supraglazialen Debris *dumping* eine wesentliche Rolle bei der Entstehung einer Endmoräne spielen. Dies ist ansonsten generell nur in lateraler Position möglich.

▲ 12.12
Lateralmoräne alpinen Typs am Peyto Glacier (kanadische Rocky Mountains, Aufnahme: September 1999).

▼ 12.13
Lateralmoräne alpinen Typs des Guslarferner (Ötztaler Alpen, Aufnahme: Juli 1994). Es handelt sich um die Typuslokalität für eine *layered lateral moraine* (Humlum 1978).

Lateralmoränen

Lateralmoränen (*lateral moraines*; veraltet: Ufermoränen) verdanken ihren Namen der Position an den seitlichen (lateralen) Gletschergrenzen. Diese Bezeichnung lässt vorhandene genetische oder morphologische Unterschiede zunächst unberücksichtigt. Hauptsächlich versteht man jedoch unter Lateralmoränen die mächtigen Wälle an Hochgebirgsgletschern, welche die Gletscheroberfläche um mehrere Dekameter bis 150–200 m überragen und in ihrer Dimension die vorhandenen Endmoränen sehr deutlich übertreffen (▸ 12.12 und 12.13). Für jene Lateralmoränen wurde die Bezeichnung „Lateralmoränen alpinen Typs" eingeführt (Winkler & Hagedorn 1999). In diesem Zusammenhang muss darauf hingewiesen werden, dass in vielen Lehrbüchern Lateralmoränen fälschlicherweise als „Seitenmoränen" bezeichnet werden, obwohl jener Ausdruck ausschließlich für supraglaziale Lateralmoränen reserviert ist. Zwar grenzen supraglaziale Lateralmoränen oftmals an Lateralmoränen, unterscheiden sich von Letztgenannten jedoch durch den grundlegenden Unterschied, dass sie sich noch im Transport durch den Gletscher befinden (🗎 8).

Lateralmoränen alpinen Typs entstehen durch *dumping* supraglazialen Debris an den lateralen Gletschergrenzen. Durch die passive glaziale Akkumulati-

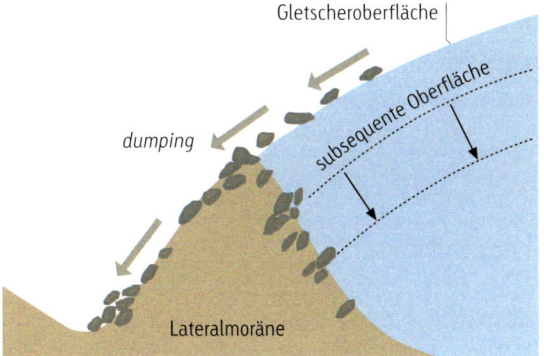

◄ 12.14
Theorie der Entstehung von *layered lateral moraine* und resultierende Orientierung großer Blöcke auf der proximalen Flanke der Lateralmoräne am Guslarferner (Ötztaler Alpen, in Teilen verändert nach Humlum 1978).

on können grobe Blöcke eine charakteristische Einregelung subparallel zur distalen Moränenflanke zeigen (▶ 12.14). Im Fall einer Ausbildung von Bändern solcher grober Blöcke als Anzeichen für ein längeres Verweilen der Gletscheroberfläche in einer bestimmten Position spricht man von *layered lateral moraines* (Humlum 1978). Die Genese durch *dumping* supraglazialen Debris zeigt sich unter anderem in der Zunahme der Angularität (der Anzahl kantiger Komponenten) des Moränenmaterials der Lateralmoränen von der Basis zum Kamm (Winkler 1996). Nur im Bereich der proximalen Basis von Lateralmoränen kann gegebenenfalls subglaziales Moränenmaterial in erwähnenswerten Mengen abgelagert worden sein – entweder durch subglaziales *melt-out* oder durch *lodgement*. *Bulldozing* oder andere bei der Entstehung von *push moraines* beteiligte Prozesse spielen bei der Entstehung von Lateralmoränen alpinen Typs keine Rolle. Im Gegenteil: Sie stellen eigentlich die typischen „Satzmoränen" (*dump moraines*) dar. Ein untrügliches Indiz dafür ist, dass Lateralmoränen auch direkt auf dem anstehenden Festgestein liegen, dort also, wo kein präexistentes Lockermaterial für die bei *push moraines* wirksamen Prozesse vorhanden ist. Darüber hinaus sind die distalen Moränenflanken zumeist im statischen Ruhewinkel des Moränenmaterials ausgebildet. Da die proximalen Flanken früher im direkten Kontakt zum Gletscher waren oder noch heute sind, ist deren Hangwinkel deutlich steiler, bisweilen sogar extrem steil und instabil – eine Voraussetzung späterer effektiver paraglazialer Überformung (▶ 12.21).

Die Genese der Lateralmoränen durch *dumping* supraglazialen Debris zieht einige Konsequenzen nach sich. Während eine aktive Überformung im Regelfall nur während eines Hochstandes des Gletschers – wenn die Gletscheroberfläche den Kamm der vorhandenen Lateralmoräne erreicht – erfolgen kann, ist eine Weiterbildung durch Akkumulation auf der proximalen Flanke leichter möglich. In einzelnen Fällen bilden sich dadurch unterhalb des Kammes auf der proximalen Moränenflanke kleine „subsequente" Lateralmoränen, zum Beispiel während längerer Stillstandsphasen. Häufiger ist es jedoch der Fall, dass die proximale Flanke einer Lateralmoräne alpinen Typs durch glaziale Aktivität beziehungsweise paraglaziale Umla-

gerungsprozesse erheblicher Erosion ausgesetzt ist. Je nach Mächtigkeit und Position der Lateralmoränen kann seitlich nichtglaziales, von Arealen außerhalb des Vorfelds stammendes Material, zum Beispiel Hangschutt, am Aufbau der Lateralmoräne beteiligt sein, sofern es distal auf der Lateralmoräne beziehungsweise in Kontakt zur Lateralmoräne abgelagert wird. Existiert zwischen Talflanke und Lateralmoräne im nicht durch den Gletscher überformten Bereich eine Tiefenlinie, bezeichnet man sie als *ablation valley*. Dort kann es distal der Lateralmoräne auch zur Akkumulation von glazifluvialem Material und komplexen Sedimentationsprozessen kommen (Iturrizaga 2007). Ähnliches ist beim Rückzug des Gletschers auf der proximalen Flanke zwischen aktivem Gletscher und Lateralmoränenwall möglich.

Auf ihre Genese durch *dumping* supraglazialen Debris ist es auch zurückzuführen, dass Lateralmoränen normalerweise erst unterhalb der Gleichgewichtslinie von Gletschern entstehen können. Erst dort sind die Eisströmungslinien wieder zu den Gletscherrändern orientiert (▶ 3.7). Die Dimension von Lateralmoränen alpinen Typs wird durch drei Hauptfaktoren gesteuert:
- Eisgeschwindigkeit (Menge des zur Gletschergrenze transportierten Debris)
- Debrisgehalt (Mächtigkeit der supraglazialen Lateralmoräne oder Debrisdecke)
- Dauer des Hochstandes und/oder Anzahl wiederholter Hochstände

Besonders die beiden letztgenannten Punkte sind hervorzuheben. Ohne größere supraglaziale Debrismengen können keine Lateralmoränen alpinen Typs entstehen. Daher fehlen sie beispielsweise bis auf wenige Sonderfälle an den Outlets von Plateaugletschern. Dort können stattdessen genetisch und morphologisch differente, geringmächtige Lateralmoränen auftreten, welche mit den frontalen *push moraines* identisch sind (Winkler & Hagedorn 1999).

Die mächtigen Lateralmoränen alpinen Typs entstanden im Regelfall „polygenetisch", das heißt im Verlauf mehrerer Vorstoßereignisse beziehungsweise Hochstände während des Holozäns. Sie können als „Summe holozäner Hochstände" (Fraedrich 1979) betrachtet werden. Daraus resultieren die augenfälligen Dimensionsunterschiede zu Endmoränen an

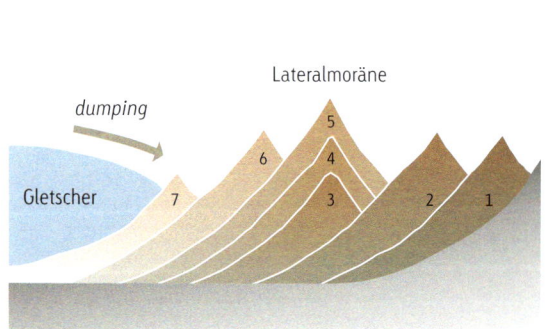

vielen Gletschern, denn Endmoränen repräsentieren normalerweise lediglich einen Hochstand beziehungsweise eine Eisrandposition. Während Lateralmoränen bei nachfolgenden Hochständen leicht weitergebildet werden können, erleiden Endmoränen oftmals das Schicksal des Überfahrens und der Zerstörung, sofern der neue Vorstoß eine höhere Magnitude besitzt.

Nicht zuletzt als Folgeerscheinung ihres polygenetischen Charakters können mehrkämmige Lateralmo-

▲ 12.15

Vorfeld und Lateralmoränen am Hooker Glacier (Southern Alps, Neuseeland; Aufnahme: März 2007). Das mehrkämmige, komplexe Lateralmoränensystem im östlichen Vorfeld (auf dem Bild links des proglazialen Sees) ist im Zuge mindestens dreier Vorstoßphasen während der letzten 3 000 Jahre sukzessive aufgebaut worden (im Akkretionsmodus).

ränensysteme entstehen, die sich aus mehreren Einzelkämmen zusammensetzen (▸ 12.15). Diese können sukzessive während mehrerer Hochstände beziehungsweise Vorstöße innerhalb einer Hochstandsphase proximal aneinander abgelagert worden sein. Röthlisberger & Schneebeli (1979) sprechen in dieser Situation vom „Akkretionsmodus" (▸ 12.16). Sind die nachfolgenden Gletscherhochstände jedoch von vergleichbarer Magnitude, werden Lateralmoränenwälle im „Superpositionsmodus" weiter aufgehöht und blieben als

▼ 12.16

Schematische Darstellung der polygenetischen Entstehung von Lateralmoränen während mehrerer Gletscherhochstände. Im Akkretionsmodus entsteht durch die unterschiedliche Magnitude der Hochstände ein mehrkämmiges Lateralmoränensystem, während beim Superpositionsmodus ein einheitlicher, mächtiger Moränenkamm gebildet wird. Die Zahlen beziffern die Reihenfolge der Hochstände und der zugehörigen Moränenwälle (1 = ältester Hochstand, verändert nach Röthlisberger & Schneebeli 1979).

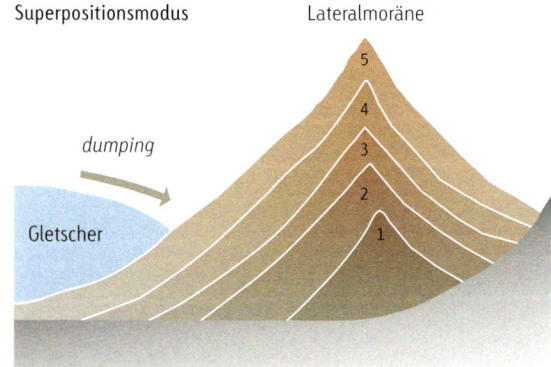

einkämmige Formen erhalten (▶ 12.17). Die Möglichkeit zur Superposition (*overtopping*) ist damit zu erklären, dass einmal gebildete Lateralmoränen als Widerlager oder seitliche Hindernisse für den Gletscher wirken. Nur selten werden sie in nachfolgenden Vorstößen zerstört. Beide Modi können gleichzeitig an einem Gletscher auftreten, wie auch in den mehrkämmigen Lateralmoränensystemen des Akkretionsmodus vereinzelt die Superposition auftreten kann. Sind die Lateralmoränen an einem Gletscher asymmetrisch ausgebildet, kann die Ursache in unterschiedlichem Debriszutrag, differenten Eisbewegungslinien oder der Talgeometrie gefunden werden.

Eiskern- und Ablationsmoränen

Eiskernmoränen (*ice-cored moraines*) sind kein eigenständiger genetischer Moränentyp. Vielmehr kennzeichnet sie die Besonderheit eines permanenten Eiskernes, der im Regelfall aus Gletschereis besteht. Diese Eiskern stellt einen während des Prozesses der Moränengenese vom aktiven Gletscher abgetrennten Eiskomplex dar. Es ist hierbei sowohl möglich, dass glazitektonische Prozesse oder Deformation die Hauptrolle gespielt haben, als auch, dass die Bedeckung des randlichen Bereiches des Gletschers durch *dumping* supraglazialen Debris mit anschließender Abtrennung des Eiskomplexes zur Entstehung der Eiskernmoräne geführt hat. Daher ist der Begriff Eiskernmoräne genetisch undifferenziert. In Polar- und Subpolarregionen sind nicht selten Eiskernmoränen nichts anderes als *thrust moraines*. Bei deren Aufstauchung wurden abgegliederte Komplexe von Gletschereis in die entstandene Moräne integriert. Dank der Permafrostbedingungen bleibt jener Eiskern erhalten und ist vor dem Abtauen geschützt. In Hochgebirgen der mittleren und höheren Breiten treten Eiskernmoränen häufig an kleinen, teil- oder zeitweise kaltbasalen Karggletschern auf. Sie können sukzessi-

▼ 12.17

Lateralmoräne am Tasman Glacier (Southern Alps, Neuseeland). Der Fund von fossilen Bodenhorizonten auf der proximalen Flanke dieser Moräne ist ein eindeutiger Beweis für deren Aufbau im Superpositionsmodus während mehrerer Hochstände. Die proximale Flanke der Lateralmoräne ist durch das Niedertauen der unteren Gletscherzunge und Ausweitung des proglazialen Sees starker Erosion ausgesetzt (paraglaziales Prozess-System). Distal der Lateralmoräne ist rechts das *ablation valley* zu erkennen, in das unter anderem von den Talflanken größere Sedimentmengen eingetragen und hier akkumuliert werden (Aufnahme: März 2008).

▲ 12.18
Eiskernmoräne am Vesljuvbreen (Jotunheimen, Südnorwegen; Aufnahme: August 2007). Ein Kern aus Gletschereis ist durch geophysikalische Messungen bestätigt worden. Die große Dimension im Vergleich zum kleinen Kargletscher neben den distalen Schneeflecken im Spätsommer ist ein visueller Hinweis auf den Eiskern. Der Gletscher liegt oberhalb der regionalen Untergrenze des Auftretens von Permafrost, sodass die klimatischen Rahmenbedingungen eine langfristige Existenz des Eiskernes ermöglichen.

▲ 12.19
Ablation moraine an der Front des Austerdalsbre (westliches Südnorwegen). Das von supraglazialem Debris bedeckte Stagnanteis schmilzt aufgrund der niedrigen Lage der Gletscherzunge (390 m ü. d. M.) nach seiner Exposition sehr schnell ab. Der aktive Gletscher im Kontakt zur stagnanteisunterlagerten *ablation moraine* (links) stieß noch bis 2003 vor und zerstörte einen Teil des Moränenkomplexes, welcher sich in den 1970er- und 1980er-Jahren aufgrund der für den Outletgletscher des Jostedalsbre ungewöhnlichen supraglazialen Debrisdecke gebildet hatte. Falls die *ablation moraine* in den kommenden Jahren ungestört abtaut, wird sie zuletzt eine diffuse Morphologie ohne markante Wälle ausbilden (Aufnahme: August 2007).

ve über einen Zeitraum von mehreren Jahrhunderten oder Jahrtausenden gebildet werden, in der Mehrzahl durch *dumping* supraglazialen Debris. *Bulldozing* und *thrusting* können aber nicht a priori ausgeschlossen werden. Auch dort muss Permafrost zur Erhaltung des Eiskernes vorhanden sein. Im Verhältnis zur Größe der Kargletscher sind diese Eiskernmoränen sehr großdimensional und bestehen aus mehreren Einzelkämmen (▶ 12.18). Per Definition zeigen jene Eiskernmoränen keine Eigenbewegung! Dies unterscheidet sie von periglazialen Blockgletschern und deren Initialformen, mit denen sie keinesfalls verwechselt werden dürfen. Auch in *push moraines* findet man Kerne aus Gletschereis. Sie sind aber nur temporär und schmelzen durch fehlenden Permafrost in wenigen Jahren oder Jahrzehnten ab.

Ablation moraines bilden eine heterogene Gruppe von Moränen. Gemeinsam ist ihnen ein temporärer Eiskern aus Stagnant- oder Toteis, der nach der Abtrennung vom aktiven Gletscher noch (kurzfristig) vorhanden ist. Zur Entstehung sind größere Mengen supraglazialen Debris notwendig, die zunächst die marginalen Gletscherbereiche bedeckten (▶ 12.19). Auf eine deutsche Übersetzung des Begriffes sollte verzichtet werden, denn „Ablationsmoräne" wird in der deutschen Terminologie praktisch ausschließlich sedimentologisch verwendet (für *melt-out till*, ◻ 10). Nach dem Abtauen des stark mit supraglazialem Debris bedeckten Eiskernes zeigen *ablation moraines* selten eine mit anderen Moränen zu vergleichende Morphologie. Es überwiegen „diffuse" Formen ohne ausgeprägte Wallform. Nach Bennett & Glasser (1996) unterscheidet man vier Haupttypen, differenziert nach der Mächtigkeit des supraglazialen Debris und dem Ursprung des Eiskernes (zum Beispiel die Entwicklung aus einer *thrust moraine* oder aus einer mächtigen supraglazialen Medialmoräne an der Gletscherfront). Angesichts der Heterogenität dieses Moränentyps und der Überschneidung mit anderen Begriffen bringt eine stärkere Abgrenzung allerdings kaum Gewinn.

Glacial flutes

Vereinzelt an Hochgebirgsgletschern zu finden sind die besonderen Formen der *glacial flutes* (*glacial fluted moraine surfaces, glacial flutings*; ein synonymer deutscher Begriff ist unbekannt). Es handelt sich um eisbewegungsparallele, lang gestreckte Rücken von einigen Dezimetern bis wenigen Metern Höhe (▶ 12.20). Sie erreichen Längen von teils über 100 m und bestehen aus subglazialem Moränenmaterial (*lodgement till*). Sie treten stets vergesellschaftet in größerer Anzahl und parallel angeordnet auf. Trotz abweichender Theorien wird heute überwiegend von einer Entstehung durch Aufpressung subglazialen Moränenmaterials im Bereich subglazialer Hohlräume ausgegangen (Benn 1994). Solche Hohlräume bilden sich bevorzugt im Lee von großen Blöcken oder anderen Hindernissen im Gletscherbett. Durch den im Vergleich zu umgebenden Bereichen des Gletscherbettes mit direkter Eisauflast geringen Druck kann insbesondere stark wassergesättigtes und wenig scherfestes subglaziales Moränenmaterial in die Hohlräume hineingepresst werden. Durch nachfolgende subglaziale Deformation parallel zum Eisfluss und/oder leewärtige Ausweitung des Hohlraumes kann ein initialer Rücken sukzessive verlängert werden. *Glacial flutes* entstehen unter warmbasalen Gletschern im aktiven Stadium, sind jedoch bei ihrem Auftreten direkt an der Gletscherfront sichere Anzeiger für deren Rückzug. Ursache hierfür ist die leichte postsedimentäre Zerstörung der Formen während der Genese von Endmoränen, wozu Wintervorstöße ausreichen.

▶ 12.20

Niedrige *glacial flutes* vor dem sich in den letzten Dekaden kontinuierlich zurückziehenden Øvre Beiarbre (Nordnorwegen, Aufnahme: August 1997).

Glaziale Akkumulationsformen der eiszeitlichen Vereisungsgebiete

Die Vielfalt glazialer Akkumulationsformen in den unterschiedlichen Sedimentationsmilieus ist fast unüberschaubar. Viele Spezialformen existieren als Folge des Einflusses lokal wirksamer Faktoren. Nicht zuletzt deshalb werden sie gerne im Kontext bestimmter Konfiguration und gekoppelt an definierte Sedimentations- beziehungsweise Formungsmilieus dargestellt (Menzies 1996, Benn & Evans 1998, Evans 2003). Neben Moränen können einige dieser Formen für die Akkumulationsgebiete der großen pleistozänen Vereisungen als besonders charakteristisch gelten.

Drumlins sind die bekanntesten Vertreter einer ganzen Familie subglazialer Akkumulationsformen. Gemeinsam ist ihnen die Entstehung unter aktivem Gletschereis und eine daraus resultierende eisbewegungsparallele Orientierung und stromlinienförmige Morphologie. Als Sammelbegriff ist der Ausdruck *streamlined moraines* in Gebrauch. Drumlins sind eisbewegungsparallele, stromlinienförmige (walrückenartige) Rücken. Bei durchschnittlichen Höhen von 5 – 50 m und Längen von 10 – 3 000 m besitzen sie eine steile Stoß- und eine flache Leeseite. Sie treten meist in größerer Anzahl als Drumlinfelder auf und bestehen im Regelfall aus subglazialem Moränenmaterial beziehungsweise *lodgement till*. Nur sehr selten ist ein Kern aus Festgestein beobachtet worden. Drumlins sind typisch für die Grundmoränenlandschaften pleistozäner Eisschilde; in Hochgebirgen treten sie kaum auf. Häufig steigt das Gelände der Drumlinfelder im Bewegungssinn der Eisbewegung leicht an.

Die Genese der im Detail der Morphologie und Dimension recht variablen Drumlins gilt als umstritten

Durch starke Erosionsprozesse in der paraglazialen Periode zerrunste proximale Flanke der Lateralmoräne des Marzellferner im Niedertal (Ötztaler Alpen, Aufnahme: September 2008).

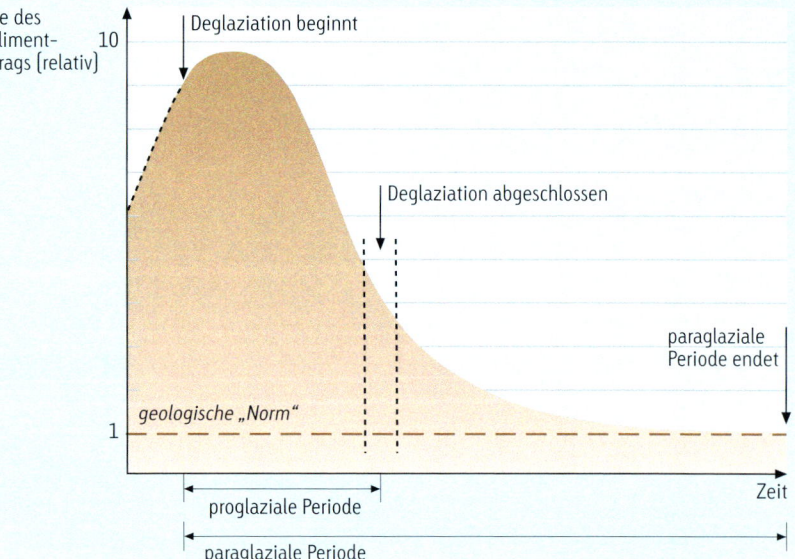

Paraglaziales Prozess-System

Weder bei der genetischen Interpretation des Gletschervorfeldes eines aktuellen Hochgebirgsgletschers, noch bei geo-
chronologischen Untersuchungen zur Ausweisung seiner Veränderungen in der jüngsten Erdgeschichte auf Grundlage
vorhandener glazialmorphologischer Formen darf das erst-
mals von Church & Ryder (1972) beschriebene paraglaziale
Prozess-System unbeachtet bleiben. Obwohl es sich nicht um
glaziale, sondern um fluviale und hangdenudative Prozesse
handelt, besteht ein direkter Zusammenhang zum Gletscher.

Die zusammengefasst als „paraglazial" bezeichneten Prozesse treten in gerade eisfrei gewordenen Arealen auf. Das durch
den Rückzug der Gletscherfront exponierte Moränenmaterial
ist zunächst noch frei von Vegetation und teilweise sehr in-
kompakt. Ursprünglich im Kontakt zum Eis entstandene Formen sind in ihren Flanken noch instabil und nicht auf den
statischen Ruhewinkel ihres Materials eingestellt. Typische
Areale paraglazialer Prozessdynamik sind beispielsweise die
übersteilten und wenig kompakten proximalen Flanken von
Lateralmoränen alpinen Typs, an denen sich in kurzer Zeit tiefe Erosionsrinnen bilden können (▶ 12.21). Auch das sukzessive Abtauen von Toteis in Moränen kann zu deren Destabili-
sierung und verstärkter Abtragung führen. Die sogenannte
paraglaziale Periode beschreibt die durch den Rückzug der
Gletscher induzierte Phase verstärkter Abtragung, die auch
nach der Deglaziation noch einen gewissen Zeitabschnitt an-
dauert (▶ 12.22). Sie endet, wenn Abtragungsraten erreicht
werden, wie sie in nicht vergletscherten Arealen typisch sind.
Die während der paraglazialen Periode auftretenden Abtra-
gungsprozesse zeigen ein weites Spektrum und reichen von
durch den Rückzug des Eises induzierten gravitativen Massenbewegungen (zum Beispiel Felsstürzen) bis hin zu verstärkter fluvialer Erosion an den Flanken noch unbewachse-
ner Moränenwälle (Ballantyne 2002).

Schematische Darstellung des während der Deglaziation erhöhten
Sedimentaustrages aus vergletscherten Einzugsgebieten (proglaziale Periode). Die paraglaziale Periode beschreibt den gesamten
Zeitraum, in dem das durch die Deglaziation betroffene Einzugsgebiet einen höheren Sedimentaustrag aufweist als ein vergleichbares unvergletschertes Einzugsgebiet (als geologische „Norm",
verändert nach Church & Ryder 1972).

(Menzies & Rose 1987). Als Hauptfaktoren in den unterschiedlichen Theorien werden glaziale Akkumulation, Deformationsprozesse und teilweise auch glaziale Erosion angeführt. Mehrheitlich geht man von
einer Genese durch subglaziale Deformation aus. Die
auffällige Zonierung im Auftreten der Drumlins unterstützt dies. Drumlins bilden sich demnach in einer Zone, in welcher die Scherspannung durch den
sich aktiv bewegenden Gletscher die Scherfestigkeit
des subglazialen Moränenmaterials (*lodgement till*)
übersteigt und die Ausbildung eisbewegungsparalle-

ler Formen in Abhängigkeit von der Druckverteilung
im Gletscherbett und an der Gletscherbasis verursacht. Die Zone liegt nicht direkt an der Gletscherfront, da dort die Scherfestigkeit des Gletscherbettes zu stark absinkt und Deformation am Eisrand zur
Entstehung von Moränen führt. Drumlins sollen ausschließlich unter aktivem (nichtstagnantem) warmbasalem Eis entstehen. Alternative Vorstellungen setzten
die Genese von Drumlins mit verstärkter subglazialer
Akkumulation von *lodgement till* an Gletscherbetthindernissen in Beziehung oder mit der Ablagerung von

subglazialem *melt-out till* in Bereichen erhöhten basalen Schmelzens. Grundlage anderer Theorien sind Unterschiede in den sedimentologischen Eigenschaften des subglazialen Lockermaterials, wobei Drumlins dabei ein eher erosiver genetischer Charakter zugesprochen wird.

Große Areale von Moränenmaterialablagerungen der großen pleistozänen Inlandeise vor allem in Nordamerika sind zu *streamlined moraines* (*drumlinoid ridges, drumlinized moraine surface*) mit einer ganzen Palette verwandter, eisbewegungsparalleler Formen umgestaltet worden. Die extrem lang gestreckten *megaflutes* mit ihren Längen von mindestens 100 m bei mindestens 5 m Höhe sind großdimensionale Verwandte der *glacial flutes* an Hochgebirgsgletschern. Eisbewegungsparallele „Lineationen" noch größeren Maßstabes sind sogar auf Satellitenbildern zu erkennen. Die Genese dieser Formen wird subglazialer Deformation (partiell in Verbindung mit Akkumulation) unter aktiven warmbasalen Gletschern zugeschrieben. Dies gilt auch für Rogenmoränen (*ribbed moraines*), benannt nach ihrer Typuslokalität, einem See in Schweden. Im Kontrast zu den oben beschriebenen Formen sind sie quer zur Eisbewegung angeordnet. Einige Theorien schreiben ihre Genese der Umformung von Drumlins nach einer Änderung der Eisbewegungsrichtung zu, andere primär subglazialer Deformation in Zonen niedrigerer Normaldruckes auf das Gletscherbett. Auffällig ist, dass Rogenmoränen immer in Zonen mit Drumlins überzugehen scheinen. Daneben werden die Akkumulationsgebiete der großen pleistozänen Inlandeise von Zeugnissen glazitektonischer Prozesse geprägt, bei denen häufig ein enger Bezug zwischen Akkumulations- und Erosionsform besteht und die unterschiedlichste Dimensionen beziehungsweise Morphologien zeigen können (Aber et al. 1989).

Oser, Kames und Sander als glazifluviale Akkumulationsformen

Oser (engl. *esker*; Wortursprung aus dem Schwedischen: *Ås* = Hügel) sind lang gestreckte, wallartige glazifluviale Akkumulationsformen. Sie entstehen durch subglaziale glazifluviale Akkumulation in subglazialen Schmelzwasserkanälen (R-Kanälen), gelegentlich auch in englazialen Schmelzwasserrinnen. Oser bestehen hauptsächlich aus grobkörnigen Sanden und Kiesen, aber auch aus Steinen und Blöcken. Alle Partikel sind gut zugerundet. An Osern kann ein Kern aus schlecht sortierten Sanden und Kiesen bei ansonsten typischer glazifluvialer Schichtung auftreten, doch sind ihre Sedimentstrukturen sehr variabel und eine Generalisierung schwer möglich. Ursachen sind das spezielle Sedimentationsmilieu und die Abflussverhältnisse in subglazialen Schmelzwasserkanälen (🗋 6).

Die größten Oser sind lang gestreckte, bahndammähnliche Wälle mit Längen von bis zu mehreren Zehner Kilometern bei variierender Breite und Höhe. Sie verlaufen häufig in vorhandenen Tiefenlinien oder besitzen am Ansatz beziehungsweise Ende einen Kontakt zu glazifluvialen Erosionsformen (zum Beispiel N-Kanälen). Infolge subglazialer Akkumulation und Abhängigkeit vom subglazialen Dränagemuster sind sie in ihrem Grundriss nur bedingt vom Relief des Gletscherbettes abhängig, da die Orientierung der Schmelzwasserkanäle neben der Eisbewegung vom Oberflächengradienten des Gletschers abhängt (🗋 6). Oser können daher Schwellen oder kleinere Höhenzüge queren. Letztgenanntes gilt vor allem für unter aktivem Eis entstandene Oser. Neben aus einem singulären Wall bestehenden, lang gestreckten Osern (*single ridge esker*) findet man auch verzweigte Oser (*braided esker*), welche selten länger als 1 km sind. Sie entstehen bevorzugt in Stagnant- oder Toteiskomplexen von Eiszerfallslandschaften und repräsentieren das komplexe, ehemalige Dränagemuster. Dort können auch *engorged esker* akkumuliert werden, die teilweise quer zur Eisbewegungsrichtung orientiert sind. Diese bilden sich in Schmelzwasserkanälen, welche ausschließlich dem subglazialen Relief folgen und Zuflüsse zum subglazialen Hauptabflusskanal darstellen. Unter aktivem Eis ist die Ausbildung solcher Seitenkanäle quer zur Eisbewegungsrichtung unwahrscheinlich. Unter anderem mit dem Einfluss des subglazialen Reliefs hängt es zusammen, dass großdimensionale Oser in Hochgebirgen selten sind (▸ 12.23). Die großen, weitgehend eisbewegungsparallel ausgebildeten Oser können zur Rekonstruktion der Eisbewegungsrichtung dienen.

▲ **12.23**

Os auf der Landzunge zwischen Øvre und Nedre Sjodalsvatn im östlichen Jotunheimen (Südnorwegen, Aufnahme: August 1998). Es stammt aus der Schlussphase der Deglaziation der letzten Vereisungsperiode und ist ein typischer Vertreter der kleineren Oser, die man in Hochgebirgen findet.

Im Gegensatz zu Osern entstehen Kames ausschließlich supraglazial auf der Gletscheroberfläche. Sie zeichnen sich durch eine unregelmäßige, bisweilen diffuse Morphologie aus. Die Höhenrücken werden im Regelfall bei unterschiedlicher Breite bis zu wenigen Hundert Metern lang. Die diffuse Morphologie ist Hauptunterscheidungskriterium zu Osern. Sie ist darauf zurückzuführen, dass bei supraglazialer glazifluvialer Akkumulation das Eis keine derart aktive Rolle in der Orientierung der Schmelzwasserkanäle spielt und der hohe hydrostatische Druck en- und subglazialer Schmelzwasserkanäle fehlt. Kames sind für Eiszerfalls- beziehungsweise Niedertaulandschaften typisch und entstehen hauptsächlich auf beziehungsweise im Kontakt zu Stagnant- und Toteis. Ihre Sedimente sind gut zugerundet und zeigen im Kontrast zu Osern primär eine typische glazifluviale Schrägschichtung, die allerdings nachträglich durch Sackung infolge Abtauens des unterlagernden Eises modifiziert oder gar zerstört werden kann. Die Existenz von Toteisblöcken

innerhalb der Kames ist typisch und für die diffuse Morphologie mitverantwortlich. Toteishohlformen an der Kamesoberfläche sind keine Seltenheit. Die glazifluvialen Sedimente von Kames sind feinkörniger als diejenigen von Osern. Dadurch ist eine Unterscheidung zu proglazial ohne Eiskontakt gebildeten glazifluvialen Akkumulationsformen und Sedimenten bisweilen schwierig.

Findet im Bereich eines lateral-marginalen Schmelzwasserflusses am Kontakt zwischen Talflanke und Gletscher (eventuell in Stagnant- oder gar Toteiskomplexen) glazifluviale Sedimentation statt, bezeichnet man die terrassenartigen Ablagerungen als Kameterrassen (▶ 12.24). Sedimentologisch sind sie mit Kames identisch, treten im Gegensatz zu ihnen aber fast ausschließlich in Hochgebirgen und den inneren Zentralbereichen der großen pleistozänen Inlandeise auf. Bisweilen bezeichnet man auch glazilimnische Terrassen (▶ 12.25) als Kameterrassen, was nicht ganz korrekt ist. Glazilimnische Terrassen entstehen im Bereich von Eisstauseen, wenn Eis die normale Dränage blockiert. Glazifluviale Kameterrassen unterscheiden sich sedimentologisch von glazilimnischen Terrassen,

▼ 12.24
Kameterrassen aus der letzten Vereisungsperiode am nördlichen Ende des Lake Pukaki auf der Ostseite der Southern Alps (Neuseeland, Aufnahme: August 2004).

▲ 12.25
Glazilimnische Terrassen des ehemaligen Glacial Lake Kamloops, der während der letzten glazialen Deglaziation im südlichen zentralen British Columbia (Kanada, Aufnahmen: September 1999) bei Kamloops vorübergehend existierte. Die horizontale Oberfläche und die Feinkörnigkeit beziehungsweise Schichtung der Sedimente (Silt dominiert) unterscheidet sie von Kameterrassen.

welche eine horizontale Schichtung und einen dominierenden Anteil von Silt an den feinkörnigeren Sedimenten besitzen. Ebenso fehlt Letztgenannten das leichte Gefälle der Terrassenoberfläche, die bei Kameterrassen auf das Gefälle des Schmelzwasserflusses ausgerichtet ist. Glazilimnische Terrassen repräsentieren die Strandlinie von kurz- oder langlebigen Eisstauseen, wie sie in der Schlussphase der Deglaziation häufig aufgetreten sind. Die regional in Zentralnorwegen ausgebildeten „sete"-Terrassen (norwegisch *seter* = Alm) sind solche glazilimnischen Terrassen beziehungsweise Strandlinien und keine Kameterrassen. Kleindimensionale Kames können im Hochgebirge an Lateralmoränen alpinen Typs distal im Bereich des *ablation valley* beziehungsweise proximal an der Innenseite des Lateralmoränenwalles im Kontakt zum eingesunkenen Gletscher entstehen.

Der Ausdruck Sander stammt vom isländischen Wort „sanður" und bezeichnet eine hauptsächlich aus Sand bestehende, proglaziale glazifluviale Akkumulationsfläche. Auf Island steht der Begriff für die weitläufigen Schwemmebenen zwischen den großen Plateaugletschern und dem Meer, geprägt unter anderem durch *jökulhlaups* (🗐 6). Es existieren unterschiedliche Typen von Sandern. In Hochgebirgen bilden sich, durch das Relief vorgegeben und ohne eigenständige morphologische Charakteristik, die Talsander (*valley trains*). Speziell im Fall während der Deglaziation pleistozäner Eisstromnetze angelegter Talsander spricht man aufgrund deren Mächtigkeit von Talverfüllungen (▶ 12.26). Außer der postglazialen Weiterbildung durch holozäne glazifluviale Sedimentation erfolgt zusätzlich durch fluviale Akkumulation oder Massenbewegungsprozesse ihre Weiterbildung. Die typische flache Talsohle wird durch seitliche Schwemmfächer oder Hangschuttkegel in ihrer Charakteristik nicht wesentlich verändert. Bei aktiven Tal-

sandern lässt sich die typische Ausbildung der *braided-river*-Struktur der Schmelzwasserkanäle mit sich häufig verlagernden, verzweigten Einzelkanälen erkennen (▶ 12.27). Man untergliedert sie in eine „proximale Zone" am Ansatz (Gletschertor, Schmelzwasserdurchbruch durch Endmoränen) mit einheitlichem, eingeschnittenem Schmelzwasserkanal, eine „mediale Zone" mit typischem *braided river* und eine „distale Zone" sich wieder vereinigender Kanäle und abnehmender Breite.

Großflächige Sander entstanden an den Eisrändern der mächtigen Inlandeise oder Vorlandgletscher. Die Korngröße der sortierten und zumeist typische glazifluviale Schrägschichtung aufweisenden Sedimente wird im Wesentlichen von den Faktoren Fließgeschwindigkeit, Schmelzwasserabfluss, Transportdistanz der Sedimente und deren Ausgangsmaterial bestimmt. Die Sander im Norddeutschen Tiefland bestehen aus Sanden und Kiesen, das Material der analogen Formen im Alpenvorland ist aufgrund kürzerer Transportdistanz und gröberen Ausgangsmaterials dagegen weniger feinkörnig. Daher verwendet man dort die Ausdrücke Schotterfläche und Schotterebene. Können Sander als separate Einzelformen identifiziert werden und befindet sich ihr Ansatz zentral an einer ehemaligen Austrittsstelle des Schmelzwassers am Rand des Inlandeises, spricht man von Kegelsandern (*outwash fans*). Sie entsprechen sehr flachen Schwemmfächern. Vereinigen sich einzelne Sander zu großflächigen Formen, entstehen Flächensander (*outwash plains, sandur*) oder – unspezifisch

▲ 12.26

Das untere Hooker Valley auf der Ostseite der Southern Alps (Neuseeland, Aufnahme: März 2008). Der scharfe Knick an der Basis der Talhänge und der flache Talboden deuten auf die mächtige Talverfüllung hin, die hauptsächlich aus glazifluvialen Sedimenten der letzten Vereisungsperiode besteht. Links im Vordergrund sind holozäne Moränen des Mueller Glacier zu erkennen, im rechten Bildhintergrund Kameterrassen.

ausgedrückt – Sanderflächen. Auch Flachsander ist als Terminus in Gebrauch. Bortensander sind dagegen kleinere lokale Formen, welche bei stärker geneigter Oberfläche eine Art Saum um den ehemaligen Eisrand bilden (Kuhle 1991). Sie können vorhandene Endmoränen distal oder sogar komplett überlagern, da das

Schmelzwasser hier überwiegend von der Gletscheroberfläche abgeflossen ist und direkt am Eisrand die glazifluviale Sedimentation eingesetzt hat. Für diesen Sandertyp kann auch der Ausdruck „Hochsander" verwendet werden. Saumsander umgeben dagegen zwar ebenfalls den Eisrand, als Flachsander überlagern sie jedoch nicht bestehende Endmoränen. Der Ansatz eines Sanders kann generell über dem Niveau der Gletscherbasis liegen, da subglaziales Schmelzwasser unter einem hohen hydrostatischen Druck steht.

Die klassische Vorstellung, jeder Sander stünde genau zu einer Eisrandlage in Beziehung, gilt heute als

▲ **12.27**

Fåbergstølsgrandane (Jostedalen, westliches Südnorwegen; Aufnahme: August 2004), der größte aktive Talsander auf dem europäischen Festland. Im Bildhintergrund ist der Stegholtbre zu erkennen.

widerlegt. Sander können während mehrerer aufeinanderfolgender Eisrandlagen aktiv gewesen sein. Einige Sander sind in ihren Ansatzbereichen von Gletschern überfahren und deformiert worden. Toteishohlformen, resultierend aus dem sukzessiven Abschmelzen von mit glazifluvialen Sedimenten überdeckten Toteisblöcken, treten besonders im direkten Kontaktbereich zum Eisrand auf. Als Resultat kann der Ansatz jener Sander einer klassischen Eiszerfallslandschaft gleichen. Sander werden bisweilen durch jüngere Sanderformen zerschnitten, wenn sich beispielsweise durch Rückzug des Eises das Höhenniveau der Schmelzwas-

seraustrittsstelle verringert. Dann kann das Schmelzwasser nicht nur eine vorhandene Endmoräne durchbrechen, sondern sich auch in die auf höherem Niveau liegenden älteren Sanderablagerungen einschneiden. Die so entstandenen, sich später zum jüngeren kegelförmigen Sander aufweitenden Täler am Ansatz älterer Sander bezeichnet man regional als Trompetentälchen. Durch eine schrittweise Eintiefung kann eine

▲ 12.28
Blick vom Hauptkamm der Southern Alps (Neuseeland, Aufnahme: März 2007) nach Südosten auf die holozänen Gletschervorfelder und proglazialen Seen von Hooker beziehungsweise Mueller Glacier bis zum Lake Pukaki und vorgelagerte letztglaziale Moränenzüge. Der Lake Pukaki kann von Lage und Entstehung her mit den Zungenbeckenseen
des bayerischen Alpenvorlandes verglichen werden. Somit umfasst der Bildausschnitt den gesamten, von der ehemaligen Vorlandvergletscherung betroffenen Bereich vom Akkumulationsgebiet im Zentrum des Gebirges bis zur maximalen Eisrandlage. Die Talverfüllung der Gebirgstäler ist wie das aktive in den See mündende Delta gut zu erkennen.
Die Sedimentationsraten sind auch aktuell noch sehr hoch. Die zu erkennende Konfiguration der glazialen Formen könnte man auch als „glaziale Serie" bezeichnen.

terrassenartige Abfolge entstehen, wie zum Beispiel im nördlichen Alpenvorland. Den oft eine vergleichs-weise große Neigung aufweisenden Ansatz der Schot-terflächen im Alpenvorland bezeichnet man als Über-gangskegel.

Die Grundmoräne

Der Ausdruck „Grundmoräne" sollte synonym zu *ground moraine* ausschließlich morphologisch ver-wendet werden, das heißt als Terminus für verhältnis-mäßig ebene und mächtige Ablagerungen von Morä-nenmaterial (*till plain*, ▶ 12.29). Endmoränen treten in diesem Zusammenhang nicht auf, wohl aber subgla-ziale Akkumulationsformen wie Drumlins. Der mor-phologische Charakter eines Flachreliefs wird dadurch nicht grundsätzlich verändert. Sedimentologisch soll-te allerdings nicht von einer Grundmoräne gespro-

chen werden (🗋 10), auch wenn sie beispielsweise wie in Norddeutschland tatsächlich großflächig aus sub-glazialem Moränenmaterial besteht. Das ist aber nicht zwingend der Fall, da größere Areale auch von gla-zifluvialen oder glazilimnischen Sedimenten der Eis-zerfallslandschaften bedeckt sein können. Bei Auftre-ten supraglazialen Debris kann ferner das subglaziale Moränenmaterial von einer Lage supraglazialen Mo-ränenmaterials überdeckt sein, welches sich beim Nie-dertauen des Eises über dem subglazialen Moränen-material abgelagert hat.

Da unter Grundmoränen hauptsächlich mächtige Moränenmaterialablagerungen der Akkumulations-gebiete pleistozäner Inlandeise oder Vorlandgletscher verstanden werden, ist die Anwendung des Ausdru-ckes im Hochgebirge nicht optimal. Als Alternative wäre zum Beispiel der Begriff „*cover moraine*" mög-lich, definiert als morphologisch weitgehend unstruk-turierte, geringmächtige Moränenmaterialdecke auf

Die „glaziale Serie" als didaktisches Konzept

Glaziale Einzelformen treten im Regelfall nicht in zufälliger Verteilung auf, sondern vergesellschaftet mit anderen glazialen beziehungsweise glazifluvialen Formen. Sie bilden spezifische glaziale Formengesellschaften [▶ 12.28]. Jene werden in der Konfiguration ihrer Einzelformen und dem Auftreten durch mehrere Faktoren determiniert. Das Resultat ist eine nicht zufällige, bisweilen sogar fast regelhafte Verteilung der Einzelformen. Ein klassisches Beispiel ist die Zonierung glazialer Erosions- und Akkumulationsformen in Abhängigkeit von den thermalen Verhältnissen der Gletscherbasis oder der durch Eismächtigkeit und Eisbewegung bestimmten Scherspannung (Embleton & King 1975, Sugden & John 1976). Andere glaziale Formengesellschaften sind primär chronologisch geprägt, das heißt, die Einzelformen weisen eine starke Kopplung an die glaziale Dynamik der Gletscherfront auf. Durch diese Abhängigkeiten eignen sich glaziale Formengesellschaften sowohl zur chronologisch-dynamischen Rekonstruktion des Gletscherverhaltens als auch zur Beurteilung der basalen thermalen Verhältnisse ehemaliger Eisschilde.

Die „glaziale Serie" ist ein didaktisches Konzept einer glazialen Formengesellschaft, welches zum Verständnis des chronologischen und genetisch-räumlichen Zusammenhanges zwischen den während einer Eisrandposition entstandenen glazialen und glazifluvialen Einzelformen von Penck & Brückner [1909] entwickelt wurde. Das nur im Gebiet des ehemaligen Nordischen Inlandeises in Norddeutschland und im nördlichen Alpenvorland Anwendung findende Konzept ist ein theoretisches Schema, das eine idealtypische Konfiguration

zeigt. In der Realität ist es so kaum zu finden. Neben lokalen Besonderheiten, zum Beispiel dem präexistenten Ausgangsrelief, ist die glaziale Dynamik der Gletscher durch ständige Veränderung der Gletscherfront innerhalb einer Vereisungsperiode dafür verantwortlich, das für mehrere unterschiedliche Eisrandpositionen zugehörige „glaziale Serien" ausgebildet wurden. Da Sander nicht nur während einer Eisrandlage aktiv gewesen sein können, entziehen sie sich im Extremfall jedweder Zuordnung zu chronologisch festlegbaren Eisrandpositionen. In vielen deutschsprachigen Geomorphologie-Lehrbüchern wird noch heute die Behandlung der Glazialmorphologie einseitig auf die „glaziale Serie" fokussiert. Als Folge werden deskriptive Gesichtspunkte zu stark in den Vordergrund gestellt, genetische beziehungsweise prozessuale Aspekte dagegen vernachlässigt. Dies sollte eigentlich vermieden werden, da nicht zu Unrecht die glaziale Serie international unbekannt ist.

Die glaziale Serie wird stets vom Eisrand aus betrachtet. Allerdings ist ihr erstes Formenelement, die Grundmoräne, subglazialen Ursprunges. Im Alpenvorland nimmt diese Grundmoräne die durch glaziale Erosion in Lockermaterial entstandene flache Depression des Zungenbeckens ein [Louis & Fischer 1979]. Jenes spiegelt im Grundriss im Wesentlichen den Grundriss der Gletscherlobe des Vorlandgletschers wider. Die Gletscherloben der Vorlandgletscher gliederten sich im Verlauf des Eisrückzuges von der äußersten Eisrandposition im Würm-Glazial in kleinere, aktive Einzelloben auf. Während späterer, kurzer Wiedervorstöße entstanden innerhalb der ursprünglichen Form jüngere Zungenbecken. Diese „Zweigbecken" der aktiven

separaten Gletscherteile gehen vom zentralen „Stammbecken" des Hauptgletschers aus. In der Grundmoräne befinden sich auch Drumlinfelder, häufig auf dem zur Endmoräne hin ansteigenden Gelände am Außenrand des Zungenbeckens. Die Endmoräne zeichnet die Außengrenze des Gletschers während der chronologisch einzuordnenden Eisrandlage der glazialen Serie nach. Nähere genetische Aussagen zum Typ der Endmoräne gibt es bei diesem Konzept nicht. Der Endmoräne vorgelagert sind Sanderflächen (Norddeutschland) oder Schotterfelder (Alpenvorland). Das letzte Element der glazialen Serie ist der gesammelte Schmelzwasserabfluss, im nördlichen Alpenvorland das präexistente und nichtglazifluviale Donautal. In Norddeutschland bildeten sich dagegen als glazifluviale Formen Urstromtäler. Sie verlaufen als breite und flache Täler parallel zum ehemaligen Eisrand des Nordischen Inlandeises und entwässerten in das damals in seinem Südteil noch landfeste Nordseebecken. Im Gegensatz zum Alpenvorland war die Bildung der Urstromtäler in Norddeutschland eine Notwendigkeit, weil die dem Ausgangsrelief folgende, präglaziale Entwässerung durch das Inlandeis blockiert war. Es existieren mehrere Urstromtäler, da sich mit dem sukzessiven Rückzug des Eises das proglaziale Dränagemuster ständig änderte; das jeweils „aktive" Urstromtal lag dem Eisrand am nächsten.

Festgestein, welches sich in seinen Strukturen noch im Oberflächenrelief durchpausen kann. Im Fall von *cover moraines* („Deckenmoränen") rechnet man mit Mächtigkeiten des Moränenmaterials von wenigen Metern. Bei Grundmoränen beträgt dagegen die Mächtigkeit des Moränenmaterials und assoziierter glazialer Sedimente viele Dekameter und mehr. Probleme in der Abgrenzung der Grundmoräne existieren im Fall von Eiszerfallslandschaften und der dieser speziellen Formengesellschaft zuzurechnenden kuppigen Grundmoräne (*hummocky moraine*).

▶ **12.29**

Die extrem ebenen Plains bei Davidson [Saskatchewan, Kanada; Aufnahme: September 2002] sind von mächtigen Moränenmaterialablagerungen beziehungsweise glazilimnischen und glazifluvialen Sedimenten bedeckt. Sie entsprechen der morphologischen Grundmoräne.

Eiszerfallslandschaften

Der durch das Konzept der glazialen Serie vermittelte Eindruck, die pleistozänen Inlandeise und Vorlandgletscher seien während der Rückzugsphase von den äußersten Eisrandlagen bis zur endgültigen Deglaziation aktiv gewesen, täuscht. Tatsächlich traf dies normalerweise nur für die erste Phase des Rückzuges unmittelbar nach dem Maximalstand zu. Besonders in späteren Zeitabschnitten der Deglaziation wurden große Teile der marginalen Gletscherbereiche stagnant und anschließend zu Toteis. Parallel ging der horizontale Eisrückzug in ein inaktives, vertikales Niedertauen großer Eismassen über. Dieser vertikale Abschmelzmechanismus führte zur Entstehung eines typischen Reliefs, der Niedertau- oder Eiszerfallslandschaft (*ice disintegration features, kame-and-kettle topography*). Ihre Gestaltung und charakteristischen Einzelformen können auf wenige Einflussfaktoren zurückgeführt werden. Durch große Mengen anfallenden Schmelzwassers ist der glazifluviale Einfluss sehr stark. Glazifluviale Sedimente und Formen, vor allem Kames, nehmen folglich große Flächen ein. Wurde die präglaziale Dränage durch Reste des Inlandeises beziehungsweise gegenläufiges Gefälle blockiert, bildeten sich große Eisstauseen. Ihre glazilimnischen Sedimente schufen sehr weitläufige, ebene Flächen. Speziell in Nordamerika, im Bereich der Great Plains, entstanden während der Deglaziation riesige proglaziale Eisstauseen, deren Sedimente für das extreme Flachrelief verantwortlich sind. Da das Eis trotz seiner Größe inaktiv war, fehlen in Eiszerfallslandschaften typischerweise Endmoränen und die nur unter aktivem Eis sich bildenden subglazialen Formenelemente wie zum Beispiel Drumlins. Zuvor gebildete Formen werden im Zuge des Niedertauens zerstört oder von jüngeren Sedimenten überdeckt.

Morphologisch prägend für Eiszerfallslandschaften ist das sukzessive Niedertauen von mit glazialen oder glazifluvialen Sedimenten überdecktem Stagnant- und Toteis. Endresultat ist eine scheinbar chaotische, unstrukturierte Oberflächenmorphologie und -topographie. Toteishohlformen, die durch das Niedertauen von Toteis im Untergrund entstanden sind, besitzen in Abhängigkeit von der Größe der Eiskomplexe sehr unterschiedliche Dimensionen. Kleindimensional mit Durchmessern von einigen Metern bis maximal wenigen Zehner Metern treten Sölle (*kettle holes*) auf, die als Tümpel oder verlandete Vernässungsstellen in großer Anzahl überall in der Landschaft zu finden sind (▶ 12.30). Größere Toteiskomplexe stellen meist die Grundlage der zahlreichen Seen der Jungmoränenlandschaft dar und sind in Grundriss wie Tiefe sehr variabel. Kennzeichen für Eiszerfallslandschaften ist ein durch das sukzessive Niedertauen der Toteiskomplexe wenig entwickeltes Flussnetz mit zahlreichen abflusslosen Hohlformen.

Nach heutigen Erkenntnissen muss man auch die kuppige Grundmoräne (*hummocky moraine*) mit Eiszerfallslandschaften in Beziehung setzen. Im Relief, das verglichen mit der Grundmoräne deutlicher ausgeprägt ist, zeigen die Höhenzüge der kuppigen Grundmoräne überwiegend sehr unterschiedliche Orientierungen. Es gibt keine erkennbare Beziehung zur Ausrichtung des ehemaligen Eisrandes oder der Eisbewegungsrichtung. Eine hohe Zahl von Seen deutet darauf hin, dass größere Toteiskomplexe im Untergrund durch ihr sukzessives Niedertauen das Relief wesentlich mitgestaltet haben. Genetisch besteht so eine enge Beziehung zu *ablation moraines*. Ihre proximale Position zu größeren Endmoränenzügen unterstützt diese Interpretation. Es ist gut vorstellbar, dass sich ein Gletscherlobus nach Ende eines Vorstoßes (eventuell eines *glacier surge*) mit Moränenformation nicht „aktiv" durch horizontalen Rückzug der Gletscherfront zurückzieht, sondern dass er durch Abgliederung größerer Stagnanteismassen an der Gletscherzunge „zerfällt". Diese werden wiederum von Sedimenten überdeckt und verursachen durch ihr sukzessives Niedertauen die typische Morphologie der kuppigen Grundmoräne.

▼ 12.30

Kleines Soll bei Weyburn (Saskatchewan, Kanada; Aufnahme: September 2002). Die meist kleinen und unspektakulären Sölle treten in großer Anzahl in Grundmoränen beziehungsweise kuppigen Grundmoränen der letzten Vereisungsperioden auf – auch in Norddeutschland. Dort sind die meisten Formen jedoch inzwischen künstlich verfüllt oder verlandet.

Ablagerungen im glazilimnischen und glazimarinen Milieu

Das aquatische glaziale Sedimentationsmilieu darf in seiner Bedeutung nicht unterschätzt werden. Schließlich besitzen aktuell die großen polaren Eisschilde lange kalbende Gletscherfronten mit einzelnen gründigen Frontabschnitten. Der Eisrückzug des Nordischen Inlandeises während der Deglaziation vollzog sich sowohl auf dessen Westseite an der norwegischen Küste als auch im Ostseeraum überwiegend im glazimarinen oder glazilimnischen Formungsmilieu. Charakteristische Akkumulationsformen entstanden im Laufe dieses Rückzuges – in der west- und nordnorwegischen Fjordregion beispielweise die Eiskontaktdeltas

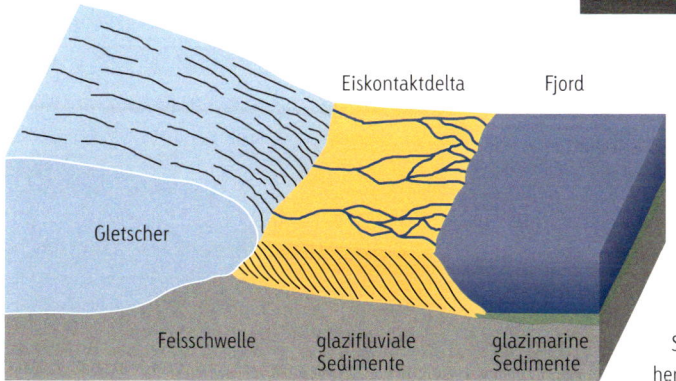

▲ 12.31

Bildung eines Eiskontaktsdeltas und Aufschluss in einem Eiskontaktdelta in Sylte (Valldal, westliches Südnorwegen; Aufnahme: August 1989). Die Gletscherfront lag bei der Aufschüttung des Deltas links vom Bildausschnitt (vergleichbar der Grafik). Die ehemalige Meeresoberfläche wird durch die Oberkante des ehemaligen Deltas angezeigt und lag während der Deglaziation deutlich höher als heute. Damals hatte die glaziisostatische Landhebung nach der Entlastung durch Abschmelzen des Eises noch nicht eingesetzt. Eiskontaktdeltas sind in diesem glazialen Erosionsgebiet begehrte Kies- und Sandlieferanten für die Bauindustrie, sodass der auf dem Bild aus dem August 1989 zu sehende Teil des Deltas inzwischen zu großen Teilen abgetragen wurde.

(*ice-marginal deltas*). Die Outletgletscher des Inlandeises zogen sich über den tiefen Fjordbecken glazialdynamisch sehr schnell zurück, um anschließend im Bereich von Fjordschwellen oder Talmündungsstufen von Seitentälern zeitweise wieder gründig zu werden (▶ 5.8). Während des glazialdynamisch (nicht primär klimatisch!) bedingten Stillstandes der Gletscherfront wurden große Mengen glazifluvialen Sedimentes unmittelbar an der Gletscherfront in Form eines Deltas akkumuliert. Das gut sortierte glazifluviale Sediment der Eiskontaktdeltas zeigt eine typische Schrägschichtung (▶ 12.31). Im Vergleich zu „normalen" Deltas fehlen zumeist die horizontalen *topset beds* an der Deltaoberfläche. Diese repräsentiert den Meeresspiegel zum Zeitpunkt der Entstehung, sodass Eiskontaktdeltas zu dessen Rekonstruktion und zur Ausweisung des marinen Limits verwendet werden können. Manche Eiskontaktdeltas wurden während leichter Wiedervorstöße überfahren, doch wurden sie im Regelfall während der Stillstandsphase abgelagert, in der nach Phasen schneller Kalbung das steile Profil der Gletscherfront sich wieder einer normalen (flacheren) Geometrie anpassen musste.

Eiskontaktdeltas entstehen auch an Gletscherfronten in einem Binnensee. Die am südlichen und südöstlichen Eisrand des Nordischen Inlandeises im Kontakt zu den marinen oder limnischen Vorläufern der Ostsee während der Deglaziation entstandenen Deltamoränen (*delta moraines*, bisweilen wird synonym von „Kamemoränen" gesprochen) sind prinzipiell ebenfalls Eiskontaktdeltas. Große Abschnitte der dort während des Wiedervorstoßes der Jüngeren Dryas (⌷ 13) entstandenen „Endmoränen" (Deltamoränen) sind deformierte beziehungsweise überformte Eiskontaktdeltas. Während im vergleichsweise seichten Wasser Deltamoränen entstanden sind, fehlt bei an Gletscherfronten in tiefem Wasser bei partieller Kalbung und/oder stark wechselnden Schmelzwasseraustrittsstellen entstandenen Formen die typische ebene Deltaoberfläche. Es handelt sich quasi um subaquatische glazifluviale Schwemmfächer, welche zusammenwuchsen und heute den Grundriss des Eisrandes nachzeichnen. Sie wurden ebenfalls im Eiskontakt leicht deformiert oder eventuell überfahren.

Endet eine weitgehend gründige Eisfront im Meer oder einem Binnensee, können De-Geer-Moränen (*washboard moraines, cross-valley moraines*) aufgepresst werden. Trotz einiger abweichender Ansichten werden sie als annuelle beziehungsweise saisonale Endmoränen im glazimarinen und glazilimnischen Milieu definiert. Sie entsprechen den terrestrischen Wintermoränen. Unterschiedliche Modelle zur Genese von De-Geer-Moränen sind entwickelt worden (Bennett & Glasser 1996), wobei sich die Theorien nicht gegenseitig ausschließen müssen. Unterschiedliche Prozesse können im Ergebnis zur Entstehung der Moränen führen. In ihrer Anordnung quer zur Eisbewegungsrichtung folgen sie dem ehemaligen Eisrand beziehungsweise der *grounding line*. An der Gletscherfront akkumulierter subglazialer Debris oder glazifluviales Sediment kann im Zuge des Abkalbens von großen Eisbergen zu einem Moränenwall aufgepresst werden. Ihr saisonaler Charakter wird mit Veränderungen des Seespiegels beziehungsweise der Eisgeschwindigkeit und damit der Kalbungsrate begründet. Ein anderes Modell sieht De-Geer-Moränen als während saisonaler Vorstöße der Gletscherfront beziehungsweise bei Positionsveränderung der *grounding line* deformierte Sedimente an der Gletscherbasis. Auch die Aufpressung ausgeschmolzenen Debris wird in Betracht gezogen. Der Wintervorstoß der Gletscherfront beziehungsweise der *grounding line* verursacht in beiden Fällen den saisonalen Charakter. In einer abweichenden Theorie sorgen Scherungsflächen gletscherwärts der *grounding line* für die Entstehung der Moränen. Dabei ist jedoch kein saisonaler Charakter und zwingender Bezug der Position zur Eisfront auszuweisen, was unwahrscheinlich wirkt.

13

Kurzer Abriss der holozänen Gletscherchronologie

Deglaziation, Jüngere Dryas und Altholozän

Der Faktor „Zeit" tritt in mehrfacher Hinsicht und unter unterschiedlichen Aspekten beim Studium der Gletscher in Erscheinung. Die Dauer einer Vereisung und ihr wiederholtes Auftreten sind mitentscheidend für die Gestaltung des Reliefs. Die heutigen Gletscher unterliegen einer steten Anpassung an die sich permanent ändernden klimatischen Rahmenbedingungen. Beständige Veränderung ihrer Masse, Fläche und Frontposition sind die Folge und gleichzeitig ihr Charakteristikum. Eine enge Verzahnung zwischen zeitlicher Dynamik der Gletscher und glazialmorphologischen Formen lässt es sinnvoll erscheinen, die bisherigen Ausführungen mit einem kurzen Überblick über die Chronologie der Hochge-

birgsgletscher seit dem Ende der letzten Eiszeit abzurunden. Die morphologischen Zeugnisse ihrer Dynamik sind nicht nur in den Gletschervorfeldern leicht erkennbar (▸ 13.1), die Entwicklung der Gletscher in den letzten Jahrhunderten und Jahrtausenden verdeutlicht die bislang primär theoretisch aufgezeigte Beziehung zwischen Gletschern und dem Klima.

Die jüngste und bis heute andauernde erdgeschichtliche Epoche, das Holozän, begann um 11 500 cal. a BP (= Kalenderjahren vor heute). Zu diesem Zeitpunkt endete die Jüngere Dryas – die Chronozone, die den Schlusspunkt der jüngsten Vereisungsperiode (Weichsel-Würm-Glazial) darstellt. In der mehr als 1 000 Jahre andauernden Jüngeren Dryas wurde die Deglaziation am Ende des Spätglazials nochmals nachhaltig unterbrochen. Unter fast hochglazialen Bedingungen kam es in den Regionen um den

▲ **13.1**

Gletschervorfeld des Vernagtferner (Ötztaler Alpen, Aufnahme: Juli 2007). Die aktuelle Gletscherfront liegt rechts außerhalb des Bildausschnittes, die ehemalige Gletschergrenze während der „Kleinen Eiszeit" ist aber an den Lateralmoränen noch sehr gut zu erkennen. Aus dem Tal in der Bildmitte kommend floss der Guslarferner während der „Kleinen Eiszeit" noch bis Ende des 19. Jahrhunderts mit dem Vernagtferner zusammen. Vereinigt stießen sie bis ins links des Bildausschnittes liegende Rofental vor, wo die Gletscherzunge kurzzeitig einen Eisstausee aufdämmte. Dessen Ausbrüche sind gut dokumentiert und Grundlage der vergleichsweise genauen Chronologie für diesen Gletscher.

Nordatlantik zu erneuten, teils kräftigen Wiedervorstößen der Gletscher, ebenso in den Europäischen Alpen (Egesen-Stand). Dabei stießen nicht nur die zuvor in ihrer Ausdehnung bereits kräftig reduzierten großen Eisschilde und Eisstromnetze vor, sondern es bildeten sich während der Jüngeren Dryas neue, individuelle Gletscher – entweder in Hochgebirgen oberhalb der Relikte jener Eismassen oder in den Bereichen außerhalb der pleistozänen Eisschilde.

Die per Konvention starr festgelegte stratigraphische Grenze des Holozäns stellt also nicht gleichzeitig den Beginn der holozänen Gletscherchronologie dar. Die finale Deglaziation, das heißt das komplette Abschmelzen der letzten Reste der eiszeitlichen Eis-

stromnetze und Inlandeise, war zu diesem Zeitpunkt noch nicht vollständig abgeschlossen. So bestimmten noch einige Jahrhunderte lang hauptsächlich die Reste eiszeitlicher Eismassen die glaziale Dynamik. Über weite Zeitabschnitte war die Deglaziation nicht durch einen frontalen Rückzug aktiver Eismassen gekennzeichnet, sondern in vielen Regionen durch ein vertikales Niedertauen von stagnanten Eismassen oder Toteis. In einigen Gebirgsregionen verharrten so in den tief eingeschnittenen Tälern im frühen Holozän die letzten, durchaus noch mächtigen Reste der Eisstromnetze und Eisströme der Inlandeise in passiver Weise, während sich oberhalb in den Gipfelregionen individuelle, aktive Gletscher entwickelten. Nur diese sind als erste holozäne Gletscher und Vorgänger der heutigen Gletscher anzusehen, nicht die Relikte eiszeitlicher Eismassen.

Der erste gesicherte Nachweis von Vorstößen dieser individuellen, holozänen Gletscher muss als eigentlicher Beginn der holozänen Gletscherchronologie angesehen werden. In den Schweizer Alpen ist dies beispielsweise der auf etwa 10 500 cal. a BP datierte Palü-Vorstoß (Furrer 2001), im Gebiet des Jostedalsbre das auf ungefähr den gleichen Zeitpunkt datierte Jøndal-II-*event* (Lukas 2007). Beide Ereignisse sind ein Teil der *Preboreal Oscillation*, einer in grönländischen Eisbohrkernen feststellbaren markanten Klimaänderung, die auf den Ausfluss großer Schmelzwassermassen in den Atlantik zurückgeführt wird. Die morphologischen Zeugnisse dieser altholozänen Vorstöße in Form von Moränen sind nur an vergleichsweise wenigen Gletschern erhalten und liegen meist nicht weit außerhalb der Moränen jüngerer holozäner Hochstände (vor allem der „Kleinen Eiszeit"). Im Altholozän ereigneten sich mehrere solcher kurzen Vorstoßphasen der neu gebildeten holozänen Gletscher wie etwa das zweiphasige Erdalen-*event* in Südnorwegen (10 100 – 9 700 cal. a BP, Nesje et al. 2008a). Trotz

des Problems, dass die im Zuge der altholozänen Vorstöße entstandenen morphologischen Zeugnisse während nachfolgender jüngerer holozäner Hochstände häufig zerstört wurden, kann man gesichert davon ausgehen, dass in vielen Hochgebirgsregionen nach Abschluss der finalen Deglaziation oder bereits in deren Endphase ein oder mehrere altholozäne Gletscherhochstände die Neubildung individueller Hochgebirgsgletscher markieren (▶ 13.2). Dies deutet nicht zuletzt auf relativ instabile klimatische Rahmenbedingungen im Altholozän hin. Die Suche nach den Ursachen für diese Variabilität muss einen Faktor einschließen, der beim markanten „8 200 cal. a BP-*event*" als hauptverantwortlich gilt: katastrophale Schmelzwasserausbrüche.

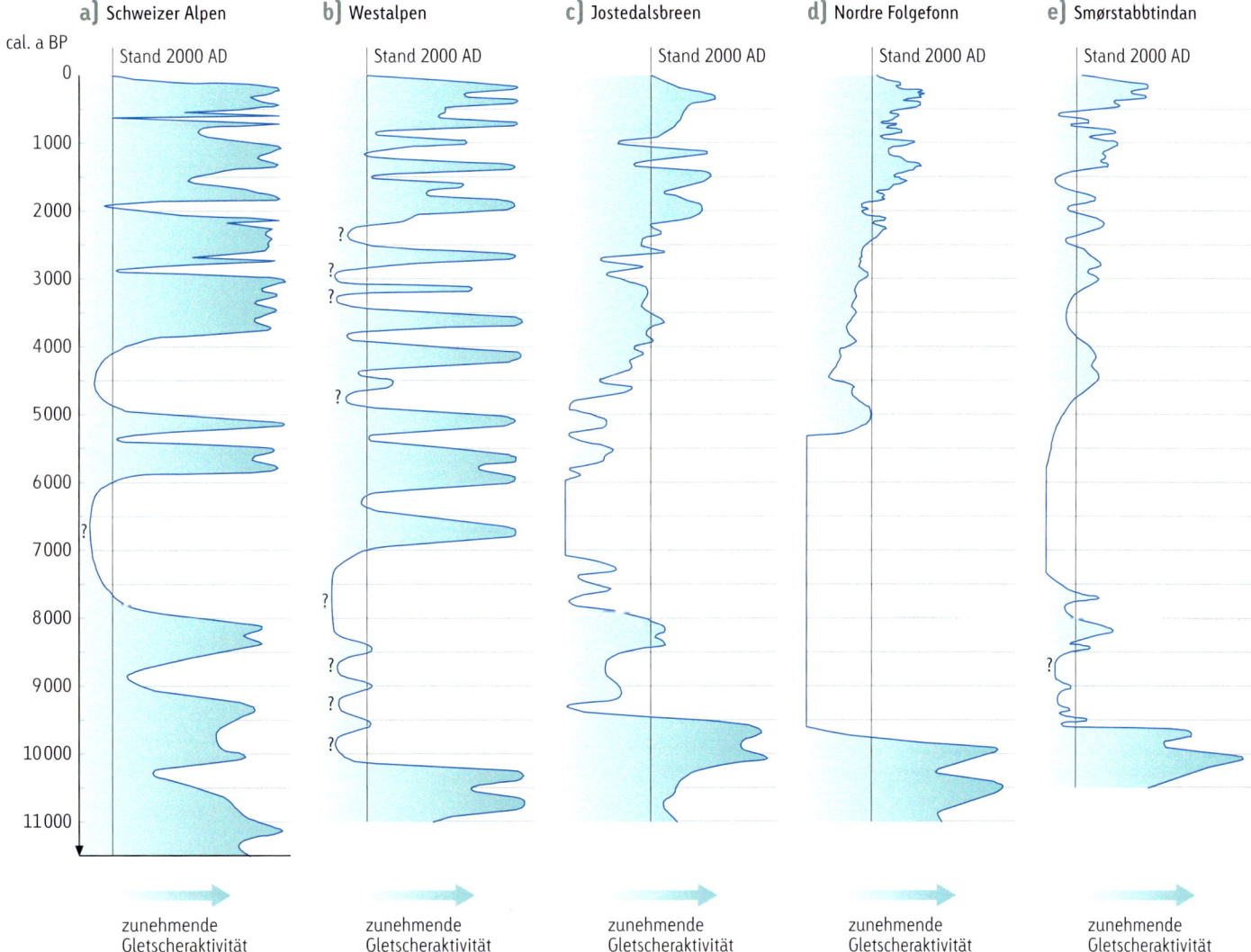

▲ 13.2

Vergleich von holozänen Gletscherchronologien aus dem Alpenraum (a und b), dem westlichen Südnorwegen (c und d) und dem zentralen Südnorwegen (e). Der Gletscherstand des Jahres 2000 AD (= Anno Domini, also nach Christus) soll als Vergleichsmaßstab dienen. Die Magnitude der Gletscheraktivität beziehungsweise der Hochstände für die einzelnen Regionen ist schematisch und nicht in einem vergleichbaren Maßstab dargestellt (verändert nach (a) Holzhauser & Zumbühl 1999, (b) Furrer 2001, (c) Nesje et al. 2001, (d) Bakke et al. 2005, (e) Matthews & Dresser 2008).

Das „8 200 cal. a BP-*event*"

Das „8 200 cal. a BP-*event*", das zuerst im Nordostsektor des Atlantiks (Skandinavien) beziehungsweise in grønländischen Eisbohrkernen erkannt wurde, gilt inzwischen als großräumiges Kälteereignis innerhalb der altholozänen Klimageschichte (Alley & Ágústsdóttir 2005). Auch im Alpenraum wurde es inzwischen nachgewiesen (Kofler et al. 2005, Kerschner et al. 2006). Als Ursache gilt ein gewaltiger Schmelzwasserausfluss aus dem Bereich des damals noch nicht komplett abgeschmolzenen Laurentischen Eisschildes in Nordamerika (Teller et al. 2002). Die Blockade der ursprünglich auf die heutige Hudson Bay ausgerichteten Dränage durch die immer noch gewaltigen Reste des eiszeitlichen Eisschildes führte zur Bildung eines großflächigen Eisstausees im Bereich der heutigen kanadischen Plains, dem sogenannten Glacial Lake Agassiz. Durch fortgesetztes Niedertauen der Eisschildrelikte in Verbindung mit einem Anstieg des Seespiegels kam es um 8 200 cal. a BP zu einem plötzlichen Ausbruch des Eisstausees. Süßwassermassen im Umfang des sechsfachen Inhaltes der Ostsee strömten innerhalb von nur 16 Monaten in den Nordatlantik. Auch zuvor hatten sich bereits große Schmelzwasserausbrüche des Glacial Lake Agassiz ereignet, denen ein großer Einfluss auf die Jüngere Dryas und die *Preboreal Oscillation* zugesprochen wird.

Diese Schmelzwasserausbrüche störten das Gesamtsystem der Ozeanzirkulation im Nordatlantik, da sich das spezifisch leichtere Süßwasser als Schicht über das Meerwasser legte. Die Nordatlantikdrift als Teil des Golfstromes wurde abgelenkt und die vertikale thermohaline Zirkulation (die Bildung von Tiefenwasser) zeitweise ausgesetzt (Clark et al. 2002). Die Folgen waren – abzulesen an Eisbohrkernen (🗅 7) – bis zu 5 °C tiefere Lufttemperaturen und eine verringerte Schneeakkumulation auf Grønland sowie eine Südverlagerung der Meereisgrenze. In allen Regionen um den Nordatlantik kam es zu einer markanten Klimaänderung – der stärksten seit der Jüngeren Dryas – und zu Gletschervorstößen. Im Detail fiel die Reaktion auf das „8 200 cal. a BP-*event*" unterschiedlich aus und nicht in allen Regionen liefern die Klimaarchive Belege für eine drastische Temperaturabnahme in allen Jahreszeiten (Seppä et al. 2007). Ein während des Ereignisses im westlichen Südnorwegen aufgetretener Gletschervorstoß wurde zumindest in seiner ersten Phase durch gesteigerte Winterniederschläge als Folge stärkerer zonaler Zirkulation und gesteigerter zyklonaler Aktivität (Zunahme der Sturmfrequenz) verursacht (Nesje et al. 2006, Lukas 2007).

Hypsithermal–postglaziales Klimaoptimum

Untersuchungen an Seesedimenten, fossilen Hölzern und Pollenprofilen zeigen, dass es im Alpenraum zwischen acht und zwölf unterschiedlich lange Phasen während des Holozäns gab, in denen die Gletscher eine ähnliche oder geringere Ausdehnung als heute besessen haben (▶ 13.2; Hormes et al. 2001, Joerin et al. 2006). Jene Phasen wechselten sich während des gesamten Holozäns beständig mit Hochständen der Gletscher ab. Diese Dynamik machte eine wesentliche Modifikation der früheren Vorstellung vom „postglazialen Klimaoptimum" (Hypsithermal) im mittleren Holozän notwendig. Zwar ist das mittlere Holozän ein vergleichsweise homogener Zeitraum mit durchschnittlich günstigeren klimatischen Rahmenbedingungen als heute gewesen; in diesen Abschnitt fallen aber auch Perioden mit kühleren Klimabedingungen und vereinzelten Gletschervorstößen. Inzwischen bemüht man sich daher um ein etwas differenzierteres Bild. Die Gletscherstandsschwankungen fanden in dieser Zeit allerdings auf einem geringeren Ausgangsniveau als vorher und nachher statt, sodass das Bild eines für Gletscher ungünstigen, wärmeren Hypsithermal zumindest in grober Auflösung noch Bestand hat.

Während im Alpenraum lange Phasen mit geringen Gletscherständen geherrscht haben, sind in Südnorwegen die Gletscher während dieser Phase mit großer Wahrscheinlichkeit sogar komplett abgeschmolzen. Speziell in einigen klimatisch maritim geprägten Hochgebirgen ist zweifelsfrei belegt, dass die Mehrzahl der Gletscher über längere Zeiträume im mittleren Holozän ganz verschwunden war (Nesje et al. 2008a). In kontinentaler geprägten Gebirgen (auch den europäischen Alpen) ist dagegen trotz parallel reduzierter Gesamtfläche der Gletscher nach den vorliegenden Befunden ein komplettes Abschmelzen während des Hypsithermals eher unwahrscheinlich (Nicolussi & Patzelt 2000). Die stärkere Sensitivität maritimer Gletscher (🗅 4) steht mit diesen regionalen Unterschieden im Einklang. Die klimatische Ursache der niedrigen Gletscherstände im mittleren Holozän waren höchstwahrscheinlich höhere Sommertemperaturen. Die für das komplette Abschmelzen der Gletscher in maritimen Regionen erforderliche Temperatursteigerung war so hoch, dass anzunehmen ist, dass das Klima dort kontinentaler geprägt war. Die Winterniederschläge waren entweder über längere Zeit niedriger, oder die jahreszeitliche Verteilung der Niederschläge war für Gletscher ungünstiger, das heißt, das Niederschlagsmaximum fiel in die Sommermonate. Da aktuelle Berechnungen zeigen, dass ein Anstieg der Lufttemperatur im Herbst durch Verschiebung des Überganges von Regen zu Schnee einen dreifach stärkeren Effekt als eine vergleichbare Temperatursteigerung im Sommer haben kann, könnte so an den maritimen Gletschern in vergleichsweise niedrigeren Höhenlagen auch eine nicht ganz so extreme Steigerung der Lufttemperatur zu einem kompletten Abschmelzen geführt haben.

Das Hypsithermal ist als Phase geringer glazialer Aktivität in vielen Hochgebirgen aufgetreten, so zum Beispiel in den Gebirgen des westlichen Nordamerikas oder auf Neuseeland. Auf Neuseeland war von etwa 9 000 bis 6 000 cal. a BP die glaziale Aktivität auf einem Tiefstand, parallel zu einer schwächeren zonalen atmosphärischen Zirkulation (Walker-Zirkulation). Zusammenfassend kann man unter Berücksichtigung gewisser regionaler Unterschiede eine Zeitspanne von ungefähr 8 000 bis 6 000 cal. a BP als mittelholozänes Hypsithermal ansetzen.

Neoglaciation und Jungholozän

In vielen Gebirgsregionen weltweit findet man um 6 000 cal. a BP Anzeichen für eine markante Klimaänderung. Zum Teil begannen sich zuvor abgeschmolzene Gletscher neu zu bilden, in nahezu allen Regionen traten ab diesem Zeitpunkt häufiger Gletscherhochstände auf. Deren Magnitude war nun größer als zuvor, das heißt, die Gletscherstandsschwankungen fanden auf einem höheren Niveau statt als im mittleren Holozän. Um die Neubildung von Gletschern und die allgemein gesteigerte glaziale Aktivität nach Ende des Hypsithermals zu charakterisieren, führte man den Begriff „Neoglaciation" ein. Er gilt für die seitdem andauernde Periode der holozänen Gletscherchronologie.

Die Neoglaciation war weniger ein markanter Einschnitt als vielmehr eine sukzessive, schrittweise Entwicklung zu kühleren und zum Teil feuchteren Klimabedingungen hin. So folgten im Alpenraum auf die als Beginn der Neoglaciation anzusehenden Hochstände kurz vor beziehungsweise nach 6 000 cal. a BP noch einmal sehr lange Phasen relativer Klimagunst und reduzierter Gletscherfläche (Hormes et al. 2001, Joerin et al. 2006; ▶ 13.2). Erst ungefähr um 3 500 cal. a BP setzte eine Periode ein, in der hohe Gletscherstände dominierten und Gletschervorstöße gehäuft stattfanden. Auch in Südnorwegen hatte die Neoglaciation nicht den Charakter einer singulären, abrupten Klimaänderung, sondern lief in mehreren Schritten ab. Erste Anzeichen für die Neubildung des zuvor komplett abgeschmolzenen Jostedalsbre gibt es ab etwa 6 000 cal. a BP. Eine erste Phase neoglazialer Aktivität dauerte bis 4 500 cal. a BP an, in der sich aber noch nicht alle heute existenten Gletscher der Region bereits neu gebildet hatten (Nesje et al. 2008a). Eine zweite Phase gesteigerter glazialer Aktivität wurde um 2 700 cal. a BP von einer dritten, bis heute andauernden Phase abgelöst. In jeder Phase steigerte sich sukzessive die Intensität der Gletscheraktivität. Im norwegischen Jotunheimen lief der Gletscheraufbau nach der mittelholozänen Klimagunstphase ab einem Zeitpunkt kurz nach 6 000 cal. a BP bis 2 500 cal. a BP ebenfalls zunächst nur langsam ab, um sich ab diesem Zeitpunkt deutlich zu verstärken (Matthews & Dresser 2008). Eine Zweiphasigkeit der neoglazialen Gletscheraktivität ist auch für die Southern Alps auf Neuseeland anzunehmen, denn während es nur vereinzelt Indizien für einen Beginn der Neoglaciation zwischen 6 000 und 5 500 cal. a BP gibt, häufen sich ab 2 500 cal. a BP die Zeugnisse für bedeutende Gletscherhochstände.

Eine interessante, wenngleich auch noch nicht abschließend geklärte Frage ist, inwieweit die holozänen Gletscherstandsschwankungen in den Hochgebirgen der Mittelbreiten parallel abgelaufen sind. Bedeutung erwächst dieser Frage vor dem Hintergrund der Suche nach den klimatischen Ursachen, welche die holozäne Gletscherchronologie steuern. Eine globale Parallelität würde für überall wirkende Faktoren wie die Veränderungen der Erdbahnelemente oder Variationen der solaren Einstrahlung als dominierende Ursachen sprechen. Zeichnen sich dagegen regionale Unterschiede ab, müssten komplexere Änderungen der atmosphärischen Zirkulation als Ursachen in Betracht gezogen werden. Von einer endgültigen Lösung dieser Frage ist man aber noch weit entfernt (Grove 2004); sicher ist nur, dass die altholozänen Gletscherhochstände im Bereich des Nordatlantiks in ihren Ursachen nicht mit denjenigen der jungholozänen Neoglaciation verglichen werden dürfen, da katastrophale Schmelzwasserausbrüche nach 8 200 cal. a BP und nach dem endgültigen Verschwinden der letzten Reste des Laurentischen Inlandeises nicht mehr aufgetreten sind.

Ein schon seit längerem verfolgter Aspekt der Untersuchung der holozänen Gletscherchronologien ist daher die Frage nach einer möglichen Parallelität aus globaler Sicht (Röthlisberger 1986, Grove 2004). Eine weitgehende Synchronität von Gletscherhochständen beziehungsweise Phasen geringerer Gletscherausdehnung würde für global wirksame Faktoren als Steuerungsmechanismen der holozänen Gletscherchronologie sprechen, vor allem für Veränderungen der solaren Einstrahlung (Holzhauser et al. 2005, Hormes et al. 2006). Sind hochauflösende Chronologien vorhanden, zeigen sich jedoch auch Unterschiede zwischen einzelnen Regionen – sowohl was die Anzahl als auch die Datierung holozäner beziehungsweise neoglazialer Aktivitätsphasen von Gletschern angeht (Winkler 2002, Matthews & Dresser 2008, Nesje et al. 2008a). Zumindest für einen Teil dieser Phasen müssen andere, eventuell nur regional wirksame Einflussfaktoren angenommen werden. Glaziologische Gründe – wie Reaktionszeit oder glaziologisches Regime – und die regionalen klimatischen Rahmenbedingungen tragen eine Hauptverantwortung für die lokal und regional aufgetretenen Unterschiede in der holozänen Gletscherreaktion, vor allem auf einer Zeitskala von Jahrzehnten und Jahrhunderten. Die in einem Maßstab von Jahrtausenden weltweit im Holozän identifizierten Phasen (Hypsithermal, zweigeteilte Neoglaciation) können dagegen auf Veränderungen der Erdbahnelemente und andere externe Steuerungsmechanismen zurückgeführt werden. Ein Problem bei der Erforschung einer möglichen Parallelität liegt allerdings in methodisch bedingten Ungenauigkeiten der

Die Rekonstruktion von Gletscherstandsschwankungen umfasst zahlreiche unterschiedliche Ansätze und Methoden. Glazialmorphologische Zeugnisse enthalten eine Aussagekraft hinsichtlich der Dynamik eines Gletschers. Eine Endmoräne an einem Hochgebirgsgletscher markiert beispielsweise eine bestimmte Eisrandposition und repräsentiert einen Gletschervorstoß. Lateralmoränen sind dagegen meist polygenetische Formen und sukzessive während mehrerer Hochstände entstanden. Bei bestimmten Moränentypen (*thurst moraines* beziehungsweise *push moraines*) dominiert präexistentes Material in der sedimentologischen Zusammensetzung. In anderen Fällen ist das Moränenmaterial im Zuge des Gletscherhochstandes abgelagert worden (Lateralmoränen, ◻ 12). Ohne eine Kenntnis der genetischen Prozesse ist die chronologische Untersuchung von Moränen und anderen glazialmorphologischen Formen daher nicht möglich.

Unabhängig davon, ob geeignete glazialmorphologische Zeugnisse zur Rekonstruktion der Gletscher vorhanden sind oder andere natürliche Klimaarchive herangezogen werden müssen, erwächst durch die Notwendigkeit einer zeitlichen Einordnung den vielfältigen Datierungsmethoden eine große Bedeutung (Lowe & Walker 1997, Bradley 1999). In der Untersuchung der Gletscherchronologie muss hierbei zwischen glazialen und nichtglazialen Klimaarchiven unterschieden werden. Zu den nichtglazialen Klimaarchiven zählen zum Beispiel die Jahresringe bei Bäumen (Dendrochrono-logie) oder Blütenpollen, die zur Rekonstruktion der ehemaligen Vegetationszusammensetzung analysiert werden können (Pollenanalyse = Palynologie). Diese Methoden liefern wertvolle Aussagen über die Entwicklung bestimmter Klimaparameter innerhalb der Gletscherregionen, geben aber keine direkten Informationen über einen bestimmten Gletscherstand. Deshalb macht man sich die für rezente Gletscher in der Region bekannte Beziehung zwischen den rekonstruierten Klimaparametern und dem Massenhaushalt beziehungsweise der Frontposition zunutze, um Aussagen über die holozäne Gletscherchronologie treffen zu können. Die Methoden zur Rekonstruktion der klimatischen Gleichgewichtslinie (▶ 4.6) kommen dabei häufig zum Einsatz. Schwierig wird es lediglich, wenn bestimmte, für den Massenhaushalt entscheidende Klimaparameter nicht oder nur eingeschränkt aus diesen Klimaarchiven abgeleitet werden können. Ein konkretes Beispiel hierfür ist der Winterniederschlag, während sich aus dendrochronologischen Daten die für kontinentale Gletscher entscheidenden Temperaturbedingungen während der Ablationssaison recht gut ableiten lassen.

Zu den direkten Anzeigern glazialer Aktivität zählen glazifluviale Sedimente, die in Sedimentkernen aus Binnenseen oder in Moorprofilen ausgewiesen werden können (Shakesby et al. 2007). Selbst wenn die detaillierte Zuordnung (Vorstoß- oder Rückzugsphase) nicht immer eindeutig ist und die Erosion während Starkniederschlägen beziehungsweise anderer Ereignisse die Identifikati-on glazifluvialer Sedimente erschweren können, haben diese Untersuchungen einen großen Fortschritt in der Erforschung der holozänen Gletscherchronologie vieler Regionen erbracht. Von Vorteil erweist sich, dass in die Sedimentkerne beziehungsweise -profile meist organisches Material (Pflanzenrelikte, Torfschichten und so weiter) eingebettet ist. Dieses lässt sich mithilfe der Radiocarbonmethode datieren. Die so erhaltenen Zeitmarken innerhalb des Profils erlauben die zeitliche Einordnung der glazifluvialen Sedimente und damit der Existenz von Gletschern im Einzugsgebiet. Auch im Gletschervorfeld selbst findet man in einzelnen Fällen organisches Material, welches sich zur Radiocarbondatierung eignet. Die in den letzten Jahren an einigen sich zurückziehenden Alpengletschern gefundenen fossilen Hölzer konnten zusätzlich mithilfe der Dendrochronologie genau altersbestimmt werden. Es zeigte sich, dass sie überwiegend aus dem mittleren Holozän mit seinen Warmphasen stammen und dass an der heutigen Gletscherzunge damals Waldbäume wachsen konnten. Pflanzenmaterial oder organische Bodenhorizonte, die unter Moränen und anderen glazialen Akkumulationsformen erhalten blieben, erlauben nach ihrer Datierung die Angabe eines Mindestalters für den späteren Gletschervorstoß. An den polygenetischen Lateralmoränen alpinen Typs können diese organischen Materialien sogar eine zeitliche Abfolge mehrerer Hochstände belegen – sozusagen als ultimativer Beweis für deren sukzessive Entstehung. Neben der Radiocarbondatierung kommen noch zahlreiche andere Da-

Datierung holozäner Gletscherhochstände sowie in einer häufig mangelnden Berücksichtigung der rezenten Gletscherdynamik. Allein durch die Unterschiede im Massenhaushalt (◻ 4) werden Gletscher in unterschiedlichen Regionen nicht zwangsweise auf identische Veränderungen einzelner Klimaelemente in gleicher Weise reagieren.

Die „Kleine Eiszeit"

Mit dem Begriff „Kleine Eiszeit" (*Little Ice Age*) wurde ursprünglich die Neubildung der Gletscher nach dem postglazialen Klimaoptimum bezeichnet, also die Neoglaciation. Heute versteht man unter der „Kleinen Eiszeit" dahingegen die jüngste holozäne Gletscherhochstandsperiode. Der Begriff „Kleine Eiszeit" selbst birgt einige Möglichkeiten zur Fehlinterpretation und ist nicht glücklich gewählt. Ferner gibt es bislang keine einheitliche und überregional gültige zeitliche Abgrenzung. Traditionell wurde im Alpenraum der Zeitraum von 1550/1600 bis 1850 AD (= Anno Domini, also nach Christus) als „Kleine Eiszeit" beschrieben und vereinzelt auch noch der Vorstoß um 1920 dazu gerechnet. Die sich in den zuletzt verdichtenden Informationen über ausgedehnte Gletscherhochstände im späten 14. Jahrhundert (zum Beispiel an Gornergletscher und Großem Aletschgletscher, Schweiz; Holzhauser et al. 2005) führen dazu, dass der Beginn der „Kleinen Eiszeit" auf das ausgehende 13. Jahrhundert vorverlegt werden sollte (Grove 2001). Die Vorstöße im 14. Jahrhundert wären damit bereits ihre erste Kulmination, der im Alpenraum zwei weitere im 17. Jahrhundert und um 1850 folgen sollten. Diese Neudefinition ist vor dem Hintergrund der Dimension dieser spätmittelalterlichen Vorstöße sinnvoll und führt zu einer zusammenhängenden, spätmittelalterlich-neuzeitlichen Hochstandsperiode.

Der Begriff „Kleine Eiszeit" suggeriert, dass es sich um den bedeutendsten holozänen Hochstand nach Ende der letzten Eiszeit mit global synchron aufge-

▲ 13.3

Geländearbeiten zur Untersuchung der Gletscherchronologie auf holozänen Moränen in den Southern Alps auf Neuseeland im März 2002. Das Bild links zeigt den Einsatz des Schmidt-Hammers, mit dem über die Oberflächenhärte des Gesteines Aussagen über dessen Verwitterungsgrad und damit über das Alter der Ablagerung durch den Gletscher getroffen werden können (Winkler 2005, Shakesby et al. 2006). Auf dem Bild in der Mitte sind lichenometrische Messungen dargestellt. Die Lichenometrie untersucht bestimmte Flechtenspezies (vor allem den *Rhizocarpon subgenus*, Bild rechts), die ein sehr konstantes Wachstum besitzen und schon bald nach dem Rückzug des Eises Blöcke in Moränen besiedeln können. Gibt es Fixpunkte, das heißt Blöcke oder Moränen bekannten Alters, kann eine Wachstumskurve für die Flechten erstellt werden, sodass Moränen unbekannten Alters erstaunlich genau datiert werden können (Innes 1985, Matthews 1994, Winkler 2004).

tierungsmethoden zum Einsatz (▶ 13.3), seit einigen Jahren verstärkt mit kosmogenen Isotopen wie zum Beispiel [10]Be und [26]Al. Für alle Methoden zur Datierung und Rekonstruktion der Gletschergeschichte gilt als Grundregel, dass nicht nur eine sorgfältige genetische Interpretation der glazialen Formen und Sedimente Voraussetzung zur erfolgreichen Rekonstruktion der Gletscherstandsschwankungen ist, sondern auch, dass die Ableitung klimatischer Informationen aus ihnen und der Einsatz nichtglazialer Klimaarchive eine Berücksichtigung der spezifischen Verhältnisse des Massenhaushalts erfordert.

tretenen Gletschervorstößen handelt. Dies trifft jedoch nicht zu. In zahlreichen Hochgebirgen hat es schon zuvor während der jungholozänen Neoglaciation vergleichbare oder sogar stärkere Hochstände gegeben, zum Beispiel in den europäische Alpen oder den Southern Alps auf Neuseeland. Auch altholozäne Hochstände übertrafen lokal beziehungsweise regional die Gletscherausdehnung in der „Kleinen Eiszeit", zum Beispiel in Südnorwegen. Zusätzlich unterscheiden sich das Muster der einzelnen Vorstöße innerhalb der „Kleinen Eiszeit" und die Datierung des Maximalstandes von Gebirgsregion zu Gebirgsregion teils beträchtlich (▶ 13.4, Winkler 2002). Die Summe dieser Probleme der Definition und des Konzeptes der „Kleinen Eiszeit" haben Matthews & Briffa (2005) ausführlich beschrieben. Sie führen aufgrund dieser Problematik den Begriff *Little Ice Age-type event* ein, der unspezifisch für alle bedeutenden und in der Dimension mit der „Kleinen Eiszeit" vergleichbaren holozänen Gletscherhochstandsperioden angewendet werden sollte.

Ein weiteres Problem des Begriffes „Kleine Eiszeit" ist, dass er längst nicht nur für jene Periode der Gletscherhochstände Anwendung findet, sondern beispielsweise in der Klimatologie als eigenständige Klimaphase betrachtet wird. Daraus erwachsen verschiedene Widersprüche, denn die in der historischen Klimatologie Mitteleuropas als Kennzeichen der „Kleinen Eiszeit" analysierten Witterungsphänomene (Glaser 2001) stehen nicht zwingend in kausaler Verkettung mit den Gletscherhochständen im Alpenraum. Beispiel hierfür sind die strengen Winter in Mitteleuropa am Ende des 17. und zu Beginn des 18. Jahrhunderts, die unter anderem auf ein Minimum der solaren Einstrahlung zurückgeführt werden (Maunder-Minimum). In den Alpen gab es gerade in diesem Zeitabschnitt keine größeren Gletschervorstöße, denn die strengen Winter waren trocken, die geringe Winterschneeakkumulation wirkte sich negativ auf den Massenhaushalt der Gletscher aus. Innerhalb der „Kleinen Eiszeit" hatten sich die Alpengletscher zeitweise um eine nicht unbeträchtliche Distanz von der maxima-

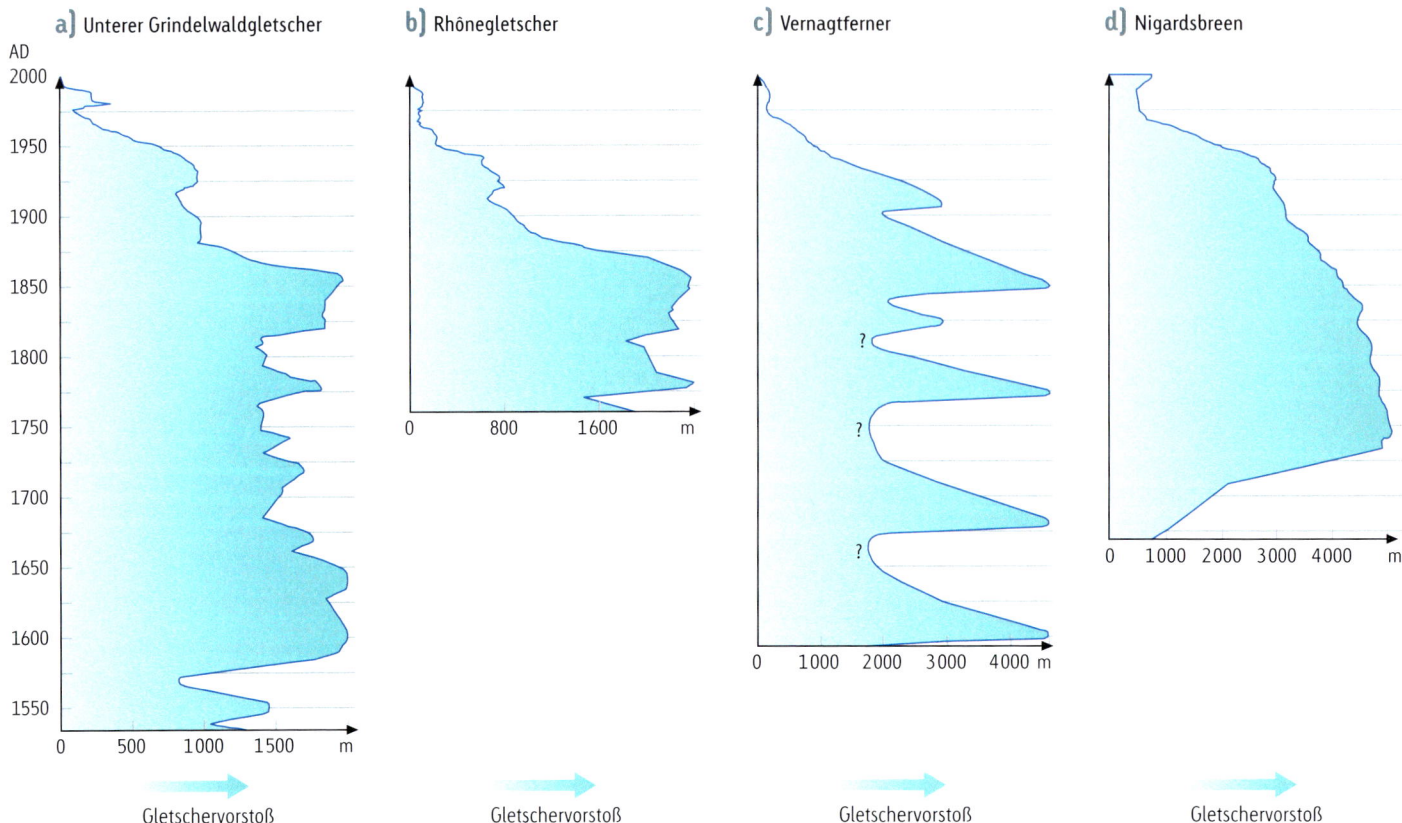

a) Unterer Grindelwaldgletscher   **b)** Rhônegletscher   **c)** Vernagtferner   **d)** Nigardsbreen

Gletschervorstoß   Gletschervorstoß   Gletschervorstoß   Gletschervorstoß

▲ **13.4**

Vergleich der Gletscherstandsschwankungen in der „Kleinen Eiszeit". Die doch recht unterschiedlichen Muster sind gut zu erkennen. Die Schwankungskurven sind aus methodischen Gründen unterschiedlich lang [verändert nach [a und b] Holzhauser & Zumbühl 1999, [c] Winkler 1996, [d] Fægri 1948, Nesje et al. 2008b].

len Position zurückgezogen und befanden sich nicht permanent an der absoluten Hochstandsposition. Die Ursache der „Kleinen Eiszeit" darf nicht überall und ausschließlich in verringerten sommerlichen Lufttemperaturen gesucht werden, selbst wenn dies für den Alpenraum weitgehend zutrifft. Im maritimen Südnorwegen wurde der Maximalvorstoß der Gletscher innerhalb der „Kleinen Eiszeit" hauptsächlich von gesteigerten Winterniederschlägen verursacht (Nesje et al. 2008b).

Die morphologischen Zeugnisse der „Kleinen Eiszeit" lassen sich in den Gletschervorfeldern der Alpen heute noch eindeutig erkennen (▶ 13.1). Dort haben sich neben den erwähnten, als Auftakt der „Kleinen Eiszeit" geltenden spätmittelalterlichen Hochständen weit verbreitete Gletschervorstöße um 1600, 1820 und 1850 AD ereignet. Der „Stand von 1850" wird gerne als Referenz für Vergleiche des Eismassenverlustes seit Ende der „Kleinen Eiszeit" herangezogen. Die Anzahl der einzelnen Vorstöße beziehungsweise Hochstände innerhalb der „Kleinen Eiszeit" ist selbst innerhalb der Europäischen Alpen unterschiedlich, ebenso der Zeitpunkt des Auftretens der maximalen Eisausdehnung (▶ 13.4). Abweichend sind beispielsweise am Vernagtferner in den inneren Ötztaler

Alpen vier separate Hochstände während der „Kleinen Eiszeit" zweifelsfrei nachgewiesen. Diese decken sich nur teilweise mit Vorstößen in anderen Alpenregionen. Während sein Vorstoß um 1680 als Besonderheit gelten muss, wurden um 1770 auch an anderen Gletschern in den Ötztaler Alpen hohe Gletscherstände erreicht. In Südnorwegen weichen Chronologie und Muster der „Kleinen Eiszeit" erheblich vom Alpenraum ab. So liegen zweifelsfreie Berichte über den beginnenden Hauptvorstoß am Jostedalsbreen erst für die zweite Hälfte des 17. Jahrhunderts vor. Dort gab es lediglich einen ausgeprägten Gletscherhochstand, der beinahe ausnahmslos der stärkste der Neoglaciation war und sich um 1750 ereignete. Einen ähnlichen Maximalstand Mitte des 18. Jahrhunderts sieht man in den nordnorwegischen Gletscherregionen in Höhe des Polarkreises (Svartisen, Okstindan) als gesichert an (Winkler 2003). Im klimatisch kontinentaler geprägten norwegischen Jotunheimen war der Maximalstand der „Kleinen Eiszeit" zweiphasig ausgeprägt (Winkler 2002, Matthews 2005). Im westlichen und zentralen Jotunheimen war ein Vorstoß um 1750 stärker, im östlichen Jotunheimen sorgte ein zweiter Vorstoß um 1800 für den Maximalstand. Auf Island folgte dem Maximum der „Kleinen Eiszeit" Mitte/Ende des 18. Jahrhunderts ein bedeutender Vorstoß gegen Ende des 19. Jahrhunderts (Bradwell et al. 2006). In den kanadischen Rocky Mountains sind an einigen Gletschern mindestens zwei Hauptvorstöße aufgetreten, einer um 1700, ein zweiter Mitte des 19. Jahrhunderts

(Luckman 2000). Die Gletscher im nördlichsten Norwegen beziehungsweise in Schwedisch-Lappland hatten ebenfalls Ende des 19. Jahrhunderts einen hohen Gletscherstand, wie sich im globalen Überblick ohnehin das Bild einer im Detail recht uneinheitlichen „Kleinen Eiszeit" widerspiegelt (Grove 2004). Sie war somit kein weltweit einheitlicher, paralleler Gletscherhochstand, sondern stattdessen eine zeitlich nicht exakt abgrenzbare Periode, innerhalb derer sich in vielen Gebirgsregionen bedeutende Hochstände ereignet haben. Die erkannten regionalen Unterschiede lassen sich auf Grundlage aktueller glaziologischer Studien sowohl auf eine regional differenzierte Reaktion des Massenhaushaltes als auch auf regional unterschiedlich ausgeprägte Klimaveränderungen zurückführen.

Hochgebirgsgletscher im 20. Jahrhundert

Durch Messungen der Frontpositionen, eine stetig ansteigende Beobachtungsdichte und durch Massenbilanzmessungen, die nach 1946 zunehmend durchgeführt wurden, besitzt man ein vergleichsweise gutes Bild der Gletscherdynamik während des 20. Jahrhunderts. An seinem Beginn befanden sich in vielen Gebirgen die Gletscher noch nahe an ihrer Maximalposition der unmittelbar zuvor beendeten „Kleinen Eiszeit". Dies belegen nicht zuletzt die ersten historischen Fotografien und andere Bilddokumente jener Zeit. Die auf diesen Bildern dargestellte Gletscherposition um 1900 (oder wenige Jahre zuvor) zeigt also keinen „Normalstand" bezogen auf die gesamte holozäne Gletscherchronologie (▶ 13.2). Das muss bei Vergleichen mit der aktuellen Situation berücksichtigt werden, um den aktuellen Gletscherrückgang in seiner Dramatik nicht zu überzeichnen.

In den ersten drei Dekaden des 20. Jahrhunderts war der Eisrückgang in vielen Hochgebirgen nur begrenzt und teilweise von kurzen Wiedervorstoßen unterbrochen. Als Wiedervorstoß (readvance) bezeichnet man einen Vorstoß, der einen generellen Rückzugstrend kurzfristig unterbricht. Interessanterweise ist in diesem Zeitraum eine alternierende Entwicklung im überregionalen Vergleich zwischen europäischen Alpen und Südnorwegen festzustellen. Im Alpenraum erreichte ein Wiedervorstoß um 1920 seinen Höhepunkt. Zur gleichen Zeit kam es auch zu einem kurzen Vorstoß im kontinentaleren Jotunheimen. Im westlichen Südnorwegen stehen dem zwei Wiedervorstöße mit Höhepunkten um 1910 beziehungsweise 1930 gegenüber.

Die Mitte des 20. Jahrhunderts war nicht nur in den Alpen und in Skandinavien, sondern praktisch ausnahmslos in allen Hochgebirgen von einem substantiellen Eismassenverlust und einem starken Rückzug der Gletscherfronten geprägt. Dieser globale Rückzug kann auf zwei wesentliche Faktoren zurückgeführt werden. Die 1930er- bis 1950er-Jahre waren

vielerorts der wärmste Zeitabschnitt des 20. Jahrhunderts mit überdurchschnittlichen Sommertemperaturen und hohen Ablationsraten, die erst wieder in den 1990er- und 2000er-Jahren auftraten, regional sogar noch über den aktuellen Werten lagen (Nordli et al. 2005). Der Effekt dieser Erwärmung wurde dadurch verstärkt, dass ein starker Gegensatz zwischen Gletscherstand und dem aktuellen Klima bestand. Durch langsamen Rückzug oder die erwähnten Wiedervorstöße verharrten viele Gletscherzungen um 1930 noch immer in weit vorgeschobener Position auf niedriger Höhe und hatten eine vergleichsweise große Ausdehnung. Der Rückzug Mitte des 20. Jahrhunderts muss daher nicht nur als unmittelbare Anpassung an die damaligen Witterungsverhältnisse interpretiert werden, sondern gleichzeitig als Reaktion auf die mittel- und langfristig veränderten klimatischen Rahmenbedingungen nach Ende der „Kleinen Eiszeit".

In den letzten Dekaden des 20. Jahrhunderts wurde der regionale Trend des Gletscherverhaltens in den einzelnen Hochgebirgen wieder uneinheitlicher. Auch zwischen europäischen Alpen und westlichem Skandinavien stellte sich erneut eine teilweise gegensätzliche Entwicklung ein. Abgesehen von einem kurzen Vorstoß der Alpengletscher in den 1970er- und frühen 1980er-Jahren, an dem bis zu 75 % aller beobachteten Gletscher beteiligt waren, hielt der übergeordnete Gletscherrückzug unvermittelt an und verstärkte sich in den 1990er-Jahren zum aktuell sehr starken Gletscherschwund. Klimatische Ursache für die lange Folge negativer Haushaltsjahre sind hauptsächlich die angestiegenen Sommertemperaturen, die sich in vielfältiger Weise negativ auf den Massenhaushalt auswirken (▶ 4.16). Durch den überragenden Anteil der solaren Strahlungsbilanz an den Ablationsfaktoren wirkt sich eine festgestellte Verringerung der durchschnittlichen Albedo besonders negativ aus. Eine frühere Ausaperung der Gletscheroberfläche im Sommer zeigt zusammen mit der teilweise verringerten Frequenz sommerlicher Neuschneefälle deutliche Auswirkungen. Gleichzeitig gab es in den 1980er-und 1990er-Jahren aber auch einzelne vor allem maritime Gletscherregionen, in denen die Gletschermasse zeitweise wieder zunahm.

Das Ausmaß des Verlustes an Gletschermasse und -fläche seit dem Höhepunkt der „Kleinen Eiszeit" ist jedoch enorm. Das Gletschervolumen in den Schweizer Alpen nahm von geschätzten 200 km³ um 1850 auf 65 km³ im Jahr 2005 ab (Haeberli et al. 2007). Dass allein 30 km³ Volumenverlust dabei von 1975 bis 2005 auftraten, zeigt, wie negativ die Entwicklung des Massenhaushaltes an den Alpengletschern in den letzten Jahrzehnten war. Der Flächen- und Massenverlust seit dem Maximum der „Kleinen Eiszeit" ist in seiner Höhe regional unterschiedlich. 35 % des Verlustes an Gletscherfläche von 1850 bis Mitte der 1970er-Jahre in den europäischen Alpen stehen zum Beispiel 49 % in den Southern Alps auf Neuseeland gegenüber (Hoelzle et al. 2007).

Gletschervorstoß in Zeiten des *„Global Warming"*

Während in der Mehrzahl der Hochgebirge im ausgehenden 20. Jahrhundert ein Gletscherschwund dominierte, stießen im Kontrast dazu in einigen maritimen Gebirgsregionen Gletscher infolge eines Eismassenwachstums vor. Im westlichen Südnorwegen war an den reaktionsschnellen kurzen Outletgletschern des Jostedalsbre bereits Anfang der 1960er-Jahre der Rückzug beendet (▶ 5.4). Nach kurzer Phase stationärer Gletscherfrontpositionen begann ein zunächst langsamer Gletschervorstoß, der sich in den 1990er-Jahren extrem verstärkte (▶ 5.3, 13.5). Ab Ende der 1980er-Jahre wurde parallel auch an den träger reagierenden langen Outlets ein Vorstoß registriert, sodass dieser Vorstoß einen einheitlichen regionalen Trend darstellte. Aufgrund seiner hohen jährlichen Werte und der gemessenen Gesamtdistanz war es der stärkste Vorstoß seit dem Maximum der „Kleinen Eiszeit" (Winkler et al. 1997). Um 2000 beziehungsweise kurz danach endete dieser Vorstoß wieder, der auf die maritim geprägten Gletscher Südnorwegens beschränkt blieb und im östlich gelegenen kontinentaleren Jotunheimen nicht auftrat.

Massenbilanzstudien belegen den für den Gletschervorstoß verantwortlichen Massenzuwachs an den maritimen Gletschern Südnorwegens (▶ 4.18). Dieser ist hauptsächlich auf überdurchschnittliche Winterbilanzen zurückzuführen (Andreassen et al. 2005). Meteorologische Datenreihen zeigen einen für das Gletscherwachstum verantwortlichen Anstieg der Winterniederschläge. Die Sommerlufttemperaturen offenbaren keine signifikanten Abweichungen von den langjährigen Mittelwerten (Nesje 2005). Zusätzlich trat Ende der 1980er-Jahre eine Verschiebung des Niederschlagsmaximums vom Herbst in den Winter auf. Je später das Niederschlagsmaximum auftritt, desto größer ist der Anteil von Schnee am Niederschlag an den relativ niedrig gelegenen Gletschern, und desto stärker können diese vom Niederschlagsanstieg profitieren. In die Phase dieses Eismassenwachstums fällt eine erhöhte Häufigkeit südwestlicher mild-feuchter Luftströmungen und verstärkter zyklonaler Aktivität während der Wintermonate. Den Zusammenhang zwischen hohen Winterbilanzen und starker zonaler (das heißt west-östlicher)

Zirkulation zeigt die hohe Korrelation der Winterbilanzen mit Zirkulationsindizes wie NAO (*North Atlantic Oscillation*) und AO (*Arctic Oscillation*) beziehungsweise MSLP (*Monthly Mean Sea Level Pressure*)-Daten (Nesje et al. 2000, Rasmussen & Andreassen 2005, Nordli et al. 2005).

Parallel zum westlichen Südnorwegen fand in den ebenfalls stark maritim geprägten Southern Alps auf Neuseeland eine vergleichbare Entwicklung statt (Chinn et al. 2005). Der Franz Josef Glacier stieß von 1984 bis 1999 beispielsweise um mehr als 1 200 m vor. Im Vergleich konnten die Gletscher dort infolge der großen Höhenlage der Akkumulationsgebiete (▶ 4.4) auch von gesteigerten sommerlichen Schneefällen profitieren. Beide Vorstöße sind hauptsächlich auf gesteigerten Niederschlag zurückzuführen und geben ein gutes Beispiel, wieso man die Untersuchung des Klimaeinflusses an Gletschern nicht allein auf die Lufttemperatur oder die solare Einstrahlung beschränken darf. Im Fall der Southern Alps wird außerdem die Notwendigkeit zur differenzierten Betrachtungsweise der

▲ **13.5**
Visueller Vergleich der Veränderung der Gletscherfrontposition des Kjenndalsbre (westliches Südnorwegen). Der Vergleich des linken Bildes (Aufnahme: 9. September 1991) mit dem Bild in der Mitte (19. Juni 1997) verdeutlicht die Stärke des rezenten Gletschervorstoßes (exakte Messwerte liegen für diese Periode nicht vor). Der Vorstoß endete 1997. Nachdem die Gletscherfront bis 2000 stationär blieb, zog sie sich anschließend stark zurück (rechts, Aufnahme: 23. Juni 2006, gemessene Änderung der Frontposition Juni 1997 bis Juni 2006: −190 m).

▲ 13.6

Blick auf die untere Gletscherzunge des Franz Josef
Glacier vom Sentinel Rock (Southern Alps, Neuseeland;
Aufnahme links: 11. März 2003, Aufnahme rechts: 3. März
2007). Der morphologische Unterschied der sich 2007 im
Vorstoß befindenden Gletscherzunge zur Situation im
Jahr 2003 ist deutlich zu erkennen. Der aktuelle Vorstoß
begann Mitte 2005, und allein von März 2006 bis März
2007 rückte die Gletscherfront um 84 m vor, bis März
2008 um weitere 28 m.

Gletscherreaktion und zur Vorsicht bei Verallgemeinerungen offensichtlich. Zeitgleich zum regionalen
Eismassenwachstum in den 1990er-Jahren und bis
heute andauernd zieht sich die Gletscherfront an
einigen großen Talgletschern (zum Beispiel Tasman
Glacier) durch Kalben über entstandenen proglazialen Seen schnell zurück (▶ 5.7). Diese stark
debrisbedeckten Gletscher sind allerdings Spezialfälle, der Rückzug durch Abkalbung ein weitgehend
klimaunabhängiger, glazialdynamischer Prozess
(🗎 5). Da auch in den oberen Abschnitten dieser
Gletscher positiv Nettobilanzen ausgewiesen wurden, darf ihre momentane Reaktion nicht als Folge
der aktuellen Klimaentwicklung interpretiert werden. Wie im westlichen Südnorwegen endete dieser Vorstoß auf Neuseeland zunächst um 1999. Seit
Mitte 2005 und fortwährend im Jahr 2008 stoßen die
Gletscher aber erneut vor (▶ 13.6 und 13.7). Ursache sind erneut gesteigerte Niederschläge und eine
intensivierte zonale Zirkulation mit dominierenden
südwestlichen Luftströmungen.

▶ 13.7

Die Gletscherfront des vorstoßenden Franz Josef Glacier
(Southern Alps, Neuseeland) ist steil und konvex mit
einigen Gletscherspalten ausgebildet. Der Vergleich
mit dem im Bild zu sehenden Autor als Größenmaß-
stab zeigt die imposante Höhe der Eiswand (Aufnahme: Christina Wachler, März 2006).

▲ 13.8

Blick auf die Gletscherzunge des Rofenkarferner. Wie fast alle Alpengletscher hat er in den letzten zwei Jahrzehnten deutlich an Eismasse verloren und die Gletscherzunge ist zurückgeschmolzen (Aufnahme oben: 25. September 1994, Aufnahme unten: 8. Juli 2007). Die im Bildvordergrund vor allem auf dem oberen Bild sichtbare Endmoräne stammt aus dem Jahr 1985 und zeugt von einem kurzen Gletschervorstoß, der in den 1970er-Jahren bis kurz nach 1980 bis zu 75 % aller beobachteten Gletscher in Österreich und der Schweiz betraf. Glazialmorphologisch ist diese Endmoräne interessant, da sie ein seltenes Beispiel dafür liefert, dass in Einzelfällen auch *dumping* supraglazialen Debris in größerem Umfang an der Genese von Endmoränen an temperierten Hochgebirgsgletschern beteiligt sein kann.

Gletscher im 21. Jahrhundert und in der Zukunft?

Setzt sich im Raum der europäischen Alpen der Trend der Steigerung der sommerlichen Lufttemperaturen, der Abnahme der durchschnittlichen Albedo der Gletscheroberfläche und der Abnahme der sommerlichen Neuschneefälle in den nächsten Jahrzehnten fort, wird sich der derzeitige starke Gletscherschwund kurz- und mittelfristig fortsetzen (▶ 13.8). Je nach Ausmaß des durch diese Klimaentwicklung verursachten Anstieges der klimatischen Gleichgewichtslinie wird die Reduzierung der Gletschermasse zwar unterschiedlich stark ausfallen. Sie ist in jedem Fall aber als dramatisch zu charakterisieren. Beschleunigt würde die Reduzierung, würden in der Zukunft öfter extrem heiße und trockene Sommer wie der des Jahres 2003 auftreten, in welchem Rekordwerte der Ablation und des Massenverlustes an vielen Alpengletschern verzeichnet wurden. Legt man Modellrechnungen der Klimaszenarien des IPCC (2007) zugrunde und errechnet die Folgen für einen Anstieg der Sommertemperaturen um 3 °C, würde sich die Gletscherfläche der Schweizer Alpen um 80 % verringern (Paul et al. 2007, Zemp et al. 2007). Dies wären nur noch ungefähr 25 % der Ausdehnung von 1973 oder 10 % des Gletscherstandes von 1850. Dies würde schwerwiegende Folgen nicht nur für das gesamte Ökosystem nach sich ziehen, sondern auch für die nachhaltige Nutzung der Gebirgsregionen für den Menschen (Wasserversorgung, Hydroenergieerzeugung, Tourismus und so weiter). Die tropischen Gletscher auf dem Kilimandscharo könnten bei Anhalten der gegenwärtigen Klimaentwicklung in wenigen Jahrzehnten fast komplett verschwunden sein. Ursache für diesen oft als Symbol des „*Global Warming*" herangezogenen Gletscherschwund ist jedoch in erster Linie die Verringerung des Niederschlages, nicht ein Anstieg der Lufttemperatur (Cullen et al. 2006).

Die für einen Anstieg des Weltmeeresspiegels entscheidenden polaren Eisschilde Grønlands und der Antarktis sind aktuell einer komplexen Entwicklung unterworfen. In seinen Randbereichen verliert das Grønländische Eisschild momentan gesichert an Masse, im Zentrum nimmt seine Eismasse jedoch zu (Zwally et al. 2005). Der Massengewinn in seinen Zentralbereichen rührt daher, dass in den extrem kalten und trockenen hochpolaren Klimaten ein Anstieg der Lufttemperatur zunächst zu einer Erhöhung der Schneeakkumulation führen wird, weil wärmere Luft eine höhere absolute Luftfeuchte besitzt. Die Lufttemperatur ist dabei immer noch so niedrig, dass keine nennenswerte Steigerung der Sublimation oder Abschmelzung zu erwarten ist. Der Massenverlust an den Grenzen des Eisschildes ist nicht hauptsächlich auf die festgestellte Steigerung der Abschmelzung an der Eisoberfläche zurückzuführen, sondern auf eine teils erhebliche Geschwindigkeitszunahme der Eisströme (🗋 7). Dies hat erheblich gesteigerte Kalbungsraten zur Folge, den Hauptfaktor der Ablation im Massenhaushalt polarer Eisschilde. Für die Geschwindigkeitszunahme gibt es mehrere Erklärungen, die sich nicht gegenseitig ausschließen müssen. Die Erhöhung der oberflächlichen Schmelzraten und mittel- bis langfristig auch der Eistemperatur wird die Effektivität des – wenn vorhanden – basalen Gleitens beziehungsweise der internen Deformation (🗎 3) steigern. Vor allem in der Antarktis werden auch glazialdynamische Faktoren nicht ausgeschlossen, konkret die langfristige Reaktion auf den Verlust benachbarter Eisschelfe, die zuvor den Eisabfluss der Eisströme aus den Zentralbereichen abgebremst haben könnten, oder die Verringerung der Eismächtigkeit an der Schelfkante.

Durch Zunahme der Schneeakkumulation wächst auch das zentrale Ostantarktische Eisschild, während gleichzeitig im Bereich der Antarktischen Halbinsel und des Westantarktischen Eisschildes (▸ 7.4) ein Massenverlust registriert wird, vor allem durch das Kollabieren einzelner Eisschelfe beziehungsweise deren Teilbereiche (Pritchard & Vaughan 2007). Auch dort steht diese Entwicklung häufig mit einer Geschwindigkeitszunahme in Zusammenhang. Insgesamt soll in der letzten Dekade des 20. Jahrhunderts für Grønland ein leichter Massenzuwachs bestanden haben (Zwally et al. 2005), aktuell aber eher ein leichtes Übergewicht des Massenverlustes vorherrschen (IPCC 2007). Der Massengewinn des Ostantarktischen Eisschildes wird durch den Massenverlust im Bereich des Westantarktischen Eisschildes und der Antarktischen Halbinsel insgesamt vermutlich kompensiert, und die Antarktis soll insgesamt leicht an Massen abnehmen (Zwally et al. 2005, IPCC 2007).

Verhältnismäßig schwer abzuschätzen ist die Reaktion maritimer Gletscher der Mittelbreiten, da dort Veränderungen der Höhe und saisonalen Verteilung des Niederschlages als wichtige Faktoren in die Prognosen einfließen müssen. Dabei ist nicht nur die Vorhersage der Entwicklung des Niederschlages in ausreichender regionaler und zeitlicher Auflösung aus den vorhandenen Klimamodellen mit einer weitaus größere Unsicherheit behaftet als die Prognose der Lufttemperatur, die Sensitivität und mögliche Veränderungen des glaziologischen Regimes (🗎 4) stellen ein zusätzliches Problem dar. Sollten sich diese Gletscher „kontinentaler" verhalten, das heißt stärker auf Veränderungen der Lufttemperaturen reagieren, und sollten die Lufttemperaturen im Sommer beziehungsweise Frühherbst eine kritische Schwelle übersteigen, wird sich ein starker Gletscherschwund einstellen, begünstigt durch die vergleichsweise niedrige Lage der Gletscherzungen und die generell hohe sommerliche Ablation. Eine solche Situation ist im westlichen Südnorwegen ab dem Jahr 2000 aufgetreten. Obwohl die für die Massenbilanz bedeutsamen Winterniederschläge im Mittel (leicht) überdurchschnittlich sind und obwohl die Massenbilanz zeitgleich nur ein geringfügiges Massendefizit aufweist (▸ 4.18), zog sich die Front insbesondere der kurzen und niedrig gelegenen Glet-

scherzungen sehr stark zurück (▸ 13.5). Einzige Erklärung für diese mit allen bis zu diesem Zeitpunkt aufgestellten Schemata und Modellen nicht nachvollziehbare Entwicklung der Gletscherreaktion ist der beobachtete sehr starke Lufttemperaturanstieg in der zweiten Hälfte der Ablationssaison. Diese Extremsituation hat zu einer temporären (oder gegebenenfalls langfristigen) Veränderung des Musters der Gletscherreaktion geführt. Dieser Umstand wechselnden Einflusses bestimmter Klimaparameter, das heißt dominierender Winterniederschlagseinfluss in Vorstoßphasen und überwiegender Einfluss der sommerlichen Lufttemperatur in Phasen starken Gletscherschwundes, gekoppelt mit der möglichen Veränderung relevanter glaziologischer Eigenschaften wie zum Beispiel der Reaktionszeit, stellt die Prognose des zukünftigen Verhaltens dieser Gletscher vor größte Schwierigkeiten. Sollten zukünftig beispielsweise die Lufttemperaturen nicht so stark wie prognostiziert ansteigen, könnte dieser Effekt durch die ebenfalls vorhergesagte Niederschlagszunahme in maritimen Küstenregionen theoretisch teilweise oder ganz ausgeglichen werden. Das aktuelle Gletscherwachstum auf Neuseeland zeigt, dass diese Annahme nicht gänzlich unrealistisch ist. Entscheidend ist vor allem die saisonale Differenzierung der Temperatur- und Niederschlagsentwicklung.

Die gesicherte Prognose der zukünftigen Gletscherentwicklung setzt neben einem detaillierten Verständnis des komplexen klimagesteuerten Systems „Gletscher" eine exakte, in Raum und Zeit hochauflösende Prognose der zukünftigen Klimaentwicklung voraus. Je höher deren Unsicherheit noch ist, desto höher ist resultierend auch die Unsicherheit der Abschätzung, was mit den Gletschern in den kommenden Jahrzehnten und Jahrhunderten geschehen wird. Zwar bewegt sich der aktuelle starke Gletscherrückzug in vielen Hochgebirgen der mittleren Breiten, so dramatisch er auch erscheinen mag, bislang noch nicht außerhalb des Rahmens der während des Holozäns aufgetretenen Gletscherstandsschwankungen. Viele Prognosen deuten aber darauf hin, das dies mancherorts schon bald der Fall sein könnte. Es mehren sich Beobachtungen, dass um das Jahr 2000 in mehreren Gletscherregionen eine drastische Veränderung der glazialen Dynamik und des Massenhaushaltes stattgefunden hat, die so bislang noch nicht aufgetreten ist. Zur endgültigen Bewertung dieser Entwicklungen ist die Zeitspanne aber noch zu kurz. Für eine gesicherte Abschätzung des durch das Abschmelzen von Gletschereis verursachten Meeresspiegelanstieges ist entscheidend, zukünftig die Massenentwicklung der großen polaren Eisschilde Grønlands und der Antarktis exakt erfassen zu können. Hierin liegen große Forschungsaufgaben für die Glaziologie. Trotz jahrzehntelanger intensiver Untersuchungen und langjähriger Messreihen ist die Wissenschaft noch recht weit davon entfernt, Gletscher mit allen Facetten ihrer Dynamik bis ins letzte Detail zu verstehen (▸ 13.9).

▲ 13.9
Abendstimmung: Blick von der Cook Flat, einer glazifluvialen Schotterfläche der letzten Vereisungsperiode, auf die westlichen Vorketten und den Hauptkamm der Southern Alps auf Neuseeland (Aufnahme: März 2007). Im Hintergrund schimmert der Fox Glacier symbolträchtig im Abendrot. Wie wird mittel- und langfristig die Entwicklung der Gletscher in der Zukunft ablaufen? Nicht nur an maritim geprägten Hochgebirgsgletschern wie diesem kann sie mit letzter Bestimmtheit noch nicht prognostiziert werden.

Literaturverzeichnis

A

Aber, J.S., Croot, D.G. & Fenton, M.M. (1989): Glacitectonic landforms and structures. Dordrecht (Kluwer), 200 S.

Ahlmann, H.W. (1919): Geomorphological studies in Norway. Geogr. Annlr. 1: 1–146 + 193–255.

Ahlmann, H.W. (1935): Contributions to the physics of glaciers. Geographical J. 86 (2): 97–130.

Ahlmann, H.W. (1948): Glaciological research on the North Atlantic coasts. Royal Geogr. Soc. Res. Ser. 1, 83 S.

Alley, R.B. & Ágústsdóttir, A.M. (2005): The 8k event: cause and consequences of a major Holocene abrupt climate change. Quat. Sci. Rev. 24: 1123–1149.

Andersen, B.G. (2000): Istider i Norge. Oslo (Universitetsforlaget), 216 S.

Andreassen, L.M. (1999): Comparing traditional mass balance measurements with long-term volume change extracted from topographical maps: a case study of Storbreen glacier in Jotunheimen, Norway, for the period 1940–1997. Geogr. Annlr. 81 A: 467–476.

Andreassen, L.M., Elvehøy, H., Kjøllmoen, B., Engeset, R.V. & Haakensen, N. (2005): Glacier mass balance and length variations in Norway. Ann. Glaciology 42: 317–325.

Anundsen, K. (1990): Evidence of ice movement over Southwest Norway indicating an ice dome over the coastal district of West Norway. Quat. Sci. Rev. 9: 99–116.

Atkins, C.B., Barrett, P.J. & Hicock, S.R. (2002): Cold glaciers erode and deposit: evidence from Allan Hills, Antarctica. Geology 30: 659–662.

B

Bakke, J., Lie, Ø., Nesje, A., Dahl, S.O. & Paasche, Ø. (2005): Utilizing physical sediment variability in glacier-fed lakes for continuous glacier reconstructions during the Holocene, northern Folgefonna, western Norway. Holocene 15: 161–176.

Ballantyne, C.K. (2002): Paraglacial geomorphology. Quat. Sci. Rev. 21: 1935–2017.

Bamber, J.L. & Payne, A.J. (Hrsg.) (2004): Mass balance of the cryosphere: observations and modelling of contemporary and future changes. Cambridge (University Press), 662 S.

Benn, D.I. (1994): Fluted moraine formation and till genesis below a temperate valley glacier: Slettmarksbreen, Jotunheimen, southern Norway. Sedimentology 41: 279–292.

Benn, D.I. & Evans, D.J.A. (1998): Glaciers and glaciation. London (Arnold), 734 S.

Bennett, M.R. (2001): The morphology, structural evolution and significance of push moraines. Earth-Sci. Rev. 53: 197–236.

Bennett, M.R. (2003): Ice streams as the arteries of an ice sheet: their mechanics, stability and significance. Earth-Sci. Rev. 61: 309–339.

Bennett, M.R. & Glasser, N.F. (1996): Glacial geology. Chichester (Wiley), 364 S.

Björnsson, H. (2002): Subglacial lakes and jökulhlaups in Iceland. Global Planet. Change 35: 255–271.

Björnsson, H., Pálsson, F., Sigurðsson, O. & Flowers, G.E. (2003): Surges of glaciers in Iceland. Ann. Glaciology 36: 82–90.

Blunier, T. & Brook, E.J. (2001): Timing of millennial-scale climate change in Antarctica and Greenland during the last glacial period. Science 291: 109–112.

Boulton, G.S. (1974): Processes and patterns of subglacial erosion. In: Coates, D.R. (Hrsg.): Glacial geomorphology. Binghamton (N.Y. State University): 41–87.

Boulton, G.S. (1976): A genetic classification of tills and criteria for destinguishing tills of different origin. In: Stankowski, W. (Hrsg.): Till – its genesis and diagenesis. Poznan: Symposium on the research methods of morainic deposits in Poland 1975: 65–80.

Boulton, G.S. (1979): Processes of glacier erosion on different substrata. J. Glaciology 23: 15–38.

Boulton, G.S. & Hindmarsh, R.L.A. (1987): Sediment deformation beneath glaciers: rheology and sedimentological consequences. J. Geophys. Res. 92 (B9): 9059–9082.

Bradley, R.S. (1999): Paleoclimatology. 2. Auflage, San Diego (Academic Press), 613 S.

Bradwell, T., Dugmore, A.J. & Sugden, D.E. (2006): The Little Ice Age glacier maximum in Iceland and the North Atlantic Oscillation; evidence from Lambatungnajökull, southeast Iceland. Boreas 35: 61–80.

Braithwaite, R.J. (2002): Glacier mass balance: the first 50 years of international monitoring. Prog. Phys. Geogr. 26: 76–95.

Braithwaite, R.J. (2005): Mass-balance characteristics of arctic glaciers. Ann. Glaciology 42: 225–229.

Braithwaite, R.J. & Raper, S.C.B. (2002): Glaciers and their contribution to sea level change. Phys. Chem. Earth 27: 1445–1454.

Braithwaite, R.J. & Zhang, Y. (1999): Modelling changes in glacier mass balance that may occur as a result of climate changes. Geogr. Annlr. 81 A: 489–496.

Brodzikowski, K. & Van Loon, A.J. (1991): Glacigenic sediments. Amsterdam (Elsevier), 674 S.

C

Chinn, T.J.H. (1995): Glacier fluctuations in the Southern Alps of New Zealand determined from snowline elevation. Arctic Alp. Res. 27: 187–198.

Chinn, T. J. H. (1996): New Zealand glacier responses to climate change of the past century. NZ J. Geol. Geophys. 39: 415 – 428.

Chinn, T. J. H., Heydenrych, C. & Salinger, J. M. (2005): Use of the ELA as a practical method of monitoring glacier responde to climate in New Zealand's Southern Alps. J. Glaciology 51: 85 – 95.

Chinn, T. J. H., Winkler, S., Salinger, M. J. & Haakensen, N. (2005): Recent glacier advances in Norway and New Zealand – a comparison for their glaciological and meteorological causes. Geogr. Annlr. 87 A: 141 – 157.

Church, M. & Ryder, J. M. (1972): Paraglacial sedimentation: a consideration of fluvial processes conditioned by glaciation. Geol. Soc. Am. Bull. 83: 3059 – 3072.

Clark, P. U., Pislas, N. K., Stocker, T. F. & Weaver, A. J. (2002): The role of the thermohaline circulation in abrupt climate change. Nature 415: 863 – 869.

Cullen, N. J., Moelg, T., Kaser, G., Hussein, K., Steffen, K. & Hardy, D. R. (2006): Kilimanjaro glaciers: recent areal extent from satellite data and new interpretation of observed 20th century retreat rates. Geophys. Res. Letters 16, L16502.

D

Dansgaard, W. & Oeschger, H. (1989): Past environmental long-term records from the Arctic. In: Oeschger, H. & Langway, C. C. (Hrsg.): The environmental record in glaciers and ice sheets. Chichester (Wiley): 287 – 317.

Dreimanis, A. (1989): Tills: their genetic terminology and classification. In: Goldthwait, R. P. & Matsch, C. L. (Hrsg.): Genetic classification of glacigenic deposits. Rotterdam (Balkema): 17 – 83.

Dyurgerov, M. B. & Meier, M. F. (1999): Analysis of winter and summer glacier mass balance. Geogr. Annlr. 81 A: 541 – 554.

E

Eisen, O., Harrison, W. D., Raymond, C. F., Echelmeyer, K. A., Bender, G. A. & Gorda, J. L. D. (2005): Variegated Glacier, Alaska, USA: a century of surges. J. Glaciology 51: 399 – 406.

Elson, J. A. (1989): Comments on glaciotectonite, deformation till, and comminution till. In: Goldthwait, R. P. & Matsch, C. L. (Hrsg.): Genetic classification of glacigenic deposits. Rotterdam (Balkema): 85 – 88.

Embleton, C. & King, C. A. M. (1975): Glacial geomorphology. 2. Auflage London (Arnold), 573 S.

Engeset, R. V., Elvehøy, H., Andreassen, L. M., Haakensen, N., Kjøllmoen, B., Roald, L. A. & Roland, E. (2000): Modelling of historic variations and future scenarios of the mass balance of Svartisen ice cap, northern Norway. Ann. Glaciology 31: 97 – 103.

Escher-Vetter, H. & Siebers, M. (2007): Sensitivity of glacier runoff to summer snowfall events. Ann. Glaciology 46: 309 – 315.

Evans, D. J. A. (1989): The nature of glacitectonic structures and sediments at sub-polar glacier margins, Northwest Ellesmere Island, Canada. Geogr. Annlr. 71 A: 113 – 123.

Evans, D. J. A. (Hrsg.) (2003): Glacial landsystems. London (Hodder Arnold), 532 S.

Evans, D. J. A. & Twigg, D. R. (2002): The active temperate glacial landsystem: a model based on Breiðamerkusjökull and Fjallsjökull, Iceland. Quat. Sci. Rev. 21: 2143 – 2177.

Evans, I. S. (1996): Abraded rock landforms (whalebacks) developed under ice streams in mountain areas. Ann. Glaciology 22: 9 – 16.

Eyles, N. & Rogerson, R. J. (1978): A framework for the investigation of medial moraines formation: Austerdalsbreen, Norway, and Berendon Glacier, British Columbia, Canada. J. Glaciology 20: 99 – 113.

F

Fægri, K. (1948): Brevariasjoner i Vestnorge i de siste 200 år. Naturen 72: 230 – 243.

Finsterwalder, S. (1897): Der Vernagtferner. Wiss. Ergänzungsheft Z. DÖAV 1(1): 1 – 98.

Forbes, J. D. (1853): Norway and its glaciers – visited in 1851. Edinburgh: Black, 349 S.

Fraedrich, R. (1979): Spät- und postglaziale Gletscherschwankungen in der Ferwallgruppe (Tirol/Vorarlberg). Düsseldorfer Geogr. Schr. 12, 161 S.

Furrer, G. (2001): Alpine Vergletscherung vom letzten Hochglazial bis heute. Akad. Wiss. Lit. Mainz Abhandl. Math.-nat. Kl. 2001/3, 49 S.

G

Gjessing, J. (1966): On „plastic scouring" and subglacial erosion. Norsk. Geogr. Tidsskr. 20: 1 – 37.

Gjessing, J. (1978): Norges landformer, Oslo/Bergen/Tromsø (Universitetsforlaget), 207 S.

Glaser, R. (2001): Klimageschichte Mitteleuropas. Darmstadt (WBG), 227 S.

Glen, J. W. (1952): Experiments on the deformation of ice. J. Glaciology 2: 111 – 114.

Glen, J. W. (1958): The flow law of ice – a discussion of assumptions made in glacier theory, their experimental foundations and consequences. IASH Publications 47: 171 – 183.

Glen, J. W. (2007): Review: Knight – Glacier science and environmental change. J. Glaciology 53: 313 – 314.

Goldthwait, R. P. & Matsch, C. L. (Hrsg.) (1989): Genetic classification of glacigenic deposits. Rotterdam (Balkema), 294 S.

Grove, J. M (2001): The initiation of the „Little Ice Age" in regions round the North Atlantic. Clim. Change 48: 53 – 82.

Grove, J. M. (2004): Little Ice Ages. 2 Bände London (Routledge), 402 + 718 S.

Gurnell, A. M. & Clark, M. J. (Hrsg.) (1987): Glacio-fluvial sediment transfer. Chichester (Wiley), 524 S.

H

Haeberli, W. (2004): Glaciers and ice caps: historical background and strategies of world-wide monitoring. In: Bamber, J.L. & Payne, A.J. (Hrsg.): Mass balance of the cryosphere: observations and modelling of contemporary and future changes. Cambridge (University Press): 559–578.

Haeberli, W. & Wallén, C.C. (1992): Glaciers and the environment. UNEP/GEMS Environment Library 9, Nairobi (UNEP), 24 S.

Haeberli, W., Cihlar, J. & Barry, R.G. (2000): Glacier monitoring within the Global Climate Observing System. Ann. Glaciology 31: 241–246.

Haeberli, W., Hoelzle, M., Paul, F. & Zemp, M. (2007): Integrated monitoring of mountain glaciers as key indicators of global climate change: the European Alps. Ann. Glaciology 46: 150–160.

Hallet, B. (1979): A theoretical model of glacial abrasion. J. Glaciology 23: 39–50.

Hallet, B. (1981): Glacial abrasion and sliding: their dependence on the debris concentration in basal ice. Ann. Glaciology 2: 23–28.

Hallet, B. (1996): Glacial quarrying: a simple theoretical model. Ann. Glaciology 22: 1–8.

Hambrey, M. (1994): Glacial environments. London (UCL Press), 296 S.

Hambrey, M. & Alean, J. (2004): Glaciers. 2. Auflage Cambridge (University Press), 376 S.

Hesemann, J. (1975): Kristalline Geschiebe der nordischen Vereisungen. Krefeld (GLA NRW), 267 S.

Hoelzle, M., Chinn, T., Stumm, D., Paul, F., Zemp, M. & Haeberli, W. (2007): The application of glacier inventory data for estimating past climate change effects on mountain glaciers: a comparison between the European Alps and the Southern Alps of New Zealand. Global Planet. Change 56: 69–82.

Hoinkes, H. (1955): Measurement of ablation and heat balance on alpine glaciers. J. Glaciology 2: 497–501.

Hoinkes, H. (1970): Methoden und Möglichkeiten von Massenhaushaltsstudien auf Gletschern. Z. Gletscherkd. Glazialgeol. 6: 37–90.

Holtedahl, H. (1967): Notes on the formation of fjords and fjord-valleys. Geogr. Annlr. 49 A: 188–203.

Holzhauser, H. & Zumbühl, H.J. (1999): Nacheiszeitliche Gletscherschwankungen. Blatt 3.8, Hydrologischer Atlas der Schweiz, Bern.

Holzhauser, H., Magny, M. & Zumbühl, H.J. (2005): Glacier and lake-level variations in west-central Europe over the last 3500 years. Holocene 15: 789–801.

Hooke, R.L. (2005): Principles of glacier mechanics. 2. Auflage, Cambridge (University Press), 429 S.

Hormes, A., Müller, B.J. & Schlüchter, C. (2001): The Alps with little ice: evidence for eight Holocene phases of reduced glacier extent in the Central Swiss Alps. Holocene 11: 255–265.

Hormes, A., Beer, J. & Schlüchter, C. (2006): A geochronological approach to understanding the role of solar activity on Holocene glacier length variability in the Swiss Alps. Geogr. Annlr. 88 A: 281–294.

Huber, U.M., Bugmann, K.M. & Reasoner, M.A. (Hrsg.) (2005): Global change and mountain regions – an overview of current knowledge. Dordrecht (Springer), 650 S.

Humlum, O. (1978): Genesis of layered lateral moraines: implications for palaeoclimatology and lichenometry. Geogr. Tidsskr. 77: 65–72.

I

IGS (Hrsg.) (2008): Ice 145 (3/2007). Cambridge (International Glaciological Society), 43 S.

Iken, A. (1981): The effect of subglacial water pressure on the sliding velocity of a glacier in an idealized numerical model. J. Glaciology 27: 407–421.

Iken, A. & Bindschadler, R.A. (1986): Combined measurements of subglacial water pressure and surface velocity of Findelengletscher, Switzerland: conclusions about drainage system and sliding mechanism. J. Glaciology 32: 101–119.

Innes, J.L. (1985): Lichenometry. Prog. Phys. Geogr. 9: 187–254.

IPCC (2007): Climate change 2007: the physical science basis. Contribution of working group I to the 4th Assessment report of the Intergovernmental Panel on Climate Change. Cambridge (University Press), 996 S.

Iturrizaga, L. (2007): Die Eisrandtäler im Karakorum – Verbreitung, Genese und Morphodynamik des lateroglazialen Sedimentformenschatzes. Aachen (Shaker), 389 S.

Iverson, N.R. (1990): Laboratory simulations of glacial abrasion: comparison with today. J. Glaciology 36: 304–314.

Iverson, N.R. (1991): Potential effects of subglacial water-pressure fluctuations on quarrying. J. Glaciology 37: 27–36.

J

Joerin, U.E., Stocker, T.F. & Schlüchter, C. (2006): Multicentury glacier fluctuations in the Swiss Alps during the Holocene. Holocene 16: 697–704.

Jóhannesson, T., Raymond, C.F. & Waddington, E.D. (1989): Time scale for adjustment of glaciers to changes in mass balance. J. Glaciology 35: 355–369.

Jouzel, J. et al. (2007): Orbital and millennial Antarctic climate variability over the past 800 000 years. Science 317: 793–796.

K

Kamb, B. (1970): Sliding motion of glaciers: theory and observation. Rev. Geophys. Space Phys. 8: 673–728.

Kamb, B. & La Chapelle, E. (1964): Direct observations of the mechanism of glacier sliding over bedrock. J. Glaciology 5: 159–172.

Kargel, J. S., Abrams, M. J., Bishop, M. P., Bush, A., Hamilton, G., Jiskoot, H., Kääb, A., Kieffer, H. H., Lee, E. M., Paul, F., Rau, F., Raup, B., Shroder, J. F., Soltesz, D., Stainforth, D., Stearns, L. & Wessels, R. (2005): Multispectral imaging contributions to global land ice measurements from space. Remote Sensing Environ. 99: 187 – 219.

Kaser, G. (2001): Glacier-climate interaction at low latitudes. J. Glaciology 47: 195 – 204.

Kerschner, H., Hertl, A., Gross, G., Ivy-Ochs, S. & Kubik, P. W. (2006): Surface exposure dating of moraines in the Kromer valley (Silvretta Mountains, Austria) – evidence for glacial response to the 8.2 ka BP event in the Eastern Alps. Holocene 16: 7 – 15.

Kirkbride, M. P. (1993): The temporal significance of transitions from melting to calving termini at glaciers in the central Southern Alps of New Zealand. Holocene 3: 232 – 240.

Kirkbride, M. P. & Warren, C. R. (1999): Tasman Glacier, New Zealand: 20th-century thinning and predicted calving retreat. Global Planet. Change 22: 11 – 28.

Kjøllmoen, B. (Hrsg.) 2000: Glasiologiske Undersøkelser i Norge 1999. NVE Rapport 2000/2, 122 S.

Kjøllmoen, B. (Hrsg.) 2005: Glaciological investigations in Norway in 2004. NVE Rapport 2005/2, 95 S.

Knight, P. G. (Hrsg.) (2006): Glacier science and environmental change. Oxford (Blackwell), 627 S.

Kofler, W., Krapf, V., Obernhuber, W. & Bortenschlager, S. (2005): Vegetation responses to the 8200 ca. BP cold event and to long-term climatic changes in the Eastern Alps: possible influence of solar activity and North Atlantic freshwater pulses. Holocene 15: 779 – 788.

Kor, P. S. G., Shaw, J. & Sharpe, D. R. (1991): Erosion of bedrock by subglacial meltwater, Georgian Bay, Ontario: a regional view. Can. J. Earth Sci. 28: 623 – 642.

Kristiansen, K. J. & Sollid, J. L. (1988): Vest-Agder fylke – kvartærgeologi og geomorfologi – beskrivelse til kart 1:250 000. Oslo (Geogr. Inst. UiO), 103 S.

Krüger, J. (1979): Structures and textures in till indicating subglacial deposition. Boreas 8: 323 – 340.

Krüger, J. (1993): Moraine-ridge formation along a stationary ice front in Iceland. Boreas 22: 101 – 109.

Krüger, J. (1996): Moraine ridges formed from subglacial frozen-on sediment slabs and their differentiation from push moraines. Boreas 25: 57 – 63.

Kuhle, M. (1991): Glazialgeomorphologie. Darmstadt (WBG), 213 S.

Kuhn, M. (1984): Mass balance imbalances as criterion for a climatic classification of glaciers. Geogr. Annlr. 66 A: 229 – 238.

Kuhn, M. (1989): The response of the equilibrium line altitude to climate fluctuations: theory and obser-

vations. In: Oerlemans, J. (Hrsg.): Glacier fluctuations and climatic change. Dordrecht (Reidel): 407 – 417.

Kuhn, M., Dreiseitl, E., Hofinger, S., Markl, G., Span, N. & Kaser, N. (1999): Measurements and models of the mass balance of Hintereisferner. Geogr. Annlr. 81 A: 659 – 670.

L

Laumann, T. & Reeh, N. (1993): Sensitivity to climate change of the mass balance of glaciers in southern Norway. J. Glaciology 39: 656 – 665.

Lawson, D. E. (1995): Sedimentary and hydrologic processes within modern terrestrial valley glaciers. In: Menzies, J. (Hrsg.): Modern glacial environments. Oxford (Butterworth Heinemann): 337 – 363.

Liestøl, O. (2000): Glaciology. Oslo (Unipub), 123 S.

Lindstrøm, E. (1988): Are roche moutonnées mainly preglacial forms? Geogr. Annlr. 70 A, 323 – 331.

Lliboutry, L. A. (1968): General theory of subglacial cavitation and sliding of temperate glaciers. J. Glaciology 7: 21 – 58.

Lliboutry, L. A. & Reynaud, L. (1981): „Global dynamics" of a temperate valley glacier, Mer de Glace, and past velocities deduced from Forbes bands. J. Glaciology 27: 207 – 226.

Louis, H. & Fischer, K. (1979): Allgemeine Geomorphologie. 4. Auflage Berlin (De Gruyter), 814 S.

Lowe, J. J. & Walker, M. J. C. (1997): Reconstructing Quaternary environments. 2. Auflage Harlow (Longman), 446 S.

Luckman, B. H. (2000): The Little Ice Age in the Canadian Rocky Mountains. Geomorphology 32: 357 – 384.

Lukas, S. (2007): Early-Holocene glacier fluctuations in Krundalen, south central Norway: palaeoglacier dynamics and palaeoclimate. Holocene 17: 585 – 598.

M

Marshall, S. J. (2006): Modelling glacier response to climate change. In: Knight, P. G. (Hrsg.): Glacier science and environmental change. Oxford (Blackwell): 163 – 173.

Matthews, J. A. (1994): Lichenometric dating: a review with particular reference to ‚Little Ice Age' moraines in southern Norway. In: Beck, C. (Hrsg.): Dating in exposed and surface contexts. Albuquerque (University Press): 185 – 212.

Matthews, J. A. (2005): ‚Little Ice Age' glacier variations in Jotunheimen, southern Norway: a study in regionally controlled lichenometric dating of recessional moraines with implications for climate and lichen growth rates. Holocene 15: 1 – 19.

Matthews, J. A. & Briffa, K. (2005): The ‚Little Ice Age': re-evaluation of an evolving concept. Geogr. Annlr. 87 A: 17 – 36.

Matthews, J. A. & Dresser, P.-Q. (2008): Holocene glacier variation chronology of the Smørstabbtin-dan massif, Jotunheimen, southern Norway, and the recognition of century- to millennial-scale European Neoglacial events. Holocene 18: 181–201.

Matthews, J. A., McCarroll, D. & Shakesby, R. A. (1995): Contemporary terminal-moraine ridge formation at a temperate glacier: Styggedalsbreen, Jotunheimen, southern Norway. Boreas 24: 129–139.

Meier, M. F. (1962): Proposed definitions for glacier mass budget terms. J. Glaciology 4: 252–261.

Meier, M. F. & Post, A. S. (1962): Recent variations in mass net budgets of glaciers in western North America. IASH Publ. 58: 63–77.

Meier, M. F., Dyurgerov, M. B., Rick, U. K., O'Neel, S., Pfeffer, W. T., Anderson, R. S., Anderson, S. P. & Glazovsky, A. F. (2007): Glaciers dominate eustatic sea-level rise in the 21st century. Science 317: 1064–1067.

Menzies, J. (Hrsg.) (1996): Past glacial environments. Oxford (Butterworth Heinemann), 598 S.

Menzies, J. & Rose, J. (Hrsg.) (1987): Drumlin Symposium. Rotterdam (Balkema), 360 S.

Mercer, H. (1961): The estimation of the regimen and former firn limit of a glacier. J. Glaciology 3: 1053–1062.

Morland, L. W. & Boulton, G. S. 1975: Stress in an elastic hump: the effects of glacier flow over elastic bedrock. Proced. Royal Soc. London Ser. A 344: 157–173.

Moser, H., Escher-Vetter, H., Oerter, H., Reinwarth, O. & Zunke, E. (1986): Abfluß in und von Gletschern. 2 Bände, GSF-Bericht 41/86, 408 + 147 S.

Muller, E. H. (1983): Dewatering during lodgement of till. In: Evenson, E. B., Schlüchter, C. & Rabassa, J. (Hrsg.): Tills and related deposits. Rotterdam (Balkema): 13–18.

N

Nakawo, M., Raymond, C. F. & Fountain, A. (Hrsg.) (2000): Debris-covered glaciers. IAHS Publ. 264, 288 S.

Nesje, A. (2005): Briksdalsbreen in western Norway: AD 1900–2004 frontal fluctuations as a combined effect of variations in winter precipitation and summer temperature. Holocene 15: 1245–1252.

Nesje, A. & Dahl, S. O. (2000): Glaciers and environmental change. London (Arnold), 203 S.

Nesje, A. & Sulebak, J. R. (1994): Quantification of late Cenozoic erosion and denudation in the Sognefjord drainage basin, western Norway. Norsk Geogr. Tidsskr. 48: 85–92.

Nesje, A. & Whillans, I. M. (1994): Erosion of Sognefjord, Norway. Geomorphology 9: 33–45.

Nesje, A., Lie, Ø. & Dahl, S. O. (2000): Is the North Atlantic Oscillation reflected in Scandinavian glacier mass balance records? J. Quat. Sci. 15: 587–601.

Nesje, A., Matthews, J. A., Dahl, S. O., Berrisford, M. S. & Andersson, C. (2001): Holocene glacier fluctuations of Flatebreen and winter-precipitation changes in the Jostedalsbreen region, western Norway, based on glaciolacustrine sediment records. Holocene 11: 267–280.

Nesje, A., Bjune, A. E., Bakke, J., Dahl, S. O., Lie, Ø. & Birks, H. J. B. (2006): Holocene palaeoclimate reconstructions at Vanndalsvatnet, western Norway, with particular reference to the 8200 cal. Yr BP event. Holocene 16: 717–729.

Nesje, A, Bakke, J., Dahl, S. O., Lie, Ø. & Matthews, J. A. (2008a): Norwegian mountain glaciers in the past, present and future. Global Plan. Change 60: 10–27.

Nesje, A., Dahl, S. O., Thun, T. & Nordli, Ø. (2008b): The „Little Ice Age" glacial expansion in western Scandinavia: summer temperature or winter precipitation? Clim. Dyn. 30: 789–801.

Nicolussi, K. & Patzelt, G. (2000): Untersuchungen zur holozänen Gletscherentwicklung von Pasterze und Gepatschferner (Ostalpen). Z. Gletscherkd. Glazialgeol. 36: 1–87.

Nordli, Ø., Lie, Ø., Nesje, A. & Benestad, R. (2005): Glacier mass balance in southern Norway modelled by circulation indices and spring-summer temperature AD 1781–2000. Geogr. Annlr. 87 A: 431–445.

NorthGRIP members (2004): High-resolution climate record of the northern hemisphere back into the last interglacial period. Nature 431: 147–151.

Nye, J. (1951): The flow of glaciers and ice-sheets as a problem in plasticity. Proc. Royal Soc. Ser. A 207: 554–572.

Nye, J. (1952): The mechanics of glacier flow. J. Glaciology 2: 82–93.

Nye, J. (1957): The distribution of stress and velocity in glaciers and ice sheets. Proc. Royal Soc. Ser. A 239: 113–133.

Nye, J. (1958): A theory of wave formation in glaciers. IAHS Publ. 47: 139–154.

Nye, J. (1965a): The frequency response of glaciers. J. Glaciology 5: 493–507.

Nye, J. (1965b): A numerical method of inferring the budget history of a glacier from its advance and retreat. J. Glaciology 5: 589–607.

Nye, J. (1969): A calculation of the sliding of ice over a wavy surface using a Newtonian viscous approximation. Proc. Royal Soc. Ser. A 311: 445–467.

Nye, J. (1970): Glacier sliding without cavitation in a linear viscous approximation. Proc. Royal Soc. Ser. A 315: 381–403.

O

Oerlemans, J. (1994): Quantifying global warming from the retreat of glaciers. Science 264: 243–245.

Oerlemans, J. (2001): Glaciers and climate change. Lisse (Balkema), 148 S.

Oerlemans, J. (2005): Extracting a climate signal from 169 glacier records. Science 308: 675–677.

Oerlemans, J. (2007): Estimating response times of Vadret da Morteratsch, Vadret da Palü, Briksdalsbreen and Nigardsbreen from their length record. J. Glaciology 53: 357–362.

Ohmura, A., Kasser, P. & Funk, M. (1992): Climate at the equilibrium line of glaciers. J. Glaciology 38: 397–411.

Østrem, G. & Brugman, M. (1991): Glacier mass-balance measurements. A manual for field and office work. Environment Canada/NVE Nat. Hydrol. Res. Inst. Sci. Rep. 4, 224 S.

Østrem, G. & Haakensen, N. (1999): Map comparison or traditional mass-balance measurements: which method is better? Geogr. Annlr. 81 A: 703–711.

Østrem, G. & Tvede, A. (1986): Comparison of glacier maps – a source of climatological information? Geogr. Annlr. 68 A: 225–231.

Østrem, G., Dale Selvig, K. & Tandberg, K. (1988): Atlas over breer i Sør-Norge. NVE Meddel. Hydrol. Avd. 61, 247 S.

P

Paterson, W. S. B. (1994): The physics of glaciers. 3. Auflage Oxford (Pergamon), 480 S.

Paul, F., Maisch, M., Rothenbühler, C., Hoelzle, M. & Haeberli, W. (2007): Calculation and visualisation of future glacier extent in the Swiss Alps by means of hypsographic modelling. Global Planet. Change 55: 343–357.

Penck, A. & Brückner, E. (1909): Die Alpen im Eiszeitalter – Bd. 1 Die Eiszeiten in den nördlichen Ostalpen. Leipzig (Trauchnitz), 393 S.

Pfeffer, W. T. (2007): A simple mechanism for irreversible tidewater glacier retreat. J. Geophys. Res. 112, F03S25.

Pritchard, H. D. & Vaughan, D. G. (2007): Widespread acceleration of tidewater glaciers on the Antartcic Peninsula. J. Geophy. Res. 112, F03S29.

Purdie, J. & Fitzharris, B. (1999): Processes and rates of ice loss at the terminus of Tasman Glacier, New Zealand. Global Planet. Change 22: 79–91.

R

Rasmussen, L. A. & Andreassen, L. M. (2005): Seasonal mass-balance gradients. J. Glaciology 51: 601–606.

Raup, B., Kääb, A., Kargel, J. S., Bishop, M. P., Hamilton, G., Lee, E. M., Paul, F., Rau, F., Soltesz, D., Khalsa, S. J. S., Beedle, M. & Helm, C. (2007): Remote sensing and GIS technology in the Global Land Ice Measurement from Space (GLIMS) project. Computer & Geosciences 33: 104–125.

Raymond, C. F. (1971): Flow in a transverse section of Athabasca Glacier, Alberta, Canada. J. Glaciology 10: 55–84.

Röhl, K. (2006): Thermo-erosional notch development at fresh-water-calving Tasman Glacier, New Zealand. J. Glaciology 52: 203–213.

Röthlisberger, F. (1986): 10 000 Jahre Gletschergeschichte der Erde. Aargau (Sauerland), 416 S.

Röthlisberger, F. & Schneebeli, W. (1979): Genesis of lateral moraine complexes, demonstrated by fossil soils and trunks: indicators of postglacial climatic fluctuations. In: Schlüchter, C. (Hrsg.): Moraines and varves. Rotterdam (Balkema): 387–419.

S

Schweizer, J. & Iken, A. (1992): The role of bed separation and friction in sliding over an undeformable bed. J. Glaciology 38: 77–92.

Schytt, V. (1967): A study of „ablation gradient". Geogr. Annlr. 49 A: 327–332.

Seppä, H., Birks, H. J. B., Giesecke, T., Hammarlund, D., Alenius, T., Antonsson, K., Bjune, A. E., Heikkilä, M., MacDonald, G. M., Ojala, A. E. K., Telford, R. J. & Veski, S. (2007): Spatial structure of the 8 200 cal yr BP event in northern Europe. Climate of the Past 3: 225–236.

Shakesby, R. A., Matthews, J. A. & Owen, G. (2006): The Schmidt hammer as a relative-age dating tool and its potential for calibrated-age dating in Holocene glaciated environments. Quat. Sci. Rev. 25: 2846–2867.

Shakesby, R. A., Smith, J. G., Matthews, J. A., Winkler, S., Dresser, P. Q., Bakke, J., Dahl, S.-O., Lie, Ø & Nesje, A. (2007): Reconstruction of Holocene glacier history from distal sources: glaciofluvial stream-bank mires and a glaciolacustrine sediment core near Sota Sæter, Breheimen, southern Norway. Holocene 17: 729–745.

Shaw, J. (1994): Hairpin erosional marks, horseshoe vortices and subglacial erosion. Sediment. Geol. 91: 269–283.

Skupin, K., Speetzen, E. & Zandstra, J. G. (1993): Die Eiszeit in Nordwestdeutschland. Krefeld (GLA NRW), 143 S.

Stauffer, B., Flückinger, J., Wolff, E. & Barnes, P. (2004): The EPICA deep ice cores: first results and perspectives. Ann. Glaciology 39: 93–100.

Sugden, D. E. & John, B. S. (1976): Glaciers and landscape. London (Arnold), 376 S.

T

Teller, J. T., Leverington, D. W. & Mann, J. D. (2002): Freshwater outbursts to the oceans from glacial Lake Agassiz and their role in climate change during the last deglaciation. Quat. Sci. Rev. 21: 879–887.

Torsnes, I., Rye, N. & Nesje, A. (1993): Modern and Little Ice Age equilibrium-line altitudes on outlet valley glaciers from Jostedalsbreen, western Norway: an evaluation of different approaches to their calculation. Arctic Alp. Res. 25: 106–116.

V

Van de Wal, R. S. W. & Oerlemans, J. (1995): Response of valley glaciers to climate change and kinematic waves: a study with a numerical ice-flow model. J. Glaciology 41: 142 – 152.

Van der Veen, C. J. (1999): Fundamentals of glacier dynamics. Rotterdam (Balkema), 462 S.

Van der Veen, C. J. (2002): Calving glaciers. Prog. Phys. Geogr. 26: 96 – 122.

W

Warren, C. R. & Kirkbride, M. P. (2003): Calving speed and climatic sensitivity of New Zealand lake-calving glaciers. Ann. Glaciology 36: 173 – 178.

Warren, W. P. (1989): Protalus till. In: Goldthwait, R. P. & Matsch, C. L. (Hrsg.): Genetic classification of glacigenic deposits. Rotterdam (Balkema): 145 – 146.

Weertman, J. (1957): On the sliding of glaciers. J. Glaciology 3: 33 – 38.

Weertman, J. (1958): Travelling waves of glaciers. IAHS Publ. 47: 162 – 168.

Weertman, J. (1964): The theory of glacier sliding. J. Glaciology 5: 287 – 303.

Weertman, J. (1967): An examination of the Lliboutry theory of glacier sliding. J. Glaciology 6: 489 – 494.

Winkler, S. (1996): Frührezente und rezente Gletscherstandsschwankungen in Ostalpen und West-/Zentralnorwegen. – Trierer Geogr. Stud. 15, 580 S.

Winkler, S. (2002): Von der „Kleinen Eiszeit" zum „globalen Gletscherrückzug" – eignen sich Gletscher als Klimazeugen? Akad. Wiss. Lit. Mainz Abhandl. Math.-nat. Kl. 2002/3, 57 S.

Winkler, S. (2003): A new interpretation of the date of the ‚Little Ice Age' maximum at Svartisen and Okstindan, northern Norway. Holocene 13: 83 – 95.

Winkler, S. (2004): Lichenometric dating of the ‚Little Ice Age' maximum in Mt. Cook National Park, Southern Alps, New Zealand. Holocene 14: 911 – 920.

Winkler, S. (2005): The ‚Schmidt hammer' as a relative-age dating technique: potential and limitations of its application on Holocene moraines in Mt Cook National Park, Southern Alps, New Zealand. NZ J. Geol. Geophys. 48: 105 – 116.

Winkler, S. & Hagedorn, H. (1999): Lateralmoränen – Morphologie, Genese und Beziehung zu Gletscherstandsschwankungen (Beispiele aus Ostalpen und West-/Zentralnorwegen). Z. Geomorph. N. F. Suppl. Bd. 113: 69 – 84.

Winkler, S. & Nesje, A. (1999): Moraine formation at an advancing temperate glacier: Brigsdalsbreen, western Norway. Geogr. Annlr. 81 A: 17 – 30.

Winkler, S., Haakensen, N., Nesje, A. & Rye, N. (1997): Glaziale Dynamik in Westnorwegen – Ablauf und Ursachen des aktuellen Gletschervorstoßes am Jostedalsbreen. Petermanns Geogr. Mittlg. 141, 43 – 63.

Z

Zemp, M., Hoelzle, M. & Haeberli, W. (2007): Distributed modelling of the regional climatic equilibrium line altitude of glaciers in the European Alps. Global Planet. Change 56: 83 – 100.

Zwally, H. J., Giovinetto, M. B., Li, J., Cornejo, H. G., Beckley, M. A., Brenner, A. C., Saba, J. L. & Yi, D. (2005): Mass changes of the Greenland and Antarctic ice sheets and shelves and contribution to sea-level rise: 1992 – 2002. J. Glaciology 51: 509 – 524.

Kurzglossar

Nachfolgend werden nur Begriffe aufgeführt, welche im Text selbst nicht erläutert werden (siehe auch Stichwortverzeichnis).

aper: Bezeichnung für blankes, schneefreies Eis.

Alpine Vereisung: Allgemeine Bezeichnung für die ehemalige oder aktuelle Vereisung eines Hochgebirges.

Altmoränenlandschaft: Regionale Bezeichnung für die während älterer Vereisungen (Saale- beziehungsweise Riß-Glazial und älter) entstandene glaziale Formengesellschaft.

angular: Bezeichnung für kantige, nicht zugerundete Gesteinsfragmente.

Dansgaard-Oeschger-Events: Zuerst in Eisbohrkernen aus Grønland nachgewiesene, extrem abrupt innerhalb von wenigen Jahrzehnten einsetzende Klimaerwärmungen innerhalb der letzten Vereisungsperiode im Zeitraum zwischen 115 000 und 14 000 Jahren vor heute. Jede der insgesamt 24 Erwärmungen ist mit einem kälteren Abschnitt gekoppelt, dessen Abkühlung über einen Zeitraum von einigen Jahrhunderten ablief (Dansgaard-Oeschger-Zyklen). Die zwischen 500 und 2000 Jahren andauernden Wärmeperioden waren durch bis zu 7 °C erhöhte Lufttemperaturen (gegenüber den glazialen Bedingungen) gekennzeichnet, das heißt, sie waren meist rund 5 °C kälter als heute. Die genauen Ursachen dieser Events werden noch diskutiert, wobei den Verhältnissen der Ozeanzirkulation und der Tiefenwasserbildung in vielen Theorien eine wichtige Rolle zugesprochen wird.

Deglaziation: Bezeichnung für den Rückzug beziehungsweise die Abschmelzphase am Ende einer Vereisungsperiode, zumeist angewendet für das Weichsel- oder Würm-Spätglazial.

distal: Positionsbezeichnung, in diesem Fall „dem Gletscher abgewandt".

englazial: Positionsbezeichnung „im Gletscher".

Eustatischer Meeresspiegelanstieg: Meeresspiegelanstieg durch Veränderung der in Form von Eis gebundenen Wassermenge oder Erhöhung der Wassertemperatur, global wirksam.

Feinmaterial: Zusammenfassende Bezeichnung für die Korngrößen Silt und Ton.

frontal: Positionsbezeichnung „an der vorderen, zentralen Gletschergrenze".

Glazial: Bezeichnung für eine Vereisungsperiode (Eiszeit). Das jüngste Glazial wird in Nordeuropa beziehungsweise Norddeutschland als Weichsel-Glazial (*Weichselian*) bezeichnet, im Alpenraum als Würm-Glazial. Obwohl es rund 100 000 Jahre andauerte, erreichte das Nordische Inlandeis seine maximale Ausbreitung erst vor etwa 22 000 Jahren im Spätweichsel-Maximum. Die Eisschilde und Eisstromnetze der Glaziale waren sehr dynamisch, Phasen mit Eisaufbau beziehungsweise -abbau wechselten sich häufig ab. Die schrittweise Deglaziation nach dem Höchststand nennt man Spätglazial. Das vorletzte Glazial, das Saale-Glazial, drang von Norden her weiter nach Süden vor. Zwischen den pleistozänen Glazialen gab es Interglaziale (Warmzeiten), die mit 10 000 bis 15 000 Jahren deutlich kürzer als die Glaziale waren. Dort waren die Klimabedingungen mindestens mit den heutigen, holozänen Verhältnissen vergleichbar. Wärmeperioden innerhalb der Glaziale, in denen dieses Kriterium nicht erfüllt wurde, tragen die Bezeichnung Interstadial.

Glaziisostasie: Absenkung der Erdkruste als Folge der Auflast durch große Eismassen beziehungsweise nachfolgende Hebung nach deren Abschmelzen.

Gletschervorfeld: Begriff für das Areal zwischen der äußersten holozänen Eisrandlage und der aktuellen Gletscherfront eines Gletschers.

grounding line: Grenze zwischen dem noch kompletten Kontakt zum Gletscherbett besitzenden – gründigen – und dem schwimmenden – kalbenden – Teil des Eisschelfs oder der Gletscherzunge.

ice-rafted debris (IRD): Durch Eisberge verfrachtete Gesteinsfragmente. Ihr Auftreten in marinen Sedimentbohrkernen aus den Ozeanbecken gilt als eindeutiger Beleg einer Vereisung angrenzender Regionen. Zyklische Muster der Ablagerung von IRD im Nordatlantik sind während der jüngsten Vereisungsperiode aufgetreten. Mächtige Lagen werden als „Heinrich-Layers" bezeichnet und großen Kalbungsereignissen zugeordnet, den sogenannten „Heinrich-Events".

Jungmoränenlandschaft: Regionale Bezeichnung für die während der jüngsten Vereisungsperiode (Weichsel- beziehungsweise Würm-Glazial) entstandene glaziale Formengesellschaft.

lateral: Positionsbezeichnung „an der seitlichen Gletschergrenze".

Laurentisches Eisschild: Regionaler Name für die pleistozänen Eisschilde im nördlichen Nordamerika.

Leitgeschiebe: Bezeichnung für Erratika, welche zur Rekonstruktion der ehemaligen Eisbewegung herangezogen werden. Der Gesteinstyp muss charakteristisch und gut zu identifizieren sein. Das lokale Ursprungsgebiet der Erratika – das sogenannte „Theoretische Geschiebezentrum" (TGZ) – muss zudem bekannt und klar begrenzt sein.

Massengestein: Morphologisch beschreibender Ausdruck für Magmatite (Eruptivgesteine), die im Gegensatz zu Sedimentiten im Regelfall keine Schichtungsstrukturen besitzen, welche die typische Ausbildung glazialerosiver Formen behindern könnten. In diesem Zusammenhang werden auch hoch- und mittelgradige Metamorphite wie beispielsweise Gneis bisweilen als Massengesteine bezeichnet.

Mineralogische Härte: Von Friedrich Mohs entwickelte, deskriptive Härteskala (Ritzhärte) von Mineralien. Die Skala reicht von 1 (Talk) bis 10 (Diamant). Die mineralogische Härte von Eis ist temperaturabhängig, die Härte von Quarz liegt zum Vergleich bei 7.

Nordisches Inlandeis: Regionaler Name für die pleistozänen Eisschilde in Nordeuropa.

Pleistozän: Stratigraphische Bezeichnung für die ältere Epoche des Quartär, geprägt durch den beständigen Wechsel von Kälteperioden (Glazialen/Eiszeiten) und Wärmeperioden (Interglazialen/Warmzeiten). Sie endete vor etwa 11 500 Kalenderjahren.

polygenetisch: Bezeichnung für sukzessive, im Zuge mehrerer Ereignisse entstandene Landformen.

postglazial: Zeitbegriff „nach Ende der Vereisungsperiode(n) entstanden".

postsedimentär: Zeitbegriff „nach erfolgter Sedimentation".

präexistent: Bezeichnung für bereits vor dem Vorstoß der Gletscherfront vorhandene Sedimente gegebenenfalls nichtglazialen Ursprunges.

präglazial: Zeitbegriff „vor Beginn der Vereisungsperiode(n) entstanden".

proglazial: Positionsbezeichnung „vor der Gletscherfront".

proximal: Positionsbezeichnung, in diesem Fall „dem Gletscher zugewandt".

Quartär: Stratigraphische Bezeichnung für das jüngste, noch heute andauernde geologische System. Es begann vor etwa 2,6 Millionen Jahren und wird in die geologischen Epochen Pleistozän und Holozän untergliedert.

Radiocarbondatierung (^{14}C-Datierung): Diese Datierungsmethode auf Grundlage des sukzessiven Abbaus radioaktiver ^{14}C-Isotope nach dem Absterben von Pflanzen beziehungsweise anderen Lebewesen ist für die Erforschung unter anderem des Holozäns von großer Bedeutung. Die Altersangabe BP (*before present* = vor heute) bezieht sich immer auf 1950, den ersten Einsatz der Methode. Durch neue Erkenntnisse über die natürlichen Schwankungen des ^{14}C-Gehaltes der Erdatmosphäre (entscheidend für dessen „Einbau" in organische Verbindungen) und die Halbwertzeit weiß man, dass unkalibrierte beziehungsweise konventionelle Radiocarbonjahre (^{14}C a BP) nicht den tatsächlichen Kalenderjahren entsprechen. Die heute ausschließlich verwendeten kalibrierten Radiocarbonjahre beziehungsweise Kalenderjahre (cal. a BP) ergeben stets höhere Alter als die konventionellen Radiocarbonjahre – als Faustregel um die 10 %. Die in der Literatur zu findende Angabe des Beginns des Holozäns um 10 300/10 000 ^{14}C a BP entspricht somit dem heute gültigen Beginn um 11 500 cal. a BP. Speziell beim Studium älterer Literatur ist dieser Unterschied zu beachten.

subglazial: Positionsbezeichnung „an oder in der Gletscherbasis".

supraglazial: Positionsbezeichnung „auf der Gletscheroberfläche".

synsedimentär: Zeitbegriff „gleichzeitig während der Sedimentation".

Stichwortverzeichnis

1989: 09. August

1990: 08. August

1991: 09. September

1992: 27. August

1993: 28. August

1994: 07. September

1997: 15. September

1998: 05. September

1999: 29. August

2003: 29. August

2004: 02. September

2005: 31. August